Rによる時系列分析入門

田中孝文＝著

シーエーピー出版

はじめに

本書は，文系の大学学部生が，(1) 初歩の時系列分析手法を習得し，(2) フリーソフトウェア R を駆使して，(3) 経済時系列データの分析と将来予測を自力で実践できる力を身につけることを目標としている。

今日では，ARMA モデルをはじめとする「時系列分析」の手法は，動学化したマクロ経済学や金融分野での経済分析に不可欠な「道具」となっている。これに伴って，従来は回帰分析とその応用を主内容とした計量経済学の教科書でも時系列分析に多くの紙数を割くものが増えており，また，時系列分析プロパーの教科書も少なからず出版されるようになっている。本書を刊行するシーエーピー出版からも，J.D. ハミルトン『時系列解析』(上・下) や，学部学生向けとされる P.J. ブロックウェル，R.A. デービス『入門 時系列解析と予測』(改定第 2 版) など，アメリカで高い評価を得ている教科書の翻訳が出版されている。しかし，これらの教科書は (数学付録等は用意されているものの)，数学 (線型代数) や統計学についての一定の知識を前提としたものがほとんどであり，その訓練が十分でないわが国の文系・大学学部生にとっては，なお「敷居の高い」ものである。本書はこれらの教科書に進む前段階として，経済時系列データの将来予測を主要なテーマに，グラフ描画や増減率計算等のきわめて初歩的なデータ処理から始め，統計学の基礎知識を学び，それを踏まえ時系列分析手法を 1 変数時系列の将来予測に必要な範囲で学習することを主要な内容とした。本書の学習により，より上級な教科書へのチャレンジが円滑なものとなろう。また，必ずしも時系列分析の高度な手法の習得を目指さないものも，本書の学習により，企業における需要予測や調査レポートの作成等に必要なデータ処理の基礎的な技術を身につけることができる。

本書のねらいは，時系列データ分析の「実践力」を身につけることである。統計的手法は理屈を知識として学んだだけではその効用は乏しく，それを使って自分で現実のデータを分析してはじめて身についたものとなる (俗な言い方だが「使ってナンボ」である)。この点に関して，回帰分析等が EXCEL などの汎用ビジネスソフトウェアによって比較的簡単に実行できるのに対して，パラメータの最尤推定などを伴う時系列分析法の実行は，TSP, SPSS など高価な統計解析専門ソフトウェアに頼らざるをえず，多くの学生にとって「実践」の障害になっていた。しかし，統計解析フリーウェア R の出現と普及は，そうした環境を一変させた。R の解説は本文にゆずるが，回帰分析等の基本的な統計分析手法はもとより，多変量解析や本書の主題である時系列分析など，きわめて広範な統計解析の実践を可能とするソフトウェアが誰にも無料で利用できるようになったのである。ソフトウェアの習得には少なからぬ「時間コスト」がかかる。したがって，学習するソフトウェアの選択には，それが（大学を卒業した後の）将来にわたっても利用可能か否かが大きなポイントとなるが，フリーウェアである R はこの点において決定的に有利である。

「実践」とは（頭とともに）手を動かすことである。「R による時系列分析」においては，それは R のプログラム（コード）を自分で書くこと（＝プログラミング）である。そして，プログラミングを習得する最も確実な方法は，他人の書いたプログラムを真似てみることである。こうした趣旨から，本書ではページ数が増えるのを顧みずに学習内容のすべての R コードを掲載した。読者は PC を傍らにおいて，本書に掲載された R のコードを自分で打ち込んで，その結果を確認しながら学習を進めて欲しい。紙数を抑制するために本書では図表（グラフ）の掲載を最小限にしているが，これらの R コードの実行により，さまざまな図表が出現し，R の持つプレゼンテーション力の高さが実感できるはずである。なお，プログラムで使用しているデータファイルは，シーエーピー出版のホームページ（http://www.cap-shuppan.co.jp/）に掲載しており，読者はダウンロードして利用できる。

本書の内容は大きく 3 つの部分に分けられる。第一は，第 1 章から第 8 章である。ここでは，経済時系列を，(1) 傾向変動 (trend)，(2) 循環変動 (cycle)，(3) 季節変動 (seasonal)，(4) 不規則変動 (irregular) という 4 つの要素に分解するという枠組みに立った「古典的分析法」を軸にデータ処理の基礎を学習する。同時に，フリーウェア R の使い方を「一から」説明する。R のマニュアル本のような R でできることの網羅的な解説は避ける一方，グラフ領域の分割など，本書の内容に関連したプレゼンテーション力を高める機能に関しては，比較的高度な内容も解説した。R の習熟が 1 つの目的であることから，これらの章では章末の [練習問題] を豊富にしている。本文で説明されたRコードを参考にこれらの問題を実行するRのプログラムを書くことで，Rを「身につけて」欲しい。

第二は，第9章から第14章の「確率・統計」の基礎の学習である。上述のように，ほとんどの時系列分析の教科書では統計学の基礎知識は既習が前提となっているが，わが国の大学教育の現状ではその条件を満たすものは限られており，学部学生の初学者を対象とした本書を自己完結的なものとするために，本書で必要な範囲に絞って記述した。統計学については優れた教科書が沢山あり，Rの教本を兼ねた統計学教科書も出版されている。しかし，統計学はきちんと学習すれば，初等的な内容でも通年講義を要するものであり，それらのすべてを学習することは本書の目的に照らして効率的ではない。これらの章では，時系列分析を学習するうえで不可欠な部分に限り，数学的な厳密さを求めずにできるだけ直観的に理解できるように解説した。PCの発達により，実感として理解しにくかった確率現象をPCシミュレーションとして「目に見える」ものとすることが可能となった。本書の説明においても（たとえば「コインを1万回投げる」といった）シミュレーションを多用し，確率・統計の世界を「体感」できるように努めた。

最後の第15章から第21章が，ARMAモデルを中心とした時系列分析の学習である。内容は標準的な時系列分析の教科書の1変数の線型定常時系列モデル，単位根検定および周波数領域の分析（スペクトル分析）にあたるものである。ここでもRによるPCシミュレーションを活用して，「確率過程」からの標本を「目で見る」ことを重視している。たとえば，$y_t = y_{t-1} + a_t,\ a_t \sim N(0, \sigma_a^2)$ という簡単な構造をもつランダム・ウォーク過程から，いかに多様な変動パターンが生み出されるか，PCシミュレーションで「体感」して欲しい。「時系列データを分析して，その発生のしくみ（DGP : data generating process）を特定し，それに基づいて将来予測を行う」という全体の流れを確認するために，第21章に学習のまとめ「Rによる時系列の予測手順」を整理した。

本書は，青山学院大学における演習「経済変動の統計分析法」の教材を発展させたものである。同大学における講義（計量経済学），演習の機会をお与え下さった美添泰人教授はじめ関係者の方々，本書の出版をお引き受け下さったシーエーピー出版株式会社代表取締役，杉谷繁氏に深く感謝申し上げる。

目　次

第1章　Rの基礎知識

1.1　Rについて

本書は，統計解析のフリーウェアRを駆使して，時系列データの統計分析と予測を行う能力をつけることをめざしている。Rは，Ross IhakaとRobert Gentlemanにより開発が始められ，その後，世界中の多数の学者が参画して日々拡張，改善が進められているオープンソースの統計解析プログラミング言語である。その特徴は，次の通りである。

- Rはフリーウェアである。高度な統計分析を行うPCソフトウェアとしては，SPSS，SAS，TSP，MATLABなどさまざまなものがあるが，いずれも学生が個人で購入・使用するにはあまりにも高価である。本書の主題である時系列分析をはじめ高度な統計解析機能を持ったソフトウェアがフリー（ただ）で利用可能であるということは，学習者にとってきわめてありがたいことである。
- Rは拡張性，柔軟性がある。Rは，基本ソフトに入っていない新しい分析手法のプログラムについても，「パッケージ」を組み込むことによって拡張し，実現することができる。そして，世界中の第一線の研究者が日々新しい分析手法についてのパッケージを作成し，公開している。また，Rはプログラミング言語であり，必要に応じた独自のユーザー定義関数の作成が容易である。さらに，Rでは分析結果を様々なグラフィックスで表現することができ，かつ，それをps，giff，pdf，Windowsメタファイルなど多様な形式で出力し，利用できるなど，きわめて柔軟な構造を持っている。
- Rはコンパクトでポータブルである。Rは，CRANのHP（または日本におけるそのミラーサイト）からダウンロードして，自分のPCにインストールすることができるが，基本ソフトの使用容量は60MB内外とコンパクトであり，USBメモリスティックなどに展開し，そこからRを稼動させることができる。

- R はインタプリタ型のプログラム言語である。R を起動すると入力を促すプロンプト記号（>）が現れ，命令を入力・リターンをすると，PC がその命令を翻訳・実行し，再びプロンプト記号を返す。プログラムを予め翻訳し機械語に直して一気に実行する機能を持つコンパイラ型の言語ではないために，プログラムが大きくなると実行に時間がかかる。もっとも，本書で実習する内容程度であれば，気になるほど時間がかかることはない。
- R は GUI が貧弱である。R は BASIC，C，Java ほど基礎的な言語ではないが，基本的には同様の命令文記述型のプログラミング言語である（もとになったのは S 言語である）。したがって，EXCEL，SPSS をはじめ市販のソフトウェアの「マウスでクリック」に慣れ親しんだ人には面倒だと感じられよう。R においても，メニューウィンドウを中心にした操作を可能にするパッケージである「R コマンダー」が近年開発されたが，本書で扱う時系列分析がメニューに用意されていないこと，また，柔軟なプログラミング能力をつけることも目的の 1 つであることから，「R コマンダー」の解説は行わない。

1.2 R のインストール

R のプログラムは，CRAN（Complete R Archive Network）の HP で公開されている。日本では，会津大学，筑波大学，東京大学にミラーサイトがあり，そこからプログラムをダウンロードできる。インターネット上の R の情報は豊富であるが，R についての日本の Wiki である，RjpWiki には R の最新バージョンのダウンロードとインストール方法が「R のインストール」に要領よく掲載されている（日本語対応でインストールする際の文字化けの解決方法についても説明している）。プログラミングは，「習うより慣れろ」であり，できるだけ頻繁に R を動かしてみることが重要であるから，自分用の R を USB メモリスティックなどにインストールして繰り返し「実習」することを強く推奨する。

CRAN
  http://cran.r-project.org/
RjpWiki
  http://www.okada.jp.org/RWiki/?RjpWiki
日本のミラーサイトのうち，筑波大学の HP
  http://cran.md.tsukuba.ac.jp/

1.3　R のマニュアル

本書では，時系列データの分析に必要な範囲で R の機能を解説する。できるだけ自己完結するように解説するが，R でできる基本的な統計分析を網羅的に説明することはしないので，R の全体像を概観するために解説書・マニュアル類を参照したい場合もあろう。R の普及が進み，いまでは数多くの R の解説書，マニュアル類が日本語で入手可能になった。上記 RjpWiki の「リンク集」の「R や S 言語のプログラムが載っている書籍リスト」には，最新情報が洋書・和書を問わず掲載されている。これらの書籍のうち自分にあったものを読んでみることも推奨されるが，無料で入手可能なマニュアル・手引書もある。

上記 RjpWiki の「リンク集」にある「R-Tips（船尾さん）」と「R-intro（日本語版）」が基本的かつ総合的なマニュアルであり，PDF ファイルで提供されている。いずれも 100 ページを超える大部なものである。「R-Tips（船尾さん）」の html 版は次の HP にあり，オンラインで閲覧できるので大変便利である。同「リンク集」にある「統計分析ソフトウェア R の使用法 : 西山先生による使用法の PDF ファイル」は，短い分量で基礎的な事項を簡潔にまとめている。ダウンロードし内容を R で実行してみることをお勧めする。

  http://cse.naro.affrc.go.jp/takezawa/r-tips/r2.html

1.4　R のはじめの一歩

1.4.1　エディターによる R コマンドの作成

R はインタプリタ言語といわれるプログラム言語であり，画面に命令文を入力してリターン・キーを押すと，その入力行が解釈・実行され，画面に結果を返してくる。もし，間違った入力をするとエラーが表示されるが，この場合はすべての入力を入れ直さなければならない。R では，関数の引数として，様々なパラメータを記述することが多いので，一から入力し直すのは大変である。また，類似の命令の一部を変えて使うなど，一度作ったプログラムを他で再利用することも多い。したがって，まとまったプログラムを実行する場合には，R のコンソールに直接に命令を入力するのではなく，R のコードを「メモ帳」などのエディターで作り，テキストファイルに保存し，必要なコードをコピーし，R の GUI 画面にペーストして実行する等の方法をとることを推奨する。なお，R の Windows 版ではメニューバーの「ファイル」-「新しいスクリプト」を選択すると，R Editor のウインドウが開き，これをエディターとして使い，コマンドを実行することができる。

1.4.2 四則演算

R をごく普通の電卓として使うことができる。

```
#四則演算
3+2
3-2
3*2
3/2
3^2
```

演算記号は EXCEL などと同じであるから，特に解説は不要だろう。× は $*$ であり，3^2 が 3^2 である。#以降（改行まで）はコメントとして扱われ，実行されない。

1.4.3 関数を使う

R は関数電卓にもなる。

```
#関数を使う
sqrt(3)
cos(1.5)
```

```
exp(2)
log(5)
```

sqrt( ) は，平方根をとる関数（sqrt(3) = $\sqrt{3}$）である。R には様々な関数が組み込まれている（というより，R は基本的には関数の集まりである）。上記は基本的な数学の関数であるが，最小二乗法のような統計処理も関数として用意されている。また，自分で関数を作り，呼び出して使うことができる（後に，ユーザー定義関数として学習する）。

1.4.4 変　数

複雑な計算を実行していくためには数学におけるように変数を用いた「式」を扱うことが不可欠であるが，プログラム上は「変数」は数字・文字等の「入れ物」と理解しよう。

```
#変数を使う
x <- 3
x
( y <- 2 )
x+y
x-y
x*y
x/y
x^y
( z <- "TANAKA" )
x + z
```

R の途中のバージョンからは，代入記号を<-でなく x=3 と等号を使うことも可能になった。しかし，<-の方が代入しているというイメージにあっているので，本書では<-を使う。注意点をいくつかあげる。

- R は大文字と小文字を区別する。したがって，X と入力すると，「オブジェクト"X"は存在しません」というエラーが返ってくる。
- x <- 3 と入力しても，何も出力されない。次に，x と入力して，変数の中身が表示される。代入時に結果を表示するには，(y <- 2) のように

式を括弧で括っておく。

- 変数には数字だけでなく,文字も代入することができる(`z <- "TANAKA"`)。その場合には，四則演算はできない。`x + z` を実行するとどのような結果が返ってくるか確かめてみよ。

1.4.5 ベクトル

数学では，ベクトルとはいくつかの数字を並べたものを 1 つの対象として扱うものである。R においても，データ（数字の並び）にベクトルとして変数名をつけ，その変数名での演算によって構成要素すべての演算が行われるので，統計分析を効率的に行うことができる。

```
#ベクトル
x <- c(1,2,4,6)
x
( y <- c(1,3,5,7) )
x+y
x*y
sqrt(x)
( z <- seq(1,10) )
( z <- 1:10 )
( z <- rep(5,3) )
( z <- c() )
```

ベクトルは基本的には，*c*( ) の括弧に要素をコンマ（,）で区切って並べて定義する。R で使うデータの構造には，ベクトルの他に，行列（マトリックス），配列（アレイ），データフレーム，リストなどがあるが，ベクトルが基本である。先の「変数」で `x <- 3` としたが，これによって作られる `x` は，要素が 3，1 つだけのベクトルである。全く要素を含まないベクトルを定義することも可能である。`( z <- c() )` がそれであり，結果は `NULL` と表示される。

R の数値計算ではデフォルトでは有効数字が 7 桁で表示されるが, options ( ) 関数の中の，digits = (22 以下の整数）というパラメータによって変更できる。

```
sqrt(2)
options(digits=10)
sqrt(2)
```

R では，ベクトルの要素は数とは限らず，文字の並びもベクトルとして定義される。この場合には当然ながら，数値ベクトルとの間の四則演算はできない。

```
#文字ベクトル
( x <- c("A","B","C","D") )
( y <- c(1,3,5,7) )
x+y
```

この他，ベクトルの操作については，要素の取り出し，追加，削除など，学習すべき事項が多いが，以下必要になった際に，逐次説明する。

1.4.6　数学と R での数値ベクトル

数学でのベクトルの演算と R での数値ベクトルの演算の取り扱いが必ずしも一致していない部分があるので，以下でこの点について説明する。そのために，数学でのベクトルについて簡単に説明する。

数学でのベクトルは次に示すように数字（要素）をいくつか並べたものであり，並べた個数が n 個であれば，n 次元ベクトルと呼ばれる。ベクトルは，要素を横に並べた「横ベクトル」（または「行ベクトル」）と縦に並べた「縦ベクトル」（または「列ベクトル」）とが区別される。この区別は数学では行列とベクトルとの演算等において重要な意味を持つが，R のベクトルには両者の区別はない（縦ベクトルと横ベクトルの区別は，$n \times 1$ 行列と $1 \times n$ 行列という「行列」の区別になっている）。ベクトルは $c\,(a_1, a_2, \cdots, a_n)$ のように横に並べて入力し，出力も横に並んで出てくるが，「行ベクトル」として扱われているわけではない。

列ベクトル

$$\begin{pmatrix} a_1 \\ a_2 \\ \vdots \\ a_n \end{pmatrix}$$

行ベクトル

$$\begin{pmatrix} a_1 & a_2 & \cdots & a_n \end{pmatrix}$$

ベクトルを要素を表示して書くと，長たらしく非効率であり，数学ではこれをアルファベットの文字で代表させることが普通である。普通の数（スカラーと呼ぶ）と区別するために，小文字で太文字（ボールド）で示すことが一般的である。

$$\boldsymbol{a} \equiv \begin{pmatrix} a_1 & a_2 & \cdots & a_n \end{pmatrix}$$

（以下では，スペースの節約のために，要素で表示するときに行ベクトル表示をする。特に断らない限り，列ベクトルでも「同じ」ことがいえると考えてよい。）

ベクトルの和と差

普通の数と同様に，ベクトル（$\boldsymbol{a}, \boldsymbol{b}$）の間に，和，差，積などの演算が定義されるが，（特に掛け算は）普通の数字とは異なっているので注意が必要である。

和と差は，ベクトルの要素同士を足し，引きする。したがって，ベクトルの長さ（次元）が同じもの同士の間にしか，和，差が定義できない。

$$\boldsymbol{a} + \boldsymbol{b} \equiv \begin{pmatrix} a_1 + b_1 & a_2 + b_2 & \cdots & a_n + b_n \end{pmatrix}$$
$$\boldsymbol{a} - \boldsymbol{b} \equiv \begin{pmatrix} a_1 - b_1 & a_2 - b_2 & \cdots & a_n - b_n \end{pmatrix}$$

この点について，R では注意が必要である。すなわち，R では異なる長さのベクトルを足し合わせた場合に（注意のメッセージは出るが）エラーとはならずに，短いほうのベクトルの要素の先頭に戻って，足りない分を補って演算をしてしまうというしくみになっている。つまり，

$$\boldsymbol{a} \equiv \begin{pmatrix} a_1 & a_2 & a_3 \end{pmatrix}$$

$$\boldsymbol{b} \equiv \begin{pmatrix} b_1 & b_2 & b_3 & b_4 & b_5 \end{pmatrix}$$

の場合に，

$$\boldsymbol{a} + \boldsymbol{b} = \begin{pmatrix} a_1 + b_1 & a_2 + b_2 & a_3 + b_3 & a_1 + b_4 & a_2 + b_5 \end{pmatrix}$$

という演算をする。これは不便なようであるが，たとえば，n 次元ベクトル $\boldsymbol{a}$ のすべての要素に一定の数字 k を加えるという操作をする場合に，数学的には，n 個の k が並んだベクトル $\boldsymbol{k}$ を作ってから，$\boldsymbol{a} + \boldsymbol{k}$ としなければならないが，R では（足りないものは「繰り返し使う」という操作によって），n 次元ベクトル $\boldsymbol{a}$ に普通の数 k を足しても，すべての要素に k が足された結果を得られる。

$$\boldsymbol{a} + k \equiv \begin{pmatrix} a_1 + k & a_2 + k & \cdots & a_n + k \end{pmatrix}$$

ベクトルとスカラーの積

これは，ベクトルのすべての要素にそのスカラーを掛ければよく，R においても変わりはない。

$$k \times \boldsymbol{a} \equiv \begin{pmatrix} k \times a_1 & k \times a_2 & \cdots & k \times a_n \end{pmatrix}$$

ベクトル同士の積

数学でのベクトルの「積」は，普通の数字の掛け算とはイメージの異なる「内積」（inner product）が定義されている。内積は，「要素ごとに掛け算をし，そのうえでそれらを足し合わせたもの」である。したがって，内積の結果は普通の数字（スカラー）になる（2 つのベクトルが同じ次元でなければならないのは和と同様である）。数学において内積という掛け算の記号は，× を用いず，丸括弧でくくって示す，中黒の点（・）で示すなど，流儀がいくつかある。

内積

$$\boldsymbol{a} \cdot \boldsymbol{b} \equiv \sum_{i=1}^{n} a_i \times b_i$$

R の掛け算記号 $*$ でベクトルの掛け算すると内積ではなく，各要素ごとに掛け算をしたベクトルを返してくる。

$$a * b \longrightarrow \begin{pmatrix} a_1 \times b_1 & a_2 \times b_2 & \cdots & a_n \times b_n \end{pmatrix}$$

ここでもベクトルの次元が異なると短いほうの要素が繰り返し使われ，長いほうのベクトルの次元と同じベクトルが返される。

$$a * b \longrightarrow \begin{pmatrix} a_1 \times b_1 & a_2 \times b_2 & a_3 \times b_3 & a_1 \times b_4 & a_2 \times b_5 \end{pmatrix}$$

内積と同じ結果を得るためには，$a * b$ で得たベクトルのすべての要素を足し合わせることが必要で，そのためには，sum( ) という関数を使って，sum(a*b) とすることが 1 つの方法である。

1.4.7　データフレーム

要素の数が同じ複数のベクトルを 1 つにまとめ，いわば EXCEL の表のようなものに名前をつけて 1 つ「オブジェクト」（操作対象）としたものが，「データフレーム」である。次の例では，5 人の学生の名前（name），年齢（age），性別（sex），身長（height），体重（weight）の 5 系列をまとめて Asample という名前のデータフレームを作っている。

```
name <- c("TANAKA","SATO","WATANABE","ASAMI","YAMADA")
age <- c(20,21,20,22,19)
sex <- c("m","f","f","m","m")
height <- c(177, 165, 170, 174, 168 )
weight <- c(72,58,60,80,65)
Asample <- data.frame(name,age,sex,height,weight)
Asample
```

data.frame( ) がデータフレームを作る関数であり，( ) の中にはデータフレームの要素となるベクトル（あるいはその変数名）を「引数」として記述する。引数とは関数の ( ) 中に記述する項目であり，関数ごとに記述すべき引数が異なる。どのような引数が必要であるかは，関数のヘルプ (?data.frame とすると表示される) で確認することができる。

最後のAsampleという入力で，次の出力が得られ，EXCELの表のようなデータ構造となっていることが確認される。

```
> Asample
      name age sex height weight
1   TANAKA  20   m    177     72
2     SATO  21   f    165     58
3 WATANABE  20   f    170     60
4    ASAMI  22   m    174     80
5   YAMADA  19   m    168     65
```

このデータフレームの中から，その要素（たとえばheight）を取り出すには，データフレームの名前Asampleと要素の名前heightを$マークでつないだAsample$heightを入力する。

```
> Asample$height
[1] 177 165 170 174 168
```

1.4.8　外部のファイルからのデータの読み込み

分析をする統計データが少量であれば，エディターでプログラムを書く際に上の例のようにベクトルとして記述してしまえばよい。しかし，時系列分析や多変量解析では，データの数は数百，数千になることが普通であり，エディターに手で入力することは効率的でなく，また，記述ミスも生じやすい。後述するように，経済分析に使う多くの統計は，各省庁や日本銀行などの公的機関がHPに電子媒体で公表しているので，これをダウンロードしたデータファイルからRの中に読み込めば，間違いがなく，かつ，効率的である。

データの用意

まず，公的機関のHPから，目的のデータをPCにダウンロードする。ここでは，例として総務省統計局のHP（http://www.stat.go.jp/）から家計調査の「全国勤労者世帯・二人以上世帯」の2000～2006年の年次データの表をEXCEL形式でダウンロードした。

この表には分析に必要な情報だけではない膨大な情報が含まれているの

で，これを再びEXCELで加工して，必要な情報だけを取り出した表を作り，これをcsv形式のtxtファイルとして保存する。csv形式とは，各データがコンマ記号（,）で区切られたものである。EXCELはシートを保存する際のウィンドウで，「ファイルの種類」を入力する欄があり，そのメニューから「CSV（カンマ区切り）」を選択すればよい。ここでは，次のような内容のファイルを作り，Kakeicho.csvという名前をつけて保存している。

```
# 家計調査　全国勤労者世帯　二人以上世帯
# 一ヵ月平均，単位円
Year,Cons,Cfood,Yd
2000,341896,75174,474411
2001,336209,73558,466003
2002,331199,73434,453716
2003,326566,71394,440667
2004,331636,71935,446288
2005,329499,70947,441156
2006,320231,69403,441448
```

使用する系列は，年次（Year），消費支出（Cons），食費（Cfood），可処分所得（Yd）の4系列である。最初の2行は，このデータがどんなデータか，後でもわかるようにするためのメモであり，Rへの読み込みの際には，skip=という引数で読み飛ばす。

なお，この例では，総務省統計局の提供するデータがEXCEL形式であったが，最近は（特定のソフトウェアに依存しないという趣旨で）csv形式で提供しているケースが増えている。csv形式のファイルもEXCELで開くことができるので，上の手順で必要な部分を取り出したcsv形式のファイルを作ることはできる。

作業ディレクトリの変更

以下の「外部ファイルからデータを読み込む」という作業をするためには，データのファイルの所在（ディレクトリ）をRに認識させるために，コマンドの中に「フルパス」(たとえばD:/data/Kakeicho.csv)を記述しなければならないが，これはかなり面倒である。Rではカレントディレクトリとしての「作業ディレクトリ」が指定されており，ファイルのパスを記述しなければ，R は「作業ディレクトリ」を探索に行く。したがって，この「作業ディレクトリ」をデータのファイルの置いてあるディレクトリに変更しておけば，コマンドの中には単にファイル名を記述するだけですますことができる。具体的には，R の GUI 画面のメニュー・バーから「ファイル」－「ディレクトリの変更」をたどり，作業ディレクトリを変更する（一般に，変更する前は R のプログラムが置かれているディレクトリが作業ディレクトリになっている)。なお，メニューを使わずに次のようにコマンドを入力して作業ディレクトリを変更することもできる。

```
setwd("D:/data")
```

以下の説明では，読み込むデータファイルやプログラムファイルなどが変更された作業ディレクトリに存在するものとして，R のコマンドでのファイル名の記述は，フルパスではなくファイル名のみの記述とする。

read.csv( ) 関数による読み込み

外部のファイルからデータを読み込む関数には，様々なものが用意されているが，ここでは上で用意した csv 形式の複数系列のデータをデータフレームとして読み込む read.csv( ) 関数について説明する。具体的には次のコマンドを実行する。

```
xdata <- read.csv("Kakeicho.csv", skip=2, header=TRUE)
```

read.csv( ) 関数の最初の引数"Kakeicho.csv"は，用意したデータのファイル名である。二番目の引数 skip=2 は，データファイルの冒頭の 2 行に記述したコメントを読み飛ばす指示である。最後の引数 header=TRUE は，実際に読み込むことになる最初の行に，各データ系列の名前（変数名）がヘッダーとして記述されていることを R に知らせるための指示である。もし，各データ系列の名前（変数名）がなく，数字の実データから始まっていれば， header=FALSE とする。

このコマンドの実行により，Year，Cons，Cfood，Yd という 4 つの系列を要素に持つ xdata という名前のデータフレームが作成される。

```
> xdata
```

```
  Year   Cons Cfood     Yd
1 2000 341896 75174 474411
2 2001 336209 73558 466003
3 2002 331199 73434 453716
4 2003 326566 71394 440667
5 2004 331636 71935 446288
6 2005 329499 70947 441156
7 2006 320231 69403 441448
```

データの外部ファイルへの書き出し

ついでにRで加工・作成したデータフレームの内容をcsv形式の表として外部ファイルに書き出してみよう。以下は，先に読み込んだ xdata という家計調査のデータから，平均消費性向（Cons/Yd）とエンゲル係数（Cfood/Cons*100）を計算して，データフレーム xdata に加え，Kakei_out.csv というファイル名で書き出すプログラムである。

```
APC <- round(xdata$Cons/xdata$Yd, digits=3)
Engel <- round(xdata$Cfood/xdata$Cons*100, digits=1)
xdata <-data.frame(xdata,APC,Engel)
#データの外部ファイルへの書き出し
write.csv(xdata,"Kakei_out.csv",row.names=FALSE)
```

平均消費性向とエンゲル係数は四捨五入をする round( ) 関数により，各々小数点以下3位（digits=3），1位（digits=1）未満を四捨五入している。write.csv( ) 関数の引数の row.names=FALSE は，行の名前（この場合は名前をつけていないので，行の番号）を書き出さないという指示である。この結果，作業ディレクトリに次の内容のファイル Kakei_out.csv が作成される。

```
Year,Cons,Cfood,Yd,APC,Engel
2000,341896,75174,474411,0.721,22
2001,336209,73558,466003,0.721,21.9
2002,331199,73434,453716,0.73,22.2
```

```
2003,326566,71394,440667,0.741,21.9
2004,331636,71935,446288,0.743,21.7
2005,329499,70947,441156,0.747,21.5
2006,320231,69403,441448,0.725,21.7
```

練習問題

データフレームを作る

上に示した，「5 名の名前，性別，年齢，身長，体重のデータ」の例を参考に，

1. 下記の 5 都道府県のデータから，手入力によりデータフレームを作れ。
2. できたデータを用いて (1) 人口密度（人/平方キロ），(2) 1 人当たり県民所得（円/人）を計算せよ。

NAME	POP	AREA	INCOME
Hokkaido	563	835	144043
Tokyo-to	1258	22	525226
Toyama-ken	111	42	33795
Shimane-ken	74	67	17984
Okinawa-ken	136	23	27547

都道府県統計　人口（POP（万人）)，面積（AREA（100 平方キロ））は 2005 年の値，県民所得（INCOME（10 億円））は 2003 年の値である。

外部ファイルからのデータの読み込みと書き出し

- 総務省統計局の HP（`http://www.stat.go.jp/`）で「労働力調査」-「統計表一覧」-「長期時系列データ」-「参考表 2」とたどり，「労働力状態別 15 歳以上人口」の EXCEL 形式のファイルをダウンロードせよ。
- EXCEL を用いて，同表から 1990 年から 2006 年までの間の「15 歳以上人口総数（POP15)」「労働力人口（LABOR)」「完全失業者（UNEMP)」の 3 系列を抜き出した csv 形式のファイル（ファイル名を `ROCHO.csv` とする）を作れ（下記参照)。
- 上で作ったファイルのデータを R に読み込み，`xdata` という名前のデー

タフレームを作成せよ。

- このデータフレームを使い，労働力率（LRATE <- LABOR/POP15*100）と完全失業率（URATE <- UNEMP/LABOR*100）を計算し，これら 2 系列をデータフレームの要素として追加せよ。
- 上で作ったデータフレームのデータを，csv 形式のファイル（ファイル名を ROCHO2.csv とする）に書き出せ。

```
# 労働力調査
# 男女計の 15 歳以上人口，労働力人口，完全失業者（万人）
YEAR,POP15,LABOR,UNEMP
1990,10089,6384,134
1991,10199,6505,136
1992,10283,6578,142
1993,10370,6615,166
1994,10444,6645,192
1995,10510,6666,210
1996,10571,6711,225
1997,10661,6787,230
1998,10728,6793,279
1999,10783,6779,317
2000,10836,6766,320
2001,10886,6752,340
2002,10927,6689,359
2003,10962,6666,350
2004,10990,6642,313
2005,11007,6650,294
2006,11020,6657,275
```

第2章　時系列データをグラフに描く

2.1　plot( ) 関数によりグラフを描く

本書では，時系列データが時間軸に沿ってどのように変動しているかを分析し，将来予測を行うことをめざしている。時系列データの変動の様子を知る「最初の一歩」は，データを時間を横軸にした折れ線グラフにして「眺めてみる」ことである。

2.1.1　準備　時系列データの読み込み

前章（R の基礎知識）ですでに「外部ファイルからのデータの読み込み」について学んだ。早速それを使って以下のように時系列データを準備し，R に読み込む。

- 内閣府経済社会総合研究所の HP（http://www.esri.go.jp/）から，「国民経済計算（SNA）」-「統計資料」-「長期時系列（GDP・雇用者報酬）（93SNA, 平成 12 年基準）」-「旧基準計数」-「需要項目別時系列表（固定基準方式）」とたどり，四半期の季節調整系列の csv 形式の表をダウンロードする。
- これは多くの情報を含んでいるので，これから下記のような加工したデータを作る。もとの表の数値は，(1) 10 億円単位で桁数が多いので取り扱いに不便である。また，(2) 年率表記にするため，四半期のデータが 4 倍されているが，これは後に年率表記されていない季節調整前の「原系列」と比べる際に不便である。そのため，もとの表の数字を 4000 で割って，兆円単位の四半期ベースの値にしている。
- データの期間は，1980 年の第一四半期（Q1）から，2005 年の第二四半期（Q2）まで 102 時点である。系列は，GDP（国内総支出），CP（民間最終消費支出），IH（民間住宅投資），IP(民間企業設備投資)，JP（民間在庫品増加)，PD（公的需要)，EX（輸出等)，IM（輸入等）の 8 系列である。なお，公的需要は CG（政府消費)，IG（公的資本形成)，JG（公的在庫品増加）に分けられるが，ここではこれを合わせたものを使っている。CP から IM までは GDP の需要構成（内訳）であるが，IM は控除項目であり，次の等式が成り立つ。

$$GDP = CP + IH + IP + JP + PD + EX - IM$$

```
# 実質季節調整系列・1995 暦年基準・単位兆円（年率にしていない）
# PD は公的需要（CG+IG+JG）
GDP CP IH IP JP PD EX IM
77.64 42.82 4.86 10.32 0.3 17.56 6.03 4.26
77.77 42.99 4.85 10.28 0.32 17.63 6.11 4.42
78.37 43.22 4.72 10.33 0.45 17.73 6.08 4.16
---  中略  ---
145.69 78.42 4.58 26.42 0.7 29.92 20.06 14.4
```

以上の csv 形式のデータをファイル名 GDPA1980TABLE.csv で作成し，以下の R のコマンドで SNA という名前のデータフレームに読み込む。

```
SNA <- read.csv("GDPA1980TABLE.csv",skip=2,header=TRUE)
SNA
```

2.1.2 plot( ) 関数入門

R には図表を描くコマンド（関数）が沢山用意されているが，最も基本的なものの 1 つが plot( ) 関数である。plot( ) 関数の基本は x 座標，y 座標を与えた「点」を描くことである。練習のために次のような 2 つのベクトル，x と y を作り，これをプロットする。

```
x <- c(8,7,4,2,9,1,6,5,3)
y <- c(50,90,20,30,10,70,60,40,80)
plot(x,y)
```

以上を実行すると，グラフィックスのためのウィンドウが別に開いて，9 個の点が打たれた図が示される。これらの点は，ベクトル x と y からそれぞれ順番に要素を取り出した (8, 50), (7, 90), $\cdots$, (3, 80) を座標とする点である。次に，

```
plot(y)
```

を実行すると，ベクトル y の最初の要素から最後の要素までを順番に打ち出した 9 個の点のグラフが現れる。これらの座標 (1, 50), (2, 90), $\cdots$, (9, 80) である（つまり，x 座標 (横軸）はベクトルの要素の順番 1, 2, $\cdots$, 9 である)。これらを線で結んで折れ線グラフにするには，`type="o"`という引数をつける。

```
plot(y,type="o")
```

次のコマンドで，とりあえず GDP の折れ線グラフを描く。

```
plot(SNA$GDP,type="l")
```

`type="l"`は各点を線で結ぶだけで，点に丸印などの符号を書かない。GDP の系列は 102 時点にもなるので，丸印をつけると煩雑でグラフが「汚く」なるのでグラフのタイプを変えた。

なお，`type=`での指示には，`"p","l","b","c","o","h","s","S","n"` があり，デフォルトは，`"type="p"`である。上記の例題`plot(y,type="o")` で，`type=`を様々に変えて，どのようなグラフとなるか試してみよ。

2.1.3　複数の作図ウィンドウを開く

すでに上の例からもわかるように，

```
plot(SNA$GDP,type="l")
plot(SNA$CP,type="l")
```

と続けて作図の命令をすると，最初に描いたグラフは消えてしまう。せっかく作ったグラフが消えないようにするにはどうしたらよいだろうか。

Rでは，作図命令を出すと1つの作図ウィンドウ（= 作図デバイス）を開く。何もしなければ作図ウィンドウは1つしか開かれないので，次の作図命令を実行するときに前の図を消して新しいグラフを描いてしまうのである。これを解決するには，グラフを描くごとに新しい作図ウィンドウを開く命令を実行すればよい。Windows版でのこの命令はwin.graph()である。

```
plot(SNA$GDP,type="l")
win.graph()
plot(SNA$CP,type="l")
```

作図ウィンドウが重なって表示されるのでCPのグラフ1つしか見えないが，小さくしてやれば下からGDPのグラフが現れる。これによって現在Rには2つの作図ウィンドウが開かれているのがわかるが，Rのコマンドで（追加の書込みなどの）操作ができるアクティブなウィンドウは常にこのうちの1つである。ウィンドウの上の枠にR Graphics: Device 2(inactive)とR Graphics: Device 3(active)と記されているので，それがわかる。

沢山作図ウィンドウを開いてしまい，現在どのような作図ウィンドウがあるかわからなくなったら，

```
dev.list()
```

を実行すると，開かれている作図デバイスのリストが表示され，現在の例では，windowsの2番と3番という2つの作図ウィンドウが開いていることがわかる。

開かれている作図ウィンドウを閉じるには，作図ウィンドウの右上の×印をクリックするか，上記`dev.list()`の出力で明らかになったデバイス番号nを使って，`dev.off(n)`を実行する。ここでは，2番目に描いたCPのグラフ（デバイス番号3）を閉じる。

```
dev.off(3)
```

すると，CPの作図ウィンドウが消えるとともに，これまで(inactive)であったGDPのグラフ（デバイス番号2）が(active)に変わる。すべての作図ウィンドウを閉じるには，デバイス番号を入れずに

```
dev.off()
```

を実行するか，

```
graphics.off()
```

を実行する。

2.1.4　作図したグラフを後で呼び出す

R で作業を続けながら，前に一度描いたグラフを後でまた見てみたいときに再び plot( ) 関数で描き出さずに，一度描いたグラフを呼び出す方法がある。作図ウィンドウがアクティブなときは，RGui のメニューバーのメニューが違っている（「ファイル」「履歴」「サイズ変更」「ウインドウ」になっている）のに気がついただろうか。このうちの「履歴」を選択し，出てくるプルダウンメニューの「記録」を選択しておくと，後で「履歴」-「戻る」で以前に描いたグラフを再び表示できる。もう 1 つの方法は，recordPlot() という関数で，描いたグラフを R の変数として保存するのである。

```
plot(SNA$CP,type="l")
chart1 <- recordPlot()
```

ここで作図ウィンドウを閉じ，しかる後に，

```
chart1
```

と入力すると，先のグラフが現れる。

2.1.5　グラフを様々な形式で外部ファイルに書き出す

R で描いたグラフを（たとえばワープロソフトで書いている）レポートに使いたいというようなことは当然に起こってくる。R は，描いたグラフの出力先としてポストスクリプト（ps），PDF，ビットマップ（Bng），Jpeg，Windows メタファイルなど様々な形式が選択できるという柔軟性を持っている。先に新しい作図ウィンドウを開くときに `win.graph()` と入力したが，これは出力先（「出力デバイス」）として Windows 版で標準のコンソールに指定したのである。

次の例は，GDP のグラフの出力先を PDF ファイル（ファイル名 rei1.pdf）

としたものである。

```
# pdf ファイルに出力
pdf(file="rei1.pdf")
plot(SNA$GDP,type="l")
dev.off()
```

PC のコンソールには作図ウィンドウは現れず，「作業ディレクトリ」に PDF ファイル（rei1.pdf）が作成されていることを確認せよ。

一度 PC 上の作図ウィンドウに描いて（目でよく見てから）PDF ファイルにコピーして出力することもできる。

```
# 作図ウィンドウを PDF ファイルにコピーする。
plot(SNA$GDP,type="l")
dev.copy(pdf, file="rei2.pdf")
dev.off()
```

なお，windows 版の R では，作図ウィンドウがアクティブな場合の R Gui メニューの「ファイル」-「別名で保存」によって，そのときアクティブなグラフを本節の冒頭にあげた様々な形式のファイルとして出力し保存できる。Windows メタファイル形式で保存したグラフは，ワードなどの文書に簡単に張り込める。

2.1.6 時系列オブジェクトとしての登録　ts( ) 関数

もう一度，GDP のグラフに戻ろう。

```
plot(SNA$GDP,type="l")
```

このグラフの横軸は，ベクトルの要素の数である 1 から 102 までの番号に対応したもの（0, 20, 40, 60, 80, 100）となっている。私たちが扱うデータは主として時系列データであるから，グラフの横軸は 1980 年などの「時間」となっているほうが望ましい。そうした表示を可能とするためには，PC にこのベクトルが 1980 年 Q1 から 2005 年 Q2 までのデータであることを認識させることが必要である。ts( ) 関数は，ベクトルにこうした情報を付与する関数である。

```
GDP <- ts(SNA$GDP,start=c(1980,1),frequency=4)
GDP
```

ts( ) 関数の引数 start=c(1980,1) は時系列データの始点を与えている。end=で終点を与えることもできるが，記述しなければ，R がベクトルの要素の数から割り出して自動的に終点の情報を作り出す。frequency=4 は，四半期データであるという情報を与えている。年次データであれば frequency=1，月次データならば frequency=12 である。左辺の変数名も同じ GDP にしたが，右辺にあるデータフレーム SNA のもとの系列 GDP（正確には，SNA$GDP）とは別なベクトルが作られている。GDP の中身を画面上に表示させると，次のようにテーブル（表）の形に現れる。

```
> GDP
       Qtr1   Qtr2   Qtr3   Qtr4
1980  77.64  77.77  78.37  79.10
1981  79.92  80.30  80.97  81.06
--- 中略 ---
2004 141.90 141.53 141.66 142.19
2005 144.15 145.69
```

GDP のグラフを描くと，今度は横軸が 1980 年から 2005 年の年次の表示になる。

```
plot(GDP,type="l")
```

2.1.7　グラフの装飾　タイトルや軸ラベルをつける

ts( ) 関数を用いてベクトルを時系列オブジェクトとすることで，横軸の目盛が「年次」となり，見やすくなった。しかし，先に述べたように R で描いたグラフを他の形式で出力し，レポートなどに張りつけて使うためには，もう少し「見映えの良い」ものにしたい。R では様々なグラフィック関数やそのパラメータによってグラフを加工することができるが，ここでは最も簡単な「グラフにタイトルをつける」ことと「軸ラベルを表記する」ことのみを説明するにとどめる。

```
# グラフの装飾（タイトル，軸ラベルなど）
plot(GDP,type="l", xlab="year",ylab="trillion yen", main="real
GDP")
```

これは，グラフのタイトルを main="real GDP"，x 軸ラベルを xlab="year"，y 軸ラベルを ylab="trillion yen"で指示したものである。R を日本語対応に設定していれば，タイトルやラベルに日本語を使うことも可能である。

```
plot(GDP,type="l", xlab="年　次",ylab="兆　円", main="実　質
GDP",sub="1995 暦年基準・季節調整値・1980 年 1Q～2005 年 2Q")
```

上のようにタイトルやラベルが長くなると，plot( ) 関数が何をやっているのか見にくくなる。それらの文字を予め変数に代入しておいて，plot( ) 文で引用すれば，プログラムが見やすくなる。

```
# 図 1
xlabel <-"年次"
ylabel <- "兆円"
title <- "実質 GDP"
subtitle <- "1995 暦年基準・季節調整値・1980 年 1Q～2005 年 2Q"
plot(GDP,xlab=xlabel,ylab=ylabel,main=title,sub=subtitle)
```

2.1.8　複数の系列を 1 つのグラフに描く

先に GDP を時系列オブジェクトにしたが，準備として他の 7 系列も同様に ts( ) 関数で時系列オブジェクトにしておこう。

```
CP <- ts(SNA$CP,start=c(1980,1),frequency=4)
IH <- ts(SNA$IH,start=c(1980,1),frequency=4)
IP <- ts(SNA$IP,start=c(1980,1),frequency=4)
JP <- ts(SNA$JP,start=c(1980,1),frequency=4)
```

図1

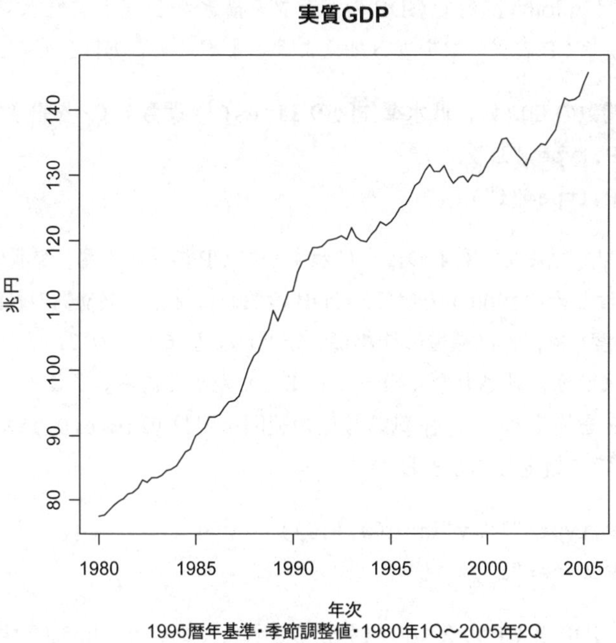


```
PD <- ts(SNA$PD,start=c(1980,1),frequency=4)
EX <- ts(SNA$EX,start=c(1980,1),frequency=4)
IM <- ts(SNA$IM,start=c(1980,1),frequency=4)
```

そのうえで，まず GDP と CP を 1 枚のグラフに描くことを試みる。plot( ) 関数には，複数の時系列をグラフ化する機能はないが，plot( ) 関数を活用して複数時系列を描く方法はある。

plot( ) 関数で GDP を描き，低水準作図関数 lines( ) で CP を書き加える

R の作図関数には「高水準作図関数」と「低水準作図関数」の 2 種類がある。plot( ) 関数などは「高水準作図関数」に属し，それを実行するとグラフの枠組をはじめ様々な要素が決定されて 1 枚のグラフができあがる。これに対して，低水準作図関数とは，「点」を打つ，「線」を引く，「矢印」を描く，「文字」を書くなど，単純な機能を実行するもので，主として「高水準作図関

数」で作った作図に様々な「書き加え」をするために使われる。ここでは，(1) はじめに plot( ) 関数で GDP のグラフを描き，(2) それに低水準作図関数の lines( ) で CP のグラフを書き加えよう。まず，次を実行してみよう。

```
# plot 関数の GDP に，低水準作図の lines( ) 関数で CP を書き加える
plot(GDP,type="l")
lines(CP,type="l")
```

実行結果を見ると，右下のほうにわずかに CP の「切れ端」が覗いている。これは，はじめの plot( ) 関数で，GDP の数値に見合った y 軸の範囲（70 から 150 程度）で，作図領域の枠組が決定されてしまったので，それよりも値の小さい CP が記述されなくなってしまったためである。そこで，plot( ) 関数で GDP を描くときに，y 軸の数値の範囲を引数 `ylim=c(0,150)` と 0 から 150 までに指定してしまおう。

```
plot(GDP,type="l",ylim=c(0,150))
lines(CP,type="l")
```

今度は GDP と CP の 2 つの線が表示されたであろう。lines( ) 関数などの低水準関数で「書き加える」という操作はこれからも多用する。

ts.plot( ) 関数による複数系列のグラフ化

以上の方法では，y 軸の数値の範囲を指定するために予めデータにあってみなければならないので面倒である。幸いなことに，R には時系列オブジェクトについて複数の系列をグラフ化する ts.plot( ) 関数がある。

```
# ts.plot( ) 関数を使う
ts.plot(GDP,CP,type="l")
```

今度は y 軸がゼロから始まってはいないが，GDP と CP がうまく収まる範囲に y 軸の範囲が自動的に決められている。同時に書ける系列の数は 2 つには限らない。系列数を多くする場合には，各系列の「識別」を容易にするために，引数で指定して線の種類（実線，破線など）や色を系列ごとに変えるほうがよい。

```
# 系列が沢山になったら，線の種類や色を変える。
```

```
ts.plot(CP,IH,IP,type="l",lty=c(1,2,3),col=c(1,2,3))
```

引数 lty= は線の種類を指定する。番号 1 は実線，2 は破線，3 は点線である。引数 col= は色の指定であり，番号 1 から順に「黒，赤，緑，青，水色，紫，黄，灰」となっている。この例では，これらの引数をそれぞれベクトルで与えており，最初の系列 CP は黒い実線，2 番目の IH は赤の破線，3 番目の IP は緑の点線で描かれる。

さらにていねいな表記をするためには，凡例（legend）をつけるとよい。R には，グラフに凡例を書き加える「低水準作図関数」legend( ) が用意されている。凡例はグラフの線の邪魔にならない場所に配置しなければならず，その座標を選んで legend( ) に与えなければならないが，これはかなり面倒である。そこで R には「対話型関数」locator( ) が用意されているのでこれを利用する。legend( ) 関数の中に locator( ) を含んだ次の命令を実行し，マウスのポインタを作図ウィンドウに移動すると + の記号が現れる。この記号をマウスで移動させ「グラフの線の邪魔にならない場所」を選んでマウスを右クリックすると，そこに凡例が表示される。

```
# 凡例（legend）をつける。
# locator( ) は対話型（マウスによる指示）で凡例を入れる位置を決める
引数。
legend(locator(1),legend=c("CP","IH","IP"),lty=c(1,2,3),col=
c(1,2,3))
```

2.1.9　1 つの作図ウィンドウに複数のグラフを描く

ts.plot( ) 関数で複数の系列を 1 つのグラフに描くと，当然ながら y 軸のスケールは共通である。したがって，上の例でデータの数字が小さい IH は CP や IP に比べてその変動が見にくくなってしまう。各系列の y 軸をそれぞれのスケールに合わせて描き，かつ，複数系列の変動を 1 つの作図ウィンドウに並べて比較できれば便利である。R では作図ウィンドウを複数の作図領域に分割し，それぞれに plot( ) 関数などの出力を描く指示をすることができる。指示の仕方にはいくつかの方法があるが，次の例ではグラフィックスのパラメータを指定する par( ) 関数で，mfrow=c(4,2) として，作図ウィンド

図2

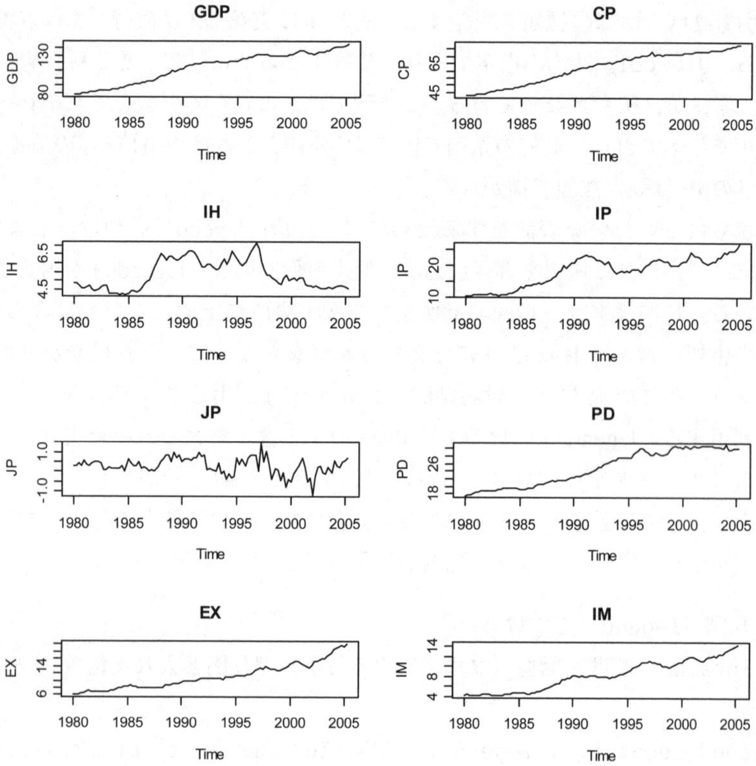

を 4 行 2 列 (4 × 2) の 8 つに分けるよう指図し，そのうえで 8 つの ts.plot( ) 関数でそれぞれのグラフを書き込んでいる。

```
# 図2
# par( ) の mfrow の指示で，1 つの画面に全系列を別々のグラフで描く。
par(mfrow=c(4,2))
ts.plot(GDP,type="l",main="GDP")
ts.plot(CP,type="l",main="CP")
ts.plot(IH,type="l",main="IH")
ts.plot(IP,type="l",main="IP")
ts.plot(JP,type="l",main="JP")
```

```
ts.plot(PD,type="l",main="PD")
ts.plot(EX,type="l",main="EX")
ts.plot(IM,type="l",main="IM")
```

なお，一度 par( ) 関数でパラメータを書き換えると再び書き換えるまでそのままになるので，その都度元に戻しておく必要がある。

```
# par( ) をもとに戻す（mfrow=c(1,1) で，作図ウィンドウを 1 つの作図領域とする）。
par(mfrow=c(1,1))
```

par( ) 関数でパラメータをいろいろに変更した際にきちんともとに戻せるように，次のようにはじめに現在のパラメータ値を変数に退避しておいて，作業の後でこの変数を使ってもとに戻すことが推奨されている。

```
oldpar <- par(no.readonly=TRUE)
--- パラメータを変更した作業 ---
par(oldpar)
```

2.2　plot( ) 関数の応用：局面比較

グラフを描いて行う時系列データの分析の応用例として，「局面比較」を取り上げるが，その際に使う「ベクトルの要素を取り出す操作」について，まず学習する。

2.2.1　ベクトルの要素を取り出す

サンプルとして，9 個の要素 (1 から 9 までの整数) からなるベクトルを作る。

```
( x <- c( 5,8,4,7,2,9,1,6,3) )
```

ベクトルの n 番目の要素の取り出しは，x[n] のように，変数名の後に大括弧 [ ] で n を括って表記する。このベクトル x の 1 番目の要素を取り出すには次のようにする。

```
( y <- x[1] )
```

もし，ベクトルの「長さ」(＝ベクトルの要素の数）より大きな n を与えると，NA（not available）が返される。ベクトルの「長さ」は，length( ) 関数で調べることができる。

```
( y <- x[10] )
length(x)
```

取り出す要素は 1 つに限らず，番号をベクトルで与えれば，その番号（番目）の要素を取り出す。大括弧 [ ] の中に入るベクトルは変数に代入したものでもよい。次はいずれも x の 1，3，5 番目の要素を取り出す。

```
( y <- x[c(1,3,5)] )
z <- c(1,3,5)
( y <- x[z] )
```

取り出す要素を指定するのではなく,「取り除く」要素を指定して，残りの要素からなるベクトルを得ることもできる。そのためには，取り除く要素の番号にマイナスの記号をつけて指示する。取り除く要素も 1 つだけでなく，複数の要素番号にマイナスをつけてベクトルで与えれば，それらを取り除いたベクトルを作ることができる。

```
# 1 番目の要素を取り除いたベクトルを作る。
( y <- x[-1] )
# 1,3,5 番目の要素を取り除いたベクトルを作る。
( y <- x[c(-1,-3,-5)] )
```

2.2.2　連続した数字を作る

連続した数字を作る関数として，seq( ) 関数 (sequence generation) がある。次の例を実行してみよ。

```
( y <- seq(1,5) )
( y <- seq(5,1) )
```

```
( y <- seq(-5,5) )
```

上の例では，隣り合った数の差（公差）は 1 であるが，引数 by= によって任意の公差を指定できる。

```
( y <- seq(1,5,by=0.5) )
```

全体の数字の間隔 (5-1=4) が公差 (0.3) の整数倍でない場合はどういう数列（ベクトル）が生成されるだろうか。次を実行し結果を吟味せよ。

```
( y <- seq(1,5,by=0.3) )
```

公差が 1 の場合（＝連続した整数を指定するとき）には，seq( ) 関数の簡易型として，最初と最後の数字をコロン (:) でつないだものが使われる。

```
( y <- 1:5 )
( y <- -5:5 )
```

seq( ) 関数（または，その簡易型）を用いて，ベクトル *x* の 3，4，5，6，7 番目の要素を取り出す。

```
( y <- x[3:7] )
```

2.2.3　局面比較

政府が月例経済報告などで「景気回復」の判断を示しても民間企業から「実感できない」という声が聞こえたりすることがある。その原因はそれまでの景気回復時の体験と比べて「景気回復のテンポ・足取り」が弱々しいといったことにあるのかもしれない。そこで，このような疑問に答え「景気回復のテンポ・足取り」が過去の景気回復局面と比較して強いのか弱いのか，それをグラフで目に見える形に示そうというのが局面比較である。

政府（内閣府）は，学者の意見を参考にしながら一定の統計的手法に基づいて「景気の山」「景気の谷」を定める「景気の基準日付」を発表している。それによると戦後 1956 年から 2002 年までの間に 13 の「景気循環」（「景気の谷」から次の「景気の谷」まで）が定められている。最近の 3 回の「景気の谷」(1993Q4, 1999Q1, 2002Q1) からの景気回復のテンポを各々の「景気の谷」時点のGDPを100とする指数とし，その後2年間（8期）の指数のグラフとして比較してみる。

まず，1980年Q1から2005年Q2までのGDPベクトルの中から，1993年Q4から2年後である1995年Q4までの要素を取り出し，その第1要素（=「景気の谷」の値）を100とする指数に変換する。

1980年Q1からスタートするベクトルの *n* 年Qmのデータは `ns = (n-1980)*4+m` 番目の要素であり，その2年後（8期後）のデータは `ne = ns+8` 番目の要素である。したがって，1993年Q4から8期後までのデータを取り出し，その先頭（第1番目）の要素で割り算し100倍して指数化するプログラムは次のようになる。

```
# 1993Q4
ns1 <- (1993-1980)*4+4
ne1 <- ns1+8
x1 <- GDP[ns1:ne1]/GDP[ns1]*100
```

なお，Rでは1行に複数の命令（コマンド）を記述する場合は，セミコロン(;)で区切ることになっているので，上のプログラムは次のようにしてもよい。

```
# 1993Q4
ns1 <- (1993-1980)*4+4; ne1 <- ns1+8; x1 <- GDP[ns1:ne1]/GDP
[ns1]*100
```

1999年Q1，2002年Q1を景気の谷とする場合も同様に，次によってGDPベクトルから当該要素を取り出し，景気の谷を100とする指数に変換することができる。

```
# 1999Q1
ns2 <- (1999-1980)*4+1; ne2 <- ns2+8; x2 <- GDP[ns2:ne2]/GDP
[ns2]*100
# 2002Q1
ns3 <- (2002-1980)*4+1; ne3 <- ns3+8; x3 <- GDP[ns3:ne3]/GDP
[ns3]*100
```

ここで作成した x1，x2，x3 を 1 つのグラフに描くが，ここでは x1 を plot( ) 関数で描き，そこに x2，x3 を低水準作図関数 lines( ) で書き加える方法で作図をすることにする。そのための準備として y 軸の範囲を決めるために，x1，x2，x3 の最小値（y1）と最大値（y2）を調べ，plot( ) 関数における y 軸の範囲を決める引数を ylim=c(y1,y2) とする。

```
# グラフの y 軸の ylim を決めるため，最小値と最大値を採取する。
y1 <- min(x1,x2,x3); y2 <- max(x1,x2,x3)
# グラフを描く。
plot(x1,type="o",xlab="",ylab="景気の谷=100 の指数",ylim=c(y1,
y2) )
```

これに lines( ) 関数で x2，x3 を重ね書きし，凡例をつける。

```
lines(x2,type="o",col=2,lty=2)
lines(x3,type="o",col=3,lty=3)
abline(h=100)
kikan <- c("1993Q4-","1999Q1-","2002Q1-")
legend(locator(1),legend=kikan,pch=1,lty=c(1:3),col=c(1:3))
```

3 行目の abline(h=100) は，y 軸の 100 の位置に水平線を引く指示である。

グラフの「見映え」を良くするために，横軸のスタート（景気の谷）を 0 とし，そこから経過した期間（1 から 8）で示すようにしたい。そこで，0 から 8 までの連続した整数を要素とする z という変数を作り，z と x のプロットとしてグラフを描く。また，タイトルや軸ラベルをつけるなどの装飾を行う。

図3

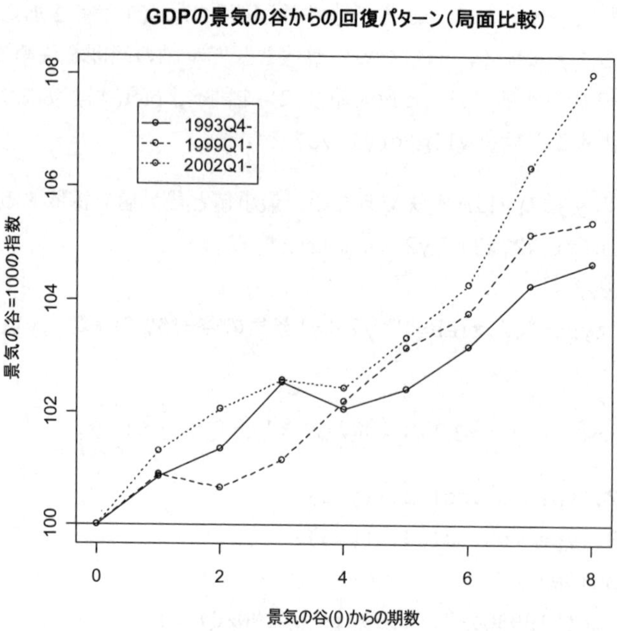


```
# 図 3
z <- 0:8
ylabel <- "景気の谷=100 の指数"
xlabel <- "景気の谷 (0) からの期数"
title <- "GDP の景気の谷からの回復パターン (局面比較) "
plot(z,x1,type="o",ylab=ylabel,xlab=xlabel,ylim=c(y1,y2) ,
main=title)
lines(z,x2,type="o",lty=2)
lines(z,x3,type="o",lty=3)
abline(h=100)
kikan <- c("1993Q4-","1999Q1-","2002Q1-")
legend(locator(1),legend=kikan,pch=1,lty=c(1:3))
```

練習問題

経済産業省の統計 HP（http://www.meti.go.jp/statistics/index.html）から，「主要統計　鉱工業指数 (IIP)」-「統計表一覧」とたどり，「財別・季節調整済指数・四半期」の EXCEL ファイルをダウンロードせよ。これには，1998 年 Q1 以降最新時点までの詳細なデータが 5 枚のワークシートに掲載されている。なお，鉱工業指数統計について知識のない場合は，同 HP の「統計の概要」を参照せよ。

plot( ) 関数，ts.plot( ) 関数でグラフを描く

上記の EXCEL ファイルから，「鉱工業」の (1) 生産指数，(2) 出荷指数，(3) 在庫指数（期末値）の 3 系列を取り出した csv 形式のデータファイルを作成し，これを読み込んで次の 2 つの方法で，これら 3 系列を 1 つのグラフに描け。

- plot( ) 関数 +lines( ) 関数による方法
- ts.plot( ) 関数による方法

局面比較の応用

景気の回復局面で「まだら模様」という表現がされることがある。これは A 産業では好調に景気が回復しているが，B 産業では低迷が続いているなど，部門間の好・不調が混在している状態を指している。こうした状況も「局面比較」で用いたグラフの応用で視覚的に示し，分析することができる。

- 先の EXCEL ファイルから，「資本財」「建設財」「耐久消費財」「非耐久消費財」の各々の生産指数，計 4 系列を取り出した csv 形式のデータファイルを作成し，これを読み込んで，2002 年 Q1 の景気の谷をスタート点とし以降 2 年間（8 四半期）の 4 系列の動きを，景気の谷 (2002 年 Q1) を 100 とする指数で比較するグラフを作れ（「局面比較」のプログラムを参考にせよ）。
- このグラフを Window メタファイルで外部ファイルに書き出し，それを WORD 等に取り込み（張りつけ），グラフから読み取れる事実について簡単なコメントをつけた「レポート」を作成せよ。

第3章　増減率を計算する

時系列データの「変動」をどのようにとらえるか，様々な考え方や関連した統計解析の手法を本書において学んでいく。その出発点として最も基本となるのは，当該統計データの数値が「増えたのか，減ったのか」という認識である。統計作成部局の公表においてもデータの原数値よりもその増減率などのほうに重点が置かれることがしばしばである。この増減率について，前期（月）比，全年同期（月）比，年平均増減率など，いくつかの概念を順次説明し，R を使って計算していく。

3.1　前期（月・年）比

時系列データの増減の示し方で最も基本となるのは，前期に比べてどれくらい増えたか（減ったか）を示す「前期比」である。四半期データでは前期比という呼び方が一般的であるが，当該統計が月次データであれば前月比，年次データであれば前年比と呼ばれる。増減は絶対額（統計数値の前期との差＝前期差）よりも，統計の数量単位に依存しない「増減率（%）」のほうを用いることのほうが普通である。

前期比（増減率 %）

$$r_t \times 100 = \left(\frac{Y_t - Y_{t-1}}{Y_{t-1}} \right) \times 100 = \left(\frac{Y_t}{Y_{t-1}} - 1 \right) \times 100$$

このとき，

$$\frac{Y_t}{Y_{t-1}} = 1 + r_t$$

であることに注意しよう。

3.1.1 R による前期比の計算

R の実習のために，前章で使ったGDP とその需要項目（CP，IH，IP，JP，PD，EX，IM）の csv 形式のファイルを読み込んで，ts( ) 関数で時系列オブジェクトにしておく。

```
SNA <- read.csv("GDPA1980TABLE.csv",skip=2,header=TRUE)
GDP <- ts(SNA$GDP,start=c(1980,1),frequency=4)
--- 以下，CP,IH,IP,JP,PD,EX,IM についても同じ ---
```

上記のように前期比は，(1) 前期との差をとり，(2) それを前期の値で割り算し，(3) % にするために 100 を掛ける，という作業で計算される。R には時系列オブジェクトの差をとる関数として `diff( )` がある。また，期をずらした「ラグ」をとる関数に `lag( )` がある。これらを用いて，GDP の前期比は，

```
( rate1 <- diff(GDP)/lag(GDP, k=-1)*100 )
```

で計算される。

- 分母の lag( ) 関数の引数 (k=-1) はデータを 1 期だけ「後ろ」にずらし，1980 年 Q1 の GDP を 1980 年 Q2 のデータとしている。したがって，`lag(GDP, k=-1)` を実行した結果の系列は 1980 年 Q2 から 2005 年 Q3 までのデータとなる。
- 一方，分子の前期差をとる操作（`diff(GDP)`）では，最初のデータである 1980 年 Q1 には，それから引き算をする 1979 年 Q4 のデータがないので 1980 年 Q1 には値が入らず，1980 年 Q2 から 2005 年 Q2 までのデータとなる。したがって，これらを割り算して 100 倍した結果の系列 `rate1` は 1980 年 Q2 から 2005 年 Q2 までのデータとなる。

このように時系列のラグや差分をとる操作を行うと計算の結果得られる系列ベクトルの要素の数（＝「長さ」）が変わってしまうことに常に注意を払っていくことが必要である。

上で計算した GDP の前期比 (`rate1`) をグラフに描いておこう。

```
ts.plot(rate1,type="l",main="GDP の前期比 (%)" )
```

3.1.2　対数の差による増減率の近似

データが正の値であれば，それを対数変換したものの差をとることで前期比増減率の近似を得られる。

$$\begin{aligned}\log y_t - \log y_{t-1} &= \log\left(\frac{y_t}{y_{t-1}}\right)\\ &= \log(1+r_t)\\ &\simeq r_t\end{aligned}$$

最後の近似等式は，r_t が小さいときに成り立つ。実際に r_t と $\log(1+r_t)$ の差はどれくらいなのか。r_t を 0〜0.1（つまり 10%）まで動かして両者を比べてみると，$r_t = 0.1$ でも，その差は 0.0047（0.47% ポイント）であり，$r_t = 0.05$（5%）程度なら，その差は 0.001（0.1% ポイント）程度にとどまる。こうしたことから，データの対数をとり，その前期差をもって増減率としている分析は多い。

R には自然対数の関数 log( ) があるから，対数の近似で前期比を求める式は，

```
rate2 <- diff(log(GDP))*100
```

ときわめて簡単になる。この計算を行い，先の `rate1` と比較してみよ。

なお，特に断らない限り本書では対数は，e を底とする自然対数を用い，それを log と標記する。10 を底とする常用対数 $\log_{10}$ には `log10( )` という関数があるが，

$$\log_{10} x = \frac{\log x}{\log 10}$$

と自然対数 `log( )` によって計算できる。

3.1.3　前期比年率

GDP 統計の速報が新聞などで報じられる時，「年率 X% 増」と表現されることが少なくない。年率とは，増減率を測る「標準期間」を 1 年間にした場

合の増減率をいう。具体的には，四半期統計であるGDPの場合には今期のGDPの前期比増減率が今後3四半期の間も続いた場合に，1年間ではどれだけの増減率になるかを示したものである。年率増減率を ar_t（annual rate）とすれば，

$$(1 + ar_t) = (1 + r_t)^4 \simeq 1 + 4 \times r_t \quad \Rightarrow \quad ar_t \simeq 4 \times r_t$$

前期比増減率が小さい値であれば，年率はそれを4倍した数字で近似できる。GDPなどで年率表現が好まれるのは，1年間の増減率を指す「経済成長率」（＝GDPの増加率）をイメージしやすいためであろう。

3.2 前年同期（月）比

3.2.1 季節変動の影響を除去する前年同期比

先に得たGDPのデータと同様に，内閣府経済社会総合研究所のHPから，「国民経済計算（SNA）」-「統計資料」-「長期時系列（GDP・雇用者報酬）(93SNA，平成12年基準)」-「旧基準計数」-「需要項目別時系列表（固定基準方式)」とたどり，今度は，四半期の「原系列」のcsv形式の表をダウンロードする。そして，前と同様にGDPとその需要項目を取り出したcsv形式のファイル（ファイル名GDPO1980TABLE.csv）を作る。これをRに取り込んで「原系列（＝季節調整前)」の時系列オブジェクトGDPOを作る。

```
SNAO <- read.csv("GDPO1980TABLE.csv",skip=2,header=TRUE)
GDPO <- ts(SNAO$GDP,start=c(1980,1),frequency=4)
```

ここで得られたGDPOを先の季節調整済のGDPと1つのグラフに描いて比較してみよう。

```
ts.plot(GDP,GDPO,type="l",col=c(1,2))
```

GDPOはQ4に大きな値になるという季節変動を繰り返すので，「鋸の歯」のような形になっていることが確認できる。「季節変動」については，後に詳しく分析方法を述べる。いまはGDPと同様にこのGDPOの前期比増減率を計算し，それをグラフに描いてみる。

```
( rate3 <- diff(log(GDPO))*100 )
ts.plot(rate3,type="l")
```

1 年の内で Q4 が特に大きい値をとるので，Q4 の前期比が大きな正の値をとる一方，Q1 は（Q4 が大きいので）大きなマイナスの前期比となり，このパターンが繰り返されるために趨勢としての増加・減少傾向が読み取りにくい（Q1 の前期比がマイナスになっても「景気が悪化した」わけではない）。こうした季節変動の影響を取り除くために「季節調整法」が考案され，公的機関の統計では GDP 同様に原系列とともに季節調整値を計算し，公表している場合もある。季節調整値が入手できない場合に季節変動の影響を除去する最も簡単な方法が，前年の同じ期に比べてどのくらい増加・減少したかをみる「前年同期比」である。つまり，GDPO のデータでいえば「鋸の刃先（＝ Q4 のデータ）の高さ」を「前年の刃先の高さ」と比べるわけである。

四半期データならば，

$$R_t \times 100 = \left(\frac{Y_t - Y_{t-4}}{Y_{t-4}}\right) \times 100\,\%$$

月次データならば，

$$R_t \times 100 = \left(\frac{Y_t - Y_{t-12}}{Y_{t-12}}\right) \times 100\,\%$$

3.2.2　R による前年同期比の計算

ここでも，対数の差による近似を活用すれば，

$$R_t \simeq \log\left(\frac{Y_t}{Y_{t-4}}\right) = \log(Y_t) - \log(Y_{t-4})$$

であるから，

```
rate4 = diff(log(GDPO),lag=4)
ts.plot(rate4,type="l")
```

計算結果得られる rate4 は，原データ GDPO より 1 年分少ない 1986 年 Q1 からのデータとなっていることに注意が必要である。

3.2.3 前年同期比と前期比の関係

四半期データで考える。前年同期比は1年前の同じ時期との比較であるから，

$$\frac{Y_t}{Y_{t-4}} = \left(\frac{Y_t}{Y_{t-1}}\right) \times \left(\frac{Y_{t-1}}{Y_{t-2}}\right) \times \left(\frac{Y_{t-2}}{Y_{t-3}}\right) \times \left(\frac{Y_{t-3}}{Y_{t-4}}\right)$$

第 t 期の前年同期比を R_t，前期比を r_t とすれば，上式は，

$$1 + R_t = (1 + r_t) \times (1 + r_{t-1}) \times (1 + r_{t-2}) \times (1 + r_{t-3})$$

両辺の対数をとって近似を用いれば（いくつかの数の「積の対数」はそれらの数の「対数の和」になるから），

$$R_t \simeq r_t + r_{t-1} + r_{t-2} + r_{t-3}$$

つまり，前年同期比（増減率）は，過去1年間の前期比増減率の和となる。この点をRを使って確認しよう。

```
# 前期比の計算
rt <- diff(log(GDP0))
# 前年同期比の計算
Rt <- diff(log(GDP0),lag=4)
# 前期比 rt の過去 1 年間の和
rt1 <- lag(rt,k=-1); rt2 <- lag(rt,k=-2); rt3 <- lag(rt,k=-3)
RRt <- rt+rt1+rt2+rt3
# 両者の差 sa の計算
sa <- Rt - RRt
# Rt,RRt,sa をグラフに描く
ts.plot(Rt,RRt,sa,type="l",lty=c(1:3),col=c(1:3))
```

3.3　年平均増減率

3.3.1　長期間を均した増減率

数年間など，ある程度長い期間にわたる統計データの変動を「均してみれば」どのくらいの増減であるかを1つの数字で簡便に示すものが「年平均増減率」である。現実には $t = 0$ から $t = n$ までの各年にそれぞれ前年比増減率 r_t で増減して Y_0 が Y_n に到達したわけであるが，仮にこの間毎年一定の前年比増減率 $\overline{r}$ で変動して Y_0 が Y_n に到達したとする。そのような $\overline{r}$ が年平均成長率である。すなわち，

$$\left(1+\overline{r}\right)^n = (1+r_1)\times(1+r_2)\times\cdots\times(1+r_n)$$

両辺の対数をとって，

$$n\times\log\overline{r} = \log(1+r_1)+\log(1+r_2)+\cdots+\log(1+r_n)$$

x が小さければ，$\log(1+x)\simeq x$ の近似が成り立つので，

$$\overline{r}\simeq\frac{r_1+r_2+\cdots+r_n}{n}$$

つまり，年平均成長率は，各年の増減率の算術平均でよい。また，

$$(1+\overline{r})^n = (1+r_1)(1+r_2)\cdots(1+r_n) = \left(\frac{Y_1}{Y_0}\right)\left(\frac{Y_2}{Y_1}\right)\cdots\left(\frac{Y_n}{Y_{n-1}}\right) = \left(\frac{Y_n}{Y_0}\right)$$

から，

$$\overline{r} = \left(\frac{Y_n}{Y_0}\right)^{\frac{1}{n}} - 1$$

と時系列データの最初の値 Y_0 と最後の値 Y_n だけわかれば，その間の年平均成長率を計算できる。

3.3.2　R による計算

先に得た GDP のデータと同様に，内閣府経済社会総合研究所の HP から，「国民経済計算（SNA）」-「統計資料」-「長期時系列（GDP・雇用者報酬）

(93SNA，平成 12 年基準)」-「旧基準計数」-「需要項目別時系列表（固定基準方式)」とたどり，今度は「暦年」の実質系列の csv 形式の表をダウンロードする。そして，GDP を取り出した csv 形式のファイル（ファイル名 GDPannual.csv）を作る。これを R に取り込んで GDP の年次系列の時系列オブジェクト GDPannual を作る。

```
# データの読み込み
xdata <- read.csv("GDPannual.csv",skip=2,header=TRUE)
GDPannual <- ts(xdata$GDP,start=c(1980),frequency=1)
ts.plot(GDPannual,type="l")
```

これに上記 2 つの方法（(1) 前年比の算術平均をとる方法，(2) 最初と最後のデータだけを用いて計算する方法）で，「年平均増減率」を計算して，その結果を比較しよう。

```
# 平均年率増減率の計算（1）：前年比の算術平均として計算
( RA1 <- mean( diff(log(GDPannual))*100) )
# 平均年率増減率の計算（2）：最初と最後の値から計算
n <- length(GDPannual)
( RA2 <- ( (GDPannual[n]/GDPannual[1])^(1/(n-1))-1)*100 )
```

3.4 寄与度分解

3.4.1 和型の式の寄与度分解

先に GDP の 7 つの構成要素（需要項目）CP, IH, IP, JP, PD, EX, IM を示したが，これらは内需（DD domestic demand）と外需（FD foreign demand）の和に大括りされる。具体的には，

$$\mathrm{DD} = \mathrm{CP} + \mathrm{IH} + \mathrm{IP} + \mathrm{JP} + \mathrm{PD}, \quad \mathrm{FD} = \mathrm{EX} - \mathrm{IM} \longrightarrow \mathrm{GDP} = \mathrm{DD} + \mathrm{FD}$$

である。GDP の内外需別寄与度分解とは，内需，外需それぞれの増減率が GDP の増減率にどれだけ貢献したかを数値で示すものである。以下に示すように，「内（外）需の寄与度」は，「GDP に占める内（外）需の割合（構成

比)」に「内（外）需の増減率」を掛けたものになる。

$$\mathrm{GDP}_t = \mathrm{DD}_t + \mathrm{FD}_t$$

したがって，

$$\begin{aligned}\frac{(\mathrm{GDP}_t - \mathrm{GDP}_{t-1})}{\mathrm{GDP}_{t-1}} &= \frac{(\mathrm{DD}_t + \mathrm{FD}_t) - (\mathrm{DD}_{t-1} + \mathrm{FD}_{t-1})}{\mathrm{GDP}_{t-1}} \\ &= \frac{(\mathrm{DD}_t - \mathrm{DD}_{t-1}) + (\mathrm{FD}_t - \mathrm{FD}_{t-1})}{\mathrm{GDP}_{t-1}} \\ &= \underbrace{\left(\frac{\mathrm{DD}_{t-1}}{\mathrm{GDP}_{t-1}}\right) \times \left(\frac{\mathrm{DD}_t - \mathrm{DD}_{t-1}}{\mathrm{DD}_{t-1}}\right)}_{\text{内需の寄与度}} \\ &\quad + \underbrace{\left(\frac{\mathrm{FD}_{t-1}}{\mathrm{GDP}_{t-1}}\right) \times \left(\frac{\mathrm{FD}_t - \mathrm{FD}_{t-1}}{\mathrm{FD}_{t-1}}\right)}_{\text{外需の寄与度}}\end{aligned}$$

以下に数値例で示そう。

年	GDP	内需	外需
2004	526.6	512.3	14.3
2005	536.7	520.8	15.9

経済成長率は，

$$\frac{536.7 - 526.6}{526.6} \times 100 = 1.9\ (\%)$$

内需の寄与度は，

$$\left(\frac{520.8 - 512.3}{512.3}\right) \times \left(\frac{512.3}{526.6}\right) \times 100 = 1.6\ (\%)$$

外需の寄与度は，

$$\left(\frac{15.9 - 14.3}{14.3}\right) \times \left(\frac{14.3}{526.6}\right) \times 100 = 0.3\ (\%)$$

3.4.2　内外需別寄与度の R による計算

上記の 1980 年から 2004 年の年次データから，GDP，内需，外需の系列を取り出した csv 形式のファイル（ファイル名 `GDP_DDFD.csv`）を作り，それを読み込んで内外需別寄与度を計算してグラフ化する。

```
# 内外需別寄与度
# データを読む
xdata <- read.csv("GDP_DDFD.csv",skip=2,header=TRUE)
GDP <- ts(xdata$GDP,start=c(1980),frequency=1)
DD <- ts(xdata$DD,start=c(1980),frequency=1)
FD <- ts(xdata$FD,start=c(1980),frequency=1)
# 構成比の計算
WD <- DD/GDP; WF <-FD/GDP
# 前年比の計算
rGDP <- diff(log(GDP))*100
rDD <- diff(log(DD))*100
rFD <- diff(log(FD))*100
# 内需・外需の寄与度の計算
cDD <- rDD*WD; cFD <- rFD*WF
# YEAR
YEAR <-1981:2004
# 結果をデータフレームにする
( kekka <- data.frame(YEAR,rGDP,cDD,cFD) )
# グラフにする
ts.plot(rGDP,cDD,cFD,type="l",lty=c(1:3),col=c(1:3))
abline(h=0)
```

3.4.3 積型の式の寄与度分解

売上げ (R_t) = 価格 $(P_t) \times$ 数量 (Q_t) で，売上げの増減率を価格の変化と数量の増減の寄与に分解する「積型」の場合には，

$$\frac{R_t}{R_{t-1}} = \frac{P_t \times Q_t}{P_{t-1} \times Q_{t-1}} = \frac{P_t}{P_{t-1}} \times \frac{Q_t}{Q_{t-1}}$$

両辺の対数をとって，

$$\underbrace{\log\left(\frac{R_t}{R_{t-1}}\right)}_{\text{売上げの増減率}} = \underbrace{\log\left(\frac{P_t}{P_{t-1}}\right)}_{\text{価格の増減率}} + \underbrace{\log\left(\frac{Q_t}{Q_{t-1}}\right)}_{\text{数量の増減率}}$$

したがって，「価格の増減率」,「数量の増減率」がそのままそれぞれの寄与度になる。

3.4.4　名目 GDP 増減率の実質 GDP と GDP デフレータへの寄与度分解（R による計算）

GDP 統計には，「実質（real)」と「名目（nominal)」という区別がある。GDP は金額（円）で測られるが，実際の生産量は同じで価格だけが上昇したのでは「真」の経済成長とはいえない。そこで「真」の生産量の増加をみるために金額で測った名目 GDP から物価上昇分を控除した実質 GDP が計算されている。このときの GDP の物価指数にあたるものは GDP デフレータと呼ばれる。名目 GDP（NGDP)，実質 GDP（RGDP)，GDP デフレータ（PGDP）の間は次の「積型」の関係である。

$$NGDP = PGDP \times RGDP$$

したがって，名目 GDP の前年比増減率に対する実質 GDP，GDP デフレータの寄与度は，それぞれの前年比を計算すればよい。これまで同様に，内閣府経済社会総合研究所の HP から，「国民経済計算（SNA)」-「統計資料」-「長期時系列（GDP・雇用者報酬）(93SNA，平成 12 年基準)」-「旧基準計数」-「需要項目別時系列表（固定基準方式)」とたどり，今度は「暦年」の実質系列と同「名目系列」の csv 形式の表をダウンロードする。そして，それぞれから RGDP，NGDP を取り出すとともに，*NGDP*/*RGDP* で GDP デフレータ PGDP を作成し，以上の 3 系列（NGDP，RGDP，PGDP）を収録した csv 形式のファイル（ファイル名 GDPdef.csv）を作る。これを R に取り込んで以下のように NGDP 増減率の RGDP と PGDP への寄与度分解を行う。

```
# 名目 GDP(NGDP) = GDP デフレータ (PGDP) ×実質 GDP(RGDP) の寄与度
分解
# データを読む
xdata <- read.csv("GDPdef.csv",skip=2,header=TRUE)
NGDP <- ts(xdata$NGDP,start=c(1980),frequency=1)
RGDP <- ts(xdata$RGDP,start=c(1980),frequency=1)
PGDP <- ts(xdata$PGDP,start=c(1980),frequency=1)
```

```
# 前年比の計算
rNGDP <- diff(log(NGDP))*100
rRGDP <- diff(log(RGDP))*100
rPGDP <- diff(log(PGDP))*100
# YEAR
YEAR <-1981:2004
# 結果をデータフレームにする
( kekka2 <- data.frame(YEAR,rNGDP,rRGDP,rPGDP) )
# グラフにする
ts.plot(rNGDP,rRGDP,rPGDP,type="l",lty=c(1:3),col=c(1:3))
abline(h=0)
```

3.4.5 成長率のゲタ

経済見通しなどの専門家の間の俗語（jargon）に「成長率のゲタ」というのがある。次の表の数値例で説明する。

今年			
第 1 四半期	第 2 四半期	第 3 四半期	第 4 四半期
101	102	103	104
来年			
第 1 四半期	第 2 四半期	第 3 四半期	第 4 四半期
104	104	104	104

この数値例のように今年の GDP が第 1 四半期の 101 から第 4 四半期の 104 へと 1 単位ずつ増加したとすれば，今年の年平均の GDP の水準は，

$$\frac{101 + 102 + 103 + 104}{4} = 102.5$$

となる。このとき，もし来年の各四半期の前期比増減率が 0%（今年の第 4 四半期の水準にとどまる）となったとしても，来年の年平均の GDP の水準は 104 だから，今年に対して，

$$\frac{104 - 102.5}{102.5} \times 100 = 1.46\ (\%)$$

だけ増加する（経済成長する）。これを「成長率のゲタ」と呼んでる。つまり，来年の GDP が動き始める出発点である今年の第 4 四半期の水準が，今年の年平均の水準に比べて高い（「発射台が高い」などという）ために，前期比でみた「年内の成長」が全くなくても前年比でみるとプラスの成長を記録するということである。経済見通しの専門家たちは，年末になって翌年の経済成長率を予測するときに，こうした事情から足元の景気動向が弱いにもかかわらず翌年度に高めの予測値を与えていることを説明するときに「ゲタを履いている」という言い方をするのである。

反対に，第 4 四半期の水準が年平均水準よりも低ければ，来年の各四半期の前期比増減率が 0% のときにはマイナス成長（GDP が減少）になり，「マイナスのゲタ」を履いた状態になる。

$$\text{成長率のゲタ} = \frac{\text{第 4 四半期の GDP の水準} - \text{年平均の GDP の水準}}{\text{年平均の GDP の水準}} \times 100\ (\%)$$

したがって，

- 第 4 四半期の GDP の水準 > GDP の年平均水準ならば，ゲタはプラス
- 第 4 四半期の GDP の水準 < GDP の年平均水準ならば，ゲタはマイナス

となる。一般に，年間を通じて GDP が増加基調にあれば，ゲタはプラスに，減少基調になれば，ゲタはマイナスになる傾向となる。

練習問題

月次データの前年同月比の計算

総務省統計局の HP（http://www.stat.go.jp/）の「家計調査」の「調査の結果」-「統計表一覧」-「二人以上世帯」-「最新結果＜月次＞」-「参考表　時系列表（月分・四半期・年）- 二人以上世帯」をたどって得られる EXCEL の表から，2000 年から 2004 年の月次の消費支出を取り出した csv 形式のファイルを作り，これを読み込んで，

- 時系列オブジェクトにしてグラフに描き，「季節変動」の存在を確認せよ。
- 前月比，前年同月比を計算してグラフに描け。

年平均増減率の計算

先の「名目 GDP 増減率の実質 GDP と GDP デフレータへの寄与度分解」のデータ（ファイル名 GDPdef.csv）を用いて，名目 GDP（NGDP），実質 GDP（RGDP），GDP デフレータ（PGDP）のデータの全期間（1980 年から 2004 年）の年平均増減率（rNGDP，rRGDP，rPGDP）を，(1) 前年比の算術平均をとる方法，(2) 最初と最後のデータだけを用いて計算する方法の 2 つの方法で計算せよ。このとき，

$$rNGDP = rPGDP + rRGDP$$

が成立しているか，調べよ。

国内需要（DD）の民需（PRD）と公的需要（PD）への寄与度分解

前期比の計算に用いた GDPA1980TABLE.csv には，GDP とその構成要素 7 系列があった。このうち CP から JP までの合計を国内民間需要（民需 PRD）と呼び，公的需要（PD）と区別することがある。すなわち，

$$DD = PRD + PD, \quad PRD = CP + IH + IP + JP$$

である。GDPA1980TABLE.csv のデータを読み込み，国内需要（DD）の前期比増減率を，民需（PRD）と公的需要（PD）の寄与度に分解し，グラフに描け。

経済成長のゲタ

前期比の計算に用いた GDPA1980TABLE.csv の GDP のデータを見ると，2004 年と 2005 年 Q1，Q2 の GDP の値は次のようになっている。

	Q1	Q2	Q3	Q4
2004 年	141.90	141.53	141.66	142.99
2005 年	141.15	145.69		

これから，

- 2004 年末時点での 2005 年の「経済成長のゲタ」は，何 % か計算せよ。
- 2005 年の経済成長率（＝実質 GDP の増加率）が 2% となるためには，この後 2005 年 Q3，Q4 がともに前期比何 % で増加すればよいか計算せよ。

補足　内外需別寄与度の「棒グラフ」

上では，GDP 成長率と内外需別の成長寄与度を 3 つの折線グラフで示した。それらの要素の間に，

GDP 成長率 ＝ 内需の寄与度 ＋ 外需の寄与度

と足し算の関係があることから，多くの経済レポートなどでは，右辺を「積上げ棒グラフ」で示し，それに左辺の GDP 成長率を折線グラフで書き加えるタイプのプレゼンテーションが行われる。R には棒グラフを描く barplot( ) 関数があり，これを利用して「積上げ棒グラフ」を描くことができるが，棒グラフの数値に正・負がある場合は，ちょっとした工夫が必要である。以下に，そのプログラムを示す（データ・ファイル `GDPX.csv` には，1995 年から 2006 年の GDP 成長率，内需寄与度，外需寄与度が入っている）。なお，プログラムでは，(1) R の行列（matrix）というデータ形式，(2) 論理式 (>=, <) による判定など，これまでに学習していない事項も使われている。

```
# 図 4
# 寄与度のグラフ
xdata <-read.csv("GDPX.csv",header=TRUE)
GDP <-xdata$GDP; DD <- xdata$DD; FD <- xdata$FD
X <- rbind(DD,FD)
X1 <-X*(X>=0); X2 <- X*(X<0)
rownames(X1) <- c("内需","外需")
colnames(X1) <- seq(1995,2006)
ttl <-"GDP 成長率と内外需別寄与度"
yl <-c(-4,4)
mp <- barplot(X1,main=ttl,ylim=yl,ylab="%")
barplot(X2,add=TRUE)
abline(h=0)
lines(mp,GDP,type="o")
hanrei <-c("内需","外需"); clr <- c(gray(0.2),1)
legend(mp[7],-2,legend=hanrei,pch=c(15,0),col=clr)
```

図4

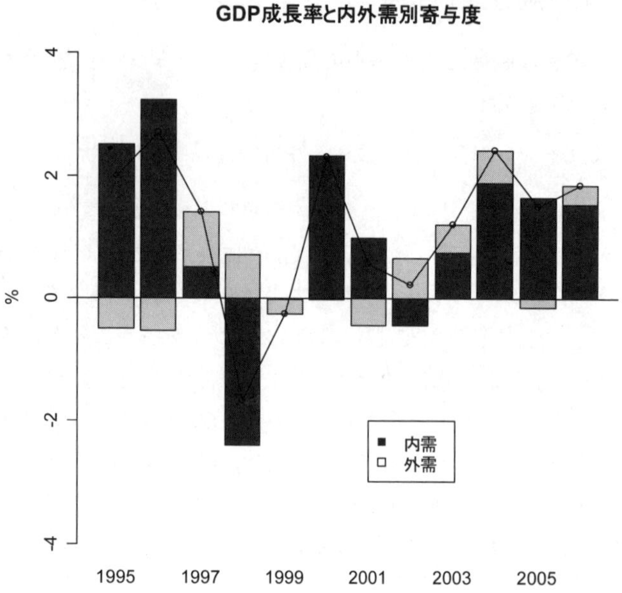

第4章　トレンドを抽出する

4.1　経済時系列データの変動要素への分解

本書では，経済時系列の将来予測を行うことを1つの目標としている。経済時系列データの動きを調べ，その中に何らかの「規則性」を見つけ出すことができ，それが今後とも変わらないと考えられれば，それは良い予測を行ううえでの重要な手がかりとなる。これまでのRの実習ですでに「季節変動」という規則性を観察した。家計調査月次データでの消費支出は12月に大きなピークをつけるパターンを毎年繰り返し描いてきた。これはサラリーマンのボーナス支給や歳暮，クリスマス商戦，正月の準備などといった社会の慣行によって12月の消費が他の月に比べて活発になることを反映したものと推測される。もし，こうした慣行が続くのであれば，来年もまた12月に消費支出がピークをつける蓋然性は高いと判断されよう。

経済分析に携わる人々は，経済時系列データの中に季節変動以外にもいくつかの「規則性」を読み取ってきた。20世紀の初めごろより盛んになった景気動向指標 (leading indicators) の研究をはじめとする経済時系列データの「古典的分析法」では，経済時系列データの変動要因を次の4つに整理している。

1. 傾向変動（trend）T_t
2. 循環変動（cycle）C_t
3. 季節変動（seasonal）S_t
4. 不規則変動（irregular）I_t

そして，私たちが観察する時系列データはこうした要素が重ね合わさったものであると考える。より具体的には，時系列 Y_t がこれらの要素の和であるとする「加法モデル」

$$Y_t = T_t + C_t + S_t + I_t$$

各要素の積であるとする「乗法モデル」

$$Y_t = T_t \times C_t \times S_t \times I_t$$

などが提唱されている。乗法モデルは時系列データおよび各要素が正の値をとると仮定できれば，対数をとって加法モデルにすることができる。

$$\log Y_t = \log T_t + \log C_t + \log S_t + \log I_t$$

経済時系列がこうした諸要素の合成であれば，その各要素を抽出，特定することによって，将来予測の精度を上げることが期待できる。以下では，まず経済時系列データからトレンド（傾向変動または趨勢変動）の要素を抽出することを試みる。

4.2　最小二乗法による直線トレンドのあてはめ

「トレンドとは何か」と改めて問われると必ずしもその意味は明確ではない。大雑把にいえば，長期間にわたる（増加または減少の）一定方向の変化をさしている。具体的に考えよう。実質 GDP の時系列データをグラフに描いてみると期ごとには増加したり減少したりすることがあるが，全体的にはいわゆる「右肩上がり」に増加していると「みなす」ことに反対する人は少ないであろう。実質 GDP にこうした一定方向への変化（増加）の傾向があると判断することが，つまり「実質 GDP に増加トレンドがある」と認識することである。

実質 GDP の傾向的な増加は「経済成長」と呼ばれ，経済成長論はマクロ経済学の主要領域である。経済成長論の教えるところによれば，技術革新など計量化が困難な要因もあるが，労働力，資本ストックなどのインプットの増加に見合って毎年一定の経済成長があることは「普通」であると考えられている。もちろん現在懸念されている地球環境問題が示唆するように，これまでと同じテンポでの経済成長がいつまでも続くと考えることは合理的ではないが，私たちの現実的な要請がたとえば 1 年から 5 年程度の将来予測にあるとするならば，これまでの増加トレンドが続くと考えた予測のほうが蓋然性が高いということになろう。

このように，「永久に続くものではない」などの現実的な限定を常に考慮していくことは必要であるが，「長期間にわたる一定方向の変化」をトレンドとみなして，そうした動きを観察された時系列データから抽出，特定することを考えよう。具体的にはトレンドを「直線」で表し，観察データ（から描いたグラフ）に「あてはまりの良い」直線を引く。その代表的な方法が最小二乗法である。

4.2.1　最小二乗法

少し横道に反れるが「消費関数」の推定を使って「最小二乗法」について説明する。初等のマクロ経済学では，家計の消費支出は所得によって決まる（所得の多い家計ほど多く消費する）と考え，この間の関係を「消費関数」という関数で表す。この所得と消費支出の関係を実際のデータで確かめてみよう。「家計調査」（全国勤労者世帯，2006 年平均）の年間所得十分位階級別の可処分所得と消費支出（単位，万円）は次の通りである。

消費支出	14.3	18.4	20.6	23.6	26.5	27.5	30.3	35.3	39.8	49.0
可処分所得	17.4	23.5	27.4	31.7	35.3	38.9	43.6	49.3	57.6	75.5

これを，可処分所得（Yd）を横軸，消費支出（$Cons$）を縦軸とするグラフ（散布図）に描く。

```
Yd <-c(17.4,23.5,27.4,31.7,35.3,38.9,43.6,49.3,57.6,75.5)
Cons <- c(14.3,18.4,20.6,23.6,26.5,27.5,30.3,35.3,39.8,49.0)
plot(Yd,Cons)
```

結果を見るとプロットされた点は右肩上がりのほぼ一直線に並んでおり，マクロ経済学の「消費関数」の仮定があながち誤りでないことがわかる。そこで消費関数を具体的に特定するためにこのデータに「最もあてはまりの良い直線を引く」ことを考える。「直線を引く」とは代数的には，

$$Cons_t = \alpha + \beta \times Yd_t$$

という「直線の式（1 次式）」の α と β を決めることである。「最もあてはまりの良い」とは，誤差（データの直線からのズレ）を全体としてできるだけ小さくすることと考えてよいだろう。まず「誤差」を数式では次のように定義する。

$$誤差\ e_t \equiv Cons_t - (\alpha + \beta \times Yd_t)$$

すべてのデータがぴったりと直線上に並んでいるわけではないので，1 本の直線を選べばあるデータの組 (Yd_t, $Cons_t$) については誤差 $e_t = Cons_t - (\alpha + \beta \times Yd_t) \neq 0$ となる。誤差は正の場合も負の場合もあるので，それらが相殺し合わないように二乗してから，すべてのデータの組について足し合わせる。そうして計算される「誤差の二乗和」（次式）が最も小さくなるような α と β を決めるのが「最小二乗法」である。

$$\text{誤差の二乗和 } S \equiv \sum_{t=1}^{n} e_t^2 = \sum_{t=1}^{n} (Cons_t - (\alpha + \beta \times Yd_t))^2$$

最小二乗法の解法

より一般的な記述で最終二乗法の解法を説明する。変数 X と Y の間に直線の関係 ($Y = \alpha + \beta \times X$) があることを仮定し，観察されたデータ ($X_1$, X_2, $\cdots$, X_n) と (Y_1, Y_2, $\cdots$, Y_n) から α と β を推計する。上記のように最小二乗法は，「誤差の二乗和」

$$S \equiv \sum_{t=1}^{n} e_t^2 = \sum_{t=1}^{n} (Y_t - (\alpha + \beta \times X_t))^2$$

を最小にする α, β を求める。これは上式を α, β について偏微分した式をゼロと置いた連立方程式を α, β について解くことによって求められる。結果だけを記せば次の通りである。

$$\beta = \frac{\sum_{t=1}^{n} x_t y_t}{\sum_{t=1}^{n} x_t^2}$$

$$\alpha = \overline{Y} - \beta \times \overline{X}$$

ただし，

$$\overline{Y} \equiv \frac{\sum_{t=1}^{n} Y_t}{n},\ \overline{X} \equiv \frac{\sum_{t=1}^{n} X_t}{n},\ x_t \equiv \left(X_t - \overline{X}\right),\ y_t \equiv \left(Y_t - \overline{Y}\right)$$

最小二乗法の解のいくつかの特徴

- 誤差 $e_t \equiv Y_t - \alpha - \beta \times X_t$ の総和はゼロとなる。

$$\sum_{t=1}^{n} e_t = 0$$

- 誤差 e_t と X_t の積和もゼロとなる。

$$\sum_{t=1}^{n} e_t \times X_t = 0$$

- 推定された直線は，データ X_t と Y_t の標本平均の座標 $\left(\overline{X},\ \overline{Y}\right)$ の点を通る。

$$\overline{Y} = \alpha + \beta \times \overline{X}$$

- Y_t の変動は，「回帰の変動」と「誤差の二乗和」に分解される。

$$\sum_{t=1}^{n} y_t^2 = \sum_{t=1}^{n} (\beta \times x_t)^2 + \sum_{t=1}^{n} e_t^2$$

- データの直線への「あてはまりの良さ」の尺度である「決定係数」は次の式で定義される。

$$R^2 \equiv 1 - \frac{\sum_{t=1}^{n} e_t^2}{\sum_{t=1}^{n} y_t^2}$$

- 決定係数は，$0 \leq R^2 \leq 1$ で，1 に近いほどあてはまりが良い。

最小二乗法の解法はどのような統計学，計量経済学の教科書にも記載されている。詳しくはそれらを参照せよ。

4.2.2　R による最小二乗法（線形モデルの推定）の実行

R には，最小二乗法を実行する lm( )（線形モデル linear model）という関数がある。上の式の α と β を求めるためには，

```
kaiki1 <- lm(Cons~Yd)
```

を実行する。lm( ) 関数のなかは，$Cons_t = \alpha + \beta \times Yd_t$ の左辺と右辺の変数をチルダ (~) で結んだ「式」（モデル）を記述する。

最小二乗法の結果は，ベクトル，行列，文字列など様々な要素を含み，それら全体が 1 つのオブジェクトとなっている。上の例ではそのオブジェクトを右辺の kaiki1 という名前の変数に代入している。

```
kaiki1
```

を実行すると次が表示される。

```
Call:
lm(formula = Cons ~ Yd)


Coefficients:
(Intercept)           Yd
     4.3319       0.6047
```

すなわち，$Cons = 4.3319 + 0.6047 \times Yd$ という直線（の式）があてはめられたのである。

変数 kaiki1 に収められているのは上に表示されたものだけではない。

```
names(kaiki1)
```

を実行すると kaiki1 に収められている「中身」（の変数名）が次のように表示される。

```
[1] "coefficients"  "residuals" "effects"  "rank"
[5] "fitted.values" "assign"  "qr"  "df.residual"
[9] "xlevels"  "call"  "terms"   "model"
```

そして，たとえば，

```
kaiki1$residuals
```

によって，次のように誤差（＝推計残差）が表示される。

```
          1           2           3           4           5
-0.5527876 -0.1411605 -0.2993006  0.1006988  0.8239541
          6           7           8           9          10
 -0.3527905 -0.3946517  1.1588359  0.6402301 -0.9830281
```

つまり，lm( ) 関数を実行すると，入力した変数の間の最小二乗法を行って α, β を計算するだけでなく，関連した様々な計算を行いその結果を変数に入れて保持し，かつ，このうち call と coefficients の内容を表示するという作業が行われるのである。こうして内部に関連情報を持っているので，

```
abline(kaiki1,col=2)
```

を実行すると，求められた直線をグラフに書き加えることができる。

ここで作られた kaki1 という変数は「リスト」という R のデータ形式で，数字，文字のベクトル，行列など様々な形式の内容を保持している。これまで複数のデータ系列を 1 つにまとめるために用いた「データフレーム」は，各系列が（数字でも文字でもよいが）長さ（要素の数）が同じベクトルで，いわば EXCEL の表のイメージであった。これに対してリストには，長さがマチマチのベクトル，行列など様々な形式の要素が混在できる。いわば，リストはいろいろなものを包み込む「風呂敷」のイメージである。

リストの中身（要素）には番号がつけられており，上のように coefficients など要素につけられた名前で呼び出す他，以下のように番号を指定して呼び出すこともできる。ベクトルの要素を抽出する場合には x[1] のように大括弧 [] を用いたが，リストの要素を呼び出すには，二重の大括弧を用いる，

```
kaiki1[[1]]
```

4.2.3　実質 GDP（原系列）からの直線トレンドの抽出

前章で用いた実質 GDP（原系列）を用意する。

```
# データの読み込み
SNA <- read.csv("GDP01980TABLE.csv",skip=2,header=TRUE)
# 時系列オブジェクトとして登録し，グラフに描く
GDP <- ts(SNA$GDP,start=c(1980,1),frequency=4)
plot(GDP,type="l")
```

グラフを見れば，この系列はトレンド・循環・季節・不規則（$T+C+S+I$）を含んでいるように思える。そこで最小二乗法で直線をあてはめてそれをトレンド成分として抽出する。

先に見た「消費関数」では，消費支出（縦軸）と所得（横軸）の間に直線を引いたが，今度の横軸は「時間」であるので，それに対応する変数 time を作る。

```
( time <- seq(1,length(GDP)) )
```

変数 time は GDP と同じ長さ（102）のベクトルで，1 から 102 までの連番の整数である。これを使って，最小二乗法で，GDP と time の間の直線を引く。

```
# GDP と time で最小二乗法を実行
( kaiki2 <- lm(GDP~time) )
```

この結果あてはめられた直線の y 座標が fitted という要素で保管されているので，それを取り出して，GDP_trend という名前の時系列オブジェクトとする。これを GDP とともにグラフに描く。

```
# GDP のトレンド成分  →  あてはめられた直線の成分
( GDP_trend <-ts( kaiki2$fitted,start=c(1980,1),frequency=4 ) )
plot(GDP,type="l")
lines(GDP_trend,col=2)
```

最小二乗法の残差（residuals）が，トレンドを除いた成分（C + S + I）ということになる。これを抽出し，GDP_others という名前の時系列オブジェクトとしてグラフに描く。

```
# トレンド成分を除いた残り（C+S+I  にあたる）
( GDP_others <-ts( kaiki2$residuals,start=c(1980,1),frequency
=4 ) )
plot(GDP_others,type="l")
abline(h=0)
```

確かに，この系列では（1）右肩上がりの趨勢はなくなっている一方，(2)「季節変動」は顕著であり，また，(3) 期間全体で「波」のような変動パターンが観察される。

4.3　増減率が一定のトレンド線

4.3.1　指数関数

直線トレンドは最も単純でわかりやすいものであるが，増減率という観点に立つと直線上の各点で増減率は一定ではない。すなわち，直線トレンドは，

$$y_t = \alpha + \beta \times t$$

と仮定しているが，このとき増減率は，

$$\frac{y_t - y_{t-1}}{y_{t-1}} = \frac{(\alpha + \beta \times t) - (\alpha + \beta \times (t-1))}{\alpha + \beta \times (t-1)} = \frac{\beta}{\alpha + \beta \times (t-1)}$$

となり，$\beta > 0$ ならば，t の増加とともに y_t の増加率は小さくなる。

観察期間において一定の増減率 $r \times 100$ (%) で増加（または減少）していると想定する場合にあてはめるべき関数は，次の「指数関数」である。

$$y_t = A \times a^{r \times t} \quad a > 0, a \neq 1$$

このときは，増減率は

$$\frac{y_t - y_{t-1}}{y_{t-1}} = \frac{A \times a^{rt} - A \times a^{r(t-1)}}{A \times a^{r(t-1)}} = (a^r - 1) \cdots \text{一定}$$

$a > 1$ のときは，$r > 0$ ならば増加トレンド，$r < 0$ ならば減少トレンド，$a < 1$ のときは反対になる。指数関数を，たとえば $a = 2$ のとき，$r = 0.4$ と $r = -0.4$ の場合に $0 \leq t \leq 4$ の範囲でグラフに描いてみる。

```
# 指数関数のグラフ
a <- 2; r1 <- 0.4; r2 <- -0.4; time <-seq(1,4,by=0.1)
y1 <- a^(r1*time); y2 <- a^(r2*time)
ttl <- "指数関数のグラフ"
plot(time,y1,type="l",ylim=c(0,4),main=ttl,ylab="",xlab="")
lines(time,y2,type="l",lty=2)
han <-c("2^0.4","2^(-0.4)")
legend(1.5,3.5,legend=han,lty=c(1,2),box.lty=0)
```

指数関数の「底」a は，1以外の正の値であれば何を使ってもよいが，自然対数の底 e を用いた次の形を想定すると（後に自然対数 log をとった時に）便利である。

$$y_t = A \times e^{r \times t}, \quad e \equiv 2.71828 \cdots$$

この式は y_t と t に関して線形（1次式）ではないので，直接に最小二乗法は適用できない。具体的にデータにあてはめる（つまり，A と r を推定する）には，両辺の対数をとった次の形にする。

$$\log y_t = \log A + r \times t$$

これは $\log y_t$ と t の間の直線の式になっているので，最小二乗法を用いることができる。この式からわかるように，横軸に時間 t，縦軸に時系列データの対数 $\log y_t$ をとったグラフでの直線の傾きは，y_t の（一定であると仮定した）増減率 r になっている。すなわち，この方法は観察期間の y_t の「年平均増減率」を求める方法にもなっている。

4.3.2 R によるトレンドの抽出

上で述べたことを R で実行してみよう。(1) GDP の対数をとり（その変数名を LGDP とする），(2) これと「時間」の変数 time の間の直線を lm( ) 関数で推定する。

```
# 指数関数によるトレンドのあてはめ
# GDP の対数をとる
LGDP <- log(GDP)
# time の定義
time <- seq(1,length(LGDP))
# LGDP と  time の間の直線の推定
( kaiki3 <- lm(LGDP~time) )
```

推定の結果は，次のようになった。

```
Call:
lm(formula = LGDP ~ time)
```

```
Coefficients:
(Intercept)         time
   4.394125     0.006237
```

つまり，次の式が推定され，この間の年平均成長率，0.6237%（0.006238×100）が求められた。

$$\log y_t = 4.394125 + 0.006237 \times t$$

kaiki3$fitted であてはめた $\widehat{\log y_t}$ の値が求まるが，対数変換する前の $\hat{y}_t$ の水準に戻すには，逆変換である exp( ) 関数を使う。同様に，推計残差 resisuals も exp( ) 関数で逆変換する。

```
# 推定された fitted を exp( ) でもとに戻して，トレンド要素とする。
LGDPtrend <- kaiki3$fitted
GDPtrend2 <- ts(exp(LGDPtrend),start=c(1980,1),frequency=4)
ts.plot(GDP,GDPtrend2,type="l",col=c(1,2))
# トレンド控除後の推計残差も逆変換する。
LGDPothers <- kaiki3$residuals
GDPothers2 <- ts(exp(LGDPothers),start=c(1980,1),frequency=4)
plot(GDPothers2)
```

対数に変換された LGDP が LGDPtrend と LGDPothers の和に分解された。

$$\text{LGDP} = \text{LGDPtrend} + \text{LGDPothers}$$

したがって，それらを exp( ) 関数で逆変換した GDPtrend2 と GDPothers2 の積が GDP になっていることに注意を要する。

$$\text{GDP} = \underbrace{e^{\text{LGDPtrend}}}_{\text{GDPtrend2}} \times \underbrace{e^{\text{LGDPothers}}}_{\text{GDPothers2}}$$

すなわち，ここでは $\text{GDP} = T \times (C \times S \times I)$ の積型モデルを想定していることになる。

4.4　トレンドの変化

上では，はじめに直線のトレンドをあてはめた。次の指数関数は対数変換した後は直線トレンドであるが，もとの y_t に対してはいわば緩やかな曲線をあてはめていることになる。直線以外のトレンドはこの他にも，2 次曲線（放物線）トレンドなども使われることがある。

$$y_t = \alpha + \beta_1 \times t + \beta_2 \times t^2$$

しかし，実際の経済時系列データでは，これらの曲線トレンドに示されるように緩やかに増勢が変化するのではなく，ある時期を境に「トレンドが屈折，シフトした」とみられる例がある。次に示す R のプログラムは，鉱工業生産指数（IIP）の例である。データは長期間をとるために，経済産業省の統計 HP から，鉱工業生産指数（月次・季節調整前の原指数）・接続指数（1978 年 1 月～2002 年 12 月）をダウンロードし，これと 1998 年 1 月以降のデータをリンクさせたものを作り，csv 形式のファイル（ファイル名 IIPO1978.csv）としている。このデータを読み込みグラフを描くと，1990 年までの増勢がその後「折れ曲がるように」鈍化している様子が見られる。

```
# データの読み込みとグラフ化
xdata <- read.csv("IIPO1978.csv",header=TRUE,skip=2)
IIP <- ts(xdata$IIP,start=c(1978,1),frequency=12)
ts.plot(IIP,type="l")
```

日本経済は 1980 年代後半は「バブル景気」という好景気を享受したが，1990 年初に「バブルの崩壊」が起こり，1990 年代は「失われた 10 年」とも呼ばれた。このように，日本経済には 1990 年ころを境に「大きな変化」が起こり，経済活動のトレンドも変化したと考えるに足る背景があった。そうした事情を考慮せずに，得られたデータ期間全体を通して「変わらないトレンド線」を引いてしまうと，予測の精度を落とすことになる。そこでこの IIP を 1978 年 1 月から 1990 年 12 月までと 1991 年 1 月以降に分けて別々のトレンド直線を引いてみよう。

```
# 図 5
#IIP を 2 つの時期 (1978 年-1990 年と 1991 年以降) に分けて，別々のトレンド線を引く。
# window( ) 関数で，時系列オブジェクト IIP の部分を切り出す。
IIP1 <-window(IIP,start=c(1978,1),end=c(1990,12),frequency=12)
IIP2 <- window(IIP,start=c(1991,1),frequency=12)
```

図5

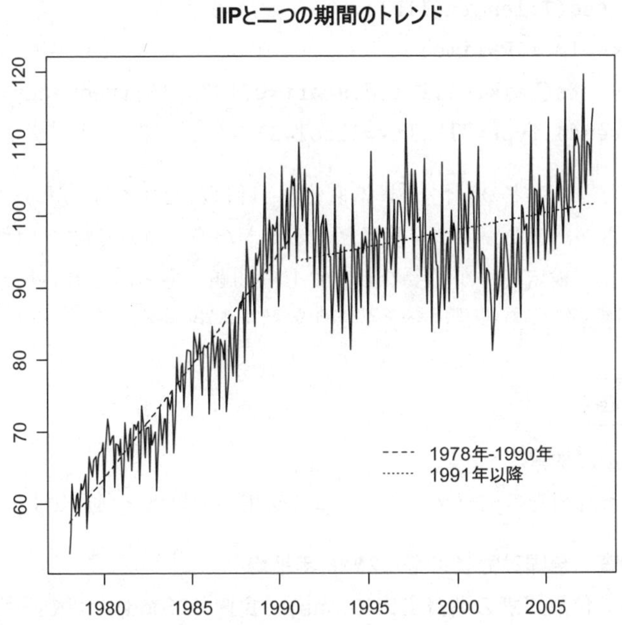


```
# IIP1, IIP2 に対応する長さの時間変数 time1,time2 を作る。
time1 <-seq(1:length(IIP1)); time2 <- seq(1:length(IIP2))
# それぞれの期間の最小二乗法を行い, トレンド線を得る。
kaiki1 <- lm(IIP1~time1)
trnd1 <-ts(kaiki1$fitted,start=c(1978,1),frequency=12 )
kaiki2 <- lm(IIP2~time2)
trnd2 <- ts(kaiki2$fitted,start=c(1991,1),frequency=12)
ttl <-"IIP と 2 つの期間のトレンド"
ts.plot(IIP,trnd1,trnd2,type="l",lty=c(1:3),main=ttl,xlab="")
han <- c("1978 年-1990 年","1991 年以降")
legend(1995,70,legend=han,lty=c(2,3),box.lty=0)
```

これに対して，期間全体に1本のトレンド線を引くと，最近の増勢を過大に評価することになる。

```
# （参考）期間全体に 1 本のトレンド線を引く。
time <- seq(1:length(IIP))
kaiki4 <- lm(IIP~time)
trend4 <- ts(kaiki4$fitted,start=c(1978,1),frequency=12 )
lines(trend4,type="l",lty=2,col=2)
```

こうしたトレンドの変化（「構造変化」と呼ばれたりする）があったとみなすべきか否か，また，いつを境目とするべきか等について厳密には統計学的なチェック（検定等）が必要なむずかしい問題である。それらについては，後に「確率・統計の基礎」を学んだうえで立ち戻ろう。

練習問題

最小二乗法の練習

次は，家計調査のデータである。これを用いて以下を実行せよ。

```
# 家計調査（全国勤労者世帯）2006 年平均
# 所得十分位階級別の消費支出 (Cons)，食費 (Cfood)，可処分所得 (Yd)
（万円）
Cons Cfood Yd
14.27 3.42 17.35
18.37 4.57 23.47
20.64 4.95 27.43
23.56 5.56 31.70
26.46 5.85 35.26
27.47 6.41 38.91
30.26 6.91 43.62
35.25 7.52 49.26
39.80 8.03 57.61
48.97 9.28 75.52
```

- これから，エンゲル係数（消費支出に占める食費の割合）を計算し，Engel という名前の変数とせよ。
- エンゲル係数は所得の高い家計ほど小さい（低い）とされる（「エンゲル

の法則」)。このことを，横軸に所得（Yd)，縦軸にエンゲル係数（Engel）をとった散布図を作って確認せよ。

- 上のグラフから，$Engel = \alpha + \beta \times Yd$ という線形の関係にあるとみなせるか，lm( ) 関数でその直線を推計せよ。
- 推定結果の「リスト」に含まれる要素（residuals,coefficients）を用いて，次を確認せよ。
  - 推定残差の和がゼロとなる。
  - 推定残差と説明変数 Yd の積和もゼロとなる。
  - 推定された直線は，Engel と Yd の平均値を座標とする点を通る。
- この最小二乗法の「決定係数」を計算せよ。

GDP の需要項目からトレンドを抽出する

実質 GDP（原系列）の需要項目のデータ（GDPO1980TABLE.csv) を用いて，

- CP，IH，IP，JP，PD，EX，IM の各系列をグラフに描け。
- このうち，明確に増加トレンドがあるもの（CP，IP，PD，EX，IM）について，
  - 直線トレンドをあてはめて，トレンド要素（T）とその他（$C+S+I$）に分離せよ。
  - 増加率一定であると仮定し指数関数をあてはめて，トレンド要素（T）とその他（$C \times S \times I$）に分離せよ。
- IP，PD については，「トレンドの変化」が認められる。
  - 日本経済の実状からその理由を考察せよ。
  - そのうえで，自らの判断で区間を設定し，それぞれに異なるトレンド線を引いてみよ。

補足　layout( ) 関数によるグラフ領域の弾力的な設定

複数のグラフを 1 つの画面に描く指示として，par(mfrow=c(n,m)) により，画面を $n \times m$ に分割することを学んだ。この指示では分割される領域は等しい大きさになるが，異なる大きさでプレゼンテーションしたい場合がある。たとえば，先の GDP に対する (1)「GDP の推移＋直線トレンド」と (2)「残差系列」のグラフの場合，(1) は大きく，(2) は小さく表示したい場合があろう。こうした要請に応えるのが layout( ) 関数である。以下には，これらのグラフを上下 2 段で，上のグラフ領域を 5 分の 3，下のグラフ領域を 5 分の 2 にして描く例を示す。

```
# 図 6
# 補足 layout( ) 関数
SNA <- read.csv("GDP01980TABLE.csv",skip=2,header=TRUE)
GDP <- ts(SNA$GDP,start=c(1980,1),frequency=4)
time <- seq(1,length(GDP)); kaiki2 <- lm(GDP~time)
GDP_trend <-ts( kaiki2$fitted,start=c(1980,1),frequency=4 )
# 異なる大きさのグラフ領域への分割
oldpar <- par(no.readonly=TRUE)
layout(matrix(c(1,2)),heights=c(3,2))
ttl <- "GDP と直線トレンド"
plot(GDP,type="l",main=ttl,xlab=""); lines(GDP_trend,col=2)
GDP_others <-ts( kaiki2$residuals,start=c(1980,1),frequency
=4 )
ttl <- "残差系列"
plot(GDP_others,type="l",main=ttl,xlab=""); abline(h=0)
par(oldpar)
```

layout(matrix(c(1,2)),heights=c(3,2)) では，グラフ領域 2×1（つまり 2 行）の領域にわけ，上の領域に番号 1，下の領域に番号 2 を割り振っている。高級作図関数（plot( ) など）の実行結果がこの番号の順にその領域

図6

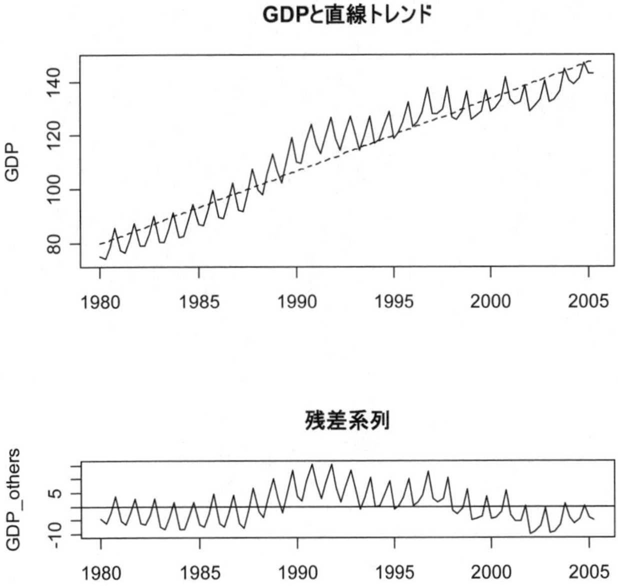

に描かれる。2 番目の引数である `heights=c(3,2)` で 2 つの領域の高さを 3 対 2 に分割している。

layout( ) 関数を使うと，上段を左右 2 つにわけ，下段は 1 つの 3 つの領域に分けるなど，弾力的なグラフ領域の設定も可能である。詳細は，layout( ) 関数のヘルプを参照せよ。

第5章　成長曲線

本章では，増加率が一定のパターンを描いて変化をするロジスティック曲線とゴンペルツ曲線を取り上げ，その性質とパラメータ推計の方法を学ぶ。先の lm( ) 関数に加え，nls( ) 関数という非線形モデルを最小二乗法で推計する関数が登場する。なお，本章の表題の「成長曲線」とは，生物の成長や人口増加の推移にあてはめることから研究が進められたロジスティック曲線やゴンペルツ曲線等の総称である。

5.1　ロジスティック曲線

5.1.1　修正指数曲線

前章で直線トレンドと増減率が一定になる指数曲線トレンドを想定し，その要素（T）を抽出する方法を学んだ。これらのトレンドは扱いが容易である一方，分析対象によっては現実に適合しない不都合な点があることも否定できない。ここでは次の 2 つの点を指摘する。

第一は，直線トレンドで傾きが正の場合や指数曲線トレンドで増加率 r が正の場合には，数値の行き着く先に「天井」（数学の言葉では「上界」）がなく，$t \rightarrow \infty$ では $y_t \rightarrow \infty$ となることである。現実には人口にせよ，GDP にせよ，経済変数でどこまでも限りなく増加することができるはずはない。この点に関し，前章のはじめに「経済予測のタイムスパン（1 年，5 年など）について一定とみなすことができれば，直線のトレンドで十分である」という趣旨の現実主義の立場を強調した（そして，それは誤りではないと考える）。しかし，予測の対象によっては「天井」を超えないトレンド線の想定が必要な場合もある。たとえば，雇用者比率（就業者に占める雇用者＝勤め人の比率）が，サラリーマン化によって上昇するとしても 100% を超えることはありえない。労働力調査で女性の雇用者比率の長期の推移をグラフに描くと 1953 年の 29.5% から 2006 年の 85.9% まで明瞭な右肩上がりの直線的な軌跡が観察できるが，これに最小二乗法で直線トレンドをあてはめるともう10年で100％を超えてしまう。現実のデータが，とりうる値の上限(100%)に近づいてしまっている現状を踏まえれば，過去の「長期のトレンド」を無批判に延長するのではなく「天井」のある関数（曲線）のトレンドを想定しなければ，精度の高い予測とはならない。

「天井」のある関数は，指数関数を少し変形するだけで実現できる。

$$y_t = A - \beta \times e^{(-r \times t)}, \quad \beta,\ r > 0$$

という関数は $t = 0$ の $A - \beta$ からスタートして増加し，A という「天井」に漸近する曲線となる。この曲線は「修正指数曲線」と呼ばれることがある。

A が漸近値（「天井」）として想定する値（上の雇用者比率なら100）で既知であるとすれば，y_t と t が与えられたもとでの未知のパラメータ β と r は，次の変形により最小二乗法で推定できる。

$$\log(A - y_t) = \log\beta - r \times t$$

5.1.2 Rによる修正指数曲線の推計

上記の労働力調査の女性雇用者比率（年次データ，1953年から2006年）に直線トレンドと「天井」を100%と設定した，修正指数曲線のトレンドをあてはめ，15年間先までの予測を行う。

```
# 図7
# 女性の雇用者比率
# データの読み込み
xdata <- read.csv("Labor.csv",skip=2,header=TRUE)
r_emp <- ts(xdata$rate_employee,start=c(1953),frequency=1)
# 直線トレンドの推計
time <- seq(1:length(r_emp))
kaiki <- lm(r_emp~time)
trnd1 <-ts( kaiki$fitted,start=c(1953),frequency=1)
# 推計された切片，傾きを取り出し，15年分の予測値を作る。
alpha <- kaiki$coef[1];beta <- kaiki$coef[2]
time2 <- seq(length(time)+1,length(time)+15)
```

図7

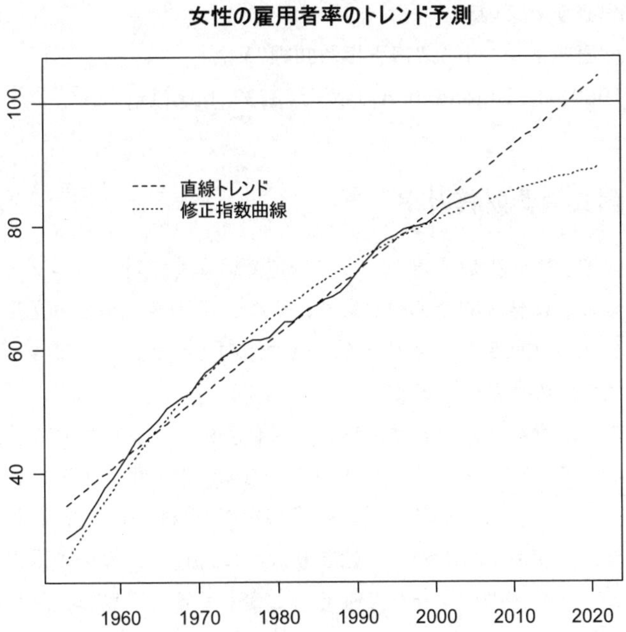


```
( yest1 <- ts((alpha + beta*time2 ),start=c(2007),frequency=
1) )
# 修正指数曲線
z <- log(100 -r_emp)
kaiki2 <- lm(z~time)
yhat <- 100-exp(kaiki2$fitted)
yhat2 <- ts(yhat,start=c(1953),frequency=1)
b <- exp(kaiki2$coef[1])
r <- -1*kaiki2$coef[2]
yest2 <- ts((100 - b*exp(-1*r*time2)),start=c(2007),frequency
=1)
# グラフに描く
ttl<-"女性の雇用者比率のトレンド予測"
ts.plot(r_emp,trnd1,yest1,yhat2,yest2,type="l",lty=c(1,2,2,3,
```

```
3),main=ttl,xlab="")
abline(h=100,col=1)
han <-c("直線トレンド","修正指数曲線")
legend(1960,90,legend=han,lty=c(2,3),box.lty=0)
```

5.1.3 耐久消費財普及率

第二は，増加率が指数曲線のように一定ではなく，特定のパターンを描いて変化することに合理的な理由があり，かつ，その変化をとらえることが予測する立場からは重要な場合である。その例の 1 つが，テレビ，エアコンなどの耐久消費財の普及率である。

内閣府の「消費動向調査」は毎年 3 月に代表的な耐久消費財の普及率を調査している。その中からいくつか（カラー TV，乗用車，エアコン，電子レンジ，PC，ピアノ）について普及率の推移をグラフに描くと，どれも普及率の上昇速度が「緩やかなものから始まり，次に加速し，最後には再び緩やかになる」という S 字型のカーブを描くことがわかる。これは，耐久消費財の「ライフサイクル」について，

- 新たな耐久消費財が市場に投入された当初は，価格も高く，また，商品知識が消費者にいきわたっていないために，普及率の上昇速度は小さい。
- しかし，やがて消費者に横並び的欲求（皆が持っているものは自分も欲しい）が広まるとともに，量産効果や競争によって価格が低下することなどから，普及率の上昇が加速する。
- そして，ほとんどの家庭に商品がいきわたると，市場が成熟し普及率の上昇は頭打ちとなる。

という「理屈」があてはまるためである。

グラフからわかることは，(1) 普及率の「上昇速度」と，(2) 成熟段階のいわば「最終普及率」の水準が財によって大きく異なることである。カラー TV のように 10 年足らずの短い期間でほぼ 100% に近い普及率に達する財がある一方，最終的には 90% 近い普及率に到達したが，それまでに 40 年近い期間を要したエアコン，長期間を要しても 20% 程度の普及率で成熟しているピアノなど，「上昇速度」と「最終普及率」の動向は財の特性によってマ

チマチである。耐久消費財の生産者にとっては，生産計画の立案や新規製品の市場への投入のタイミング等を図るうえでは，既存製品・競合製品の浸透度合いや市場の成熟の動向を見通すために普及率のカーブを予測することが重要になろう。

5.1.4　耐久消費財普及率のグラフを描く

内閣府経済社会総合研究所 HP の「統計」-「消費動向調査」-「統計表一覧」から，普及率の EXCEL ファイルをダウンロードし，データフレームとして読み取るための csv 形式のファイル（fukyuritsu6.csv）を作る。この際に注意すべき点は，データフレームは各系列のベクトルの長さ（要素の数）が同じでなければならないのに対して，消費動向調査から得られるデータの期間が財によって異なることをどう処理するかである。様々な方法が考えられるが，1 つの方法は，データ期間を最長期間（1958 年から 2007 年）として，各系列のデータのない部分には，NA を入れておくことである。NA は欠損値（not available）を表す「論理型オブジェクト」で，何もないことを示す NULL とは異なる。以下のプログラムを実行すれば，グラフなどを描くときには NA の部分が表示されないことがわかる。ただし，系列の平均をとるなど数値演算をする際には na.rm=TRUE などの引数を付して実行しないと計算できない（NA が返される）などの不都合が生じるので注意が必要である。

```
# 図 8
# 普及率のグラフを描く。
# データの読み込み
xdata <- read.csv("fukyuritsu6.csv",skip=2,header=TRUE)
# 時系列オブジェクトにする
air_conditioner <- ts(xdata$air_conditioner,start=c(1958),
frequency=1)
microwave <- ts(xdata$microwave,start=c(1958),frequency=1)
car <- ts(xdata$car,start=c(1958),frequency=1)
calor_TV <- ts(xdata$calor_TV,start=c(1958),frequency=1)
PC <- ts(xdata$PC,start=c(1958),frequency=1)
piano <- ts(xdata$piano,start=c(1958),frequency=1)
```

```
par(mfrow=c(2,1))
# グラフに描く（エアコン，電子レンジ，乗用車）
ttl <-"耐久消費財普及率 (1)"
ts.plot(air_conditioner,microwave,car,type="l",lty=c(1:3),
main=ttl)
# 凡例（legend）をつける。
han <- c("エアコン","電子レンジ","乗用車")
legend(1960,100,legend=han,lty=c(1,2,3),box.lty=0)
# グラフに描く（カラー TV，PC，ピアノ）。
ttl <-"耐久消費財普及率 (2)"
ts.plot(calor_TV,PC,piano,type="l",lty=c(1:3),main=ttl)
# 凡例（legend）をつける。
han<- c("カラー TV","PC","ピアノ")
legend(1960,100,legend=han,lty=c(1,2,3),box.lty=0)
par(mfrow=c(1,1))
```

5.1.5 ロジスティック曲線

耐久消費財のようなパターンを描く関数の 1 つが，次の式で示されるロジスティック曲線である。

$$y = \frac{A}{1 + e^{\phi(t)}}$$

$\phi(t) = a - k \times t,\ k > 0$ という最も単純な 1 次式の場合，$e^a \equiv \alpha$ と置いて，

$$y = \frac{A}{1 + \alpha \times e^{-kt}}$$

$t \to \infty$ のとき $e^{-kt} \to 0$ であるから，$y \to A$ で，A が「天井」であり，耐久消費財普及率でいえば，「最終普及率」にあたる。また，$t \to -\infty$ では $e^{-kt} \to \infty$ であるから $y \to 0$ であり，「天井」だけでなく「床」（「下界」）もあることがわかる。

この曲線が確かに，耐久消費財普及率のように S 字型の曲線になるか，R でグラフに描いてみよう。CASE1（基準ケース）は，$A = 100,\ k = 0.2,\ \alpha = 100$

図8

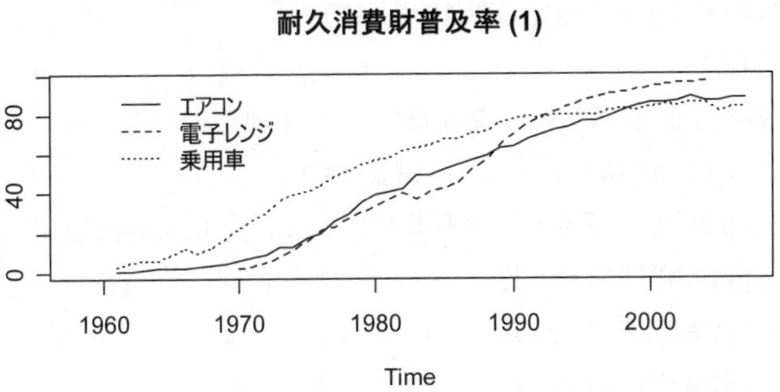

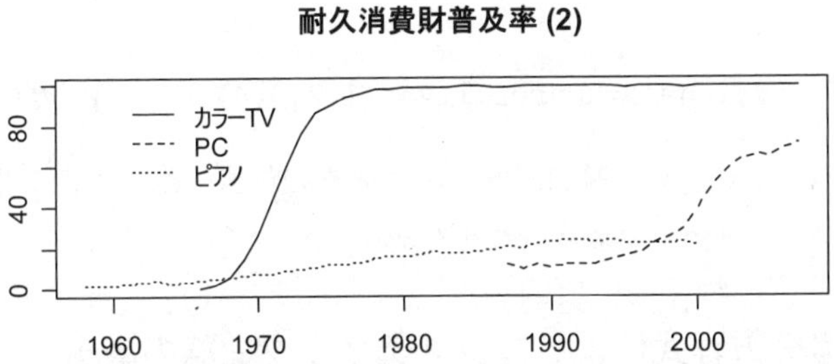

とし，CASE2 は $k = 0.2$ に，CASE3 は $\alpha = 300$ に，CASE4 は $A = 80$ へと 1 つのパラメータだけを標準ケースから変更したものである。

```
# ロジスティック曲線を描く。
time <- 1:100
# CASE1
A1 <- 100; k1 <- 0.2; alpha1 <-100
y1 <- A1/(1+alpha*exp(-1*k1*time))
# CASE2
k2 <- 0.1
y2 <- A1/(1+alpha1*exp(-1*k2*time))
# CASE3
alpha1 <-300
y3 <- A1/(1+alpha1*exp(-1*k1*time))
# CASE4
```

```
A2 <- 80
y4 <- A2/(1+alpha*exp(-1*k1*time))
# グラフに描く
ttl <- "様々なロジスティック曲線"
sb <- "CASE1: A=100,k=0.2,alpha=100"
plot(y1,type="l",xlab="",ylab="",main=ttl,sub=sb)
lines(y2,type="l",lty=2)
lines(y3,type="l",lty=3)
lines(y4,type="l",lty=4)
hanrei <-c("CASE1","CASE2:k=0.1","CASE3:alpha=300","CASE4:A=
80")
legend(50,50,legend=hanrei,lty=c(1,2,3,4),box.lty=0)
```

これによって，k は y の増加測度，α は曲線の位置（水平方向の平行移動）に関係したパラメータであることがわかる。

5.1.6 微分方程式によるロジスティック曲線の導出

上では，突然に「式」を与えたうえでその形が S 字型になっていることを R によるグラフで確認した。そもそも上記のロジスティック曲線の式はどのようにして求められたのか。微分方程式を使って簡単にみておく。

指数曲線は，増加率が一定の曲線であった。これを微分を使って書くと次のようになる。

$$r \equiv \frac{1}{y} \times \frac{dy}{dt} \quad \text{定数}$$

この微分方程式を解いて，

$$y = A \times e^{rt}$$

これに対して，耐久消費財普及率などの軌跡となる曲線では，次の性質を満たすことが求められる。

- 増加率 r は一定ではなく，y の値が大きくなるほど r が小さくなる。
- y がある水準 A に達すると，増加率 r がゼロとなり，それ以降 y は A のレベルにとどまる（つまり，y には A という天井がある）。

以上を満たす微分方程式のうち最も簡単なものの 1 つは，次式で表される。

$$r \equiv \frac{1}{y} \times \frac{dy}{dt} = m \times (A - y), \quad m > 0$$

この微分方程式を解けば，

$$\left(\frac{y}{A - y}\right) = C \times e^{mAt}$$

これを y について解いて，

$$y = \frac{A}{1 + C^{-1} \times e^{-mAt}}$$

ここで，$C^{-1} \equiv \alpha$, $mA \equiv k$ と置けば，先のロジスティック曲線の式を得る。$m = k/A$ であるから，「天井」の値 A を所与とすれば，k が y の増加率を決めているパラメータであることがわかる。また，$\alpha \equiv C^{-1}$ は $t = 0$ における y の値の決定要因になっているが，次の式の変形によってロジスティック曲線の位置（水平方向の平行移動）を決めているものであることがわかる。

$$y = \frac{A}{1 + \alpha \times e^{-kt}} = \frac{A}{1 + e^{-k\left(t - (\log \alpha)/k\right)}}$$

なお，2 階の微分を整理すると次のようになり，変曲点は $y = A/2$ と最終到達点 A のちょうど半分になっている。

$$\frac{d^2y}{dt^2} = k^2 \times y \times \left(1 - \frac{y}{A}\right) \times \left(1 - \frac{2y}{A}\right)$$

5.2　R によるロジスティック曲線の推定

ロジスティック曲線の式は，パラメータ（A, α, k）について非線型なので，通常の最小二乗法ではパラメータ推定ができない。そのために，パラメータ推定のための様々な工夫がなされてきた。ここでは，以下の 3 つの方法について述べる。

5.2.1　式の変形で単回帰にする

ロジスティック曲線の式を次のように変形する。

$$\frac{A - y}{y} = \alpha \times e^{-kt}$$

さらに，両辺の対数をとれば，

$$\log\left(\frac{A-y}{y}\right)=\log\alpha-k\times t$$

A を適当に定めれば，左辺はデータから計算される数値となるので，単回帰式の回帰係数として，α, k が求まる。A は「最終普及率」（y が最終的に収束する値）であり，それについて何か先験的な情報があれば，その値を仮定する。次のプログラムでは，電子レンジについて，最終普及率 $A=100$ を仮定してデータにロジスティック曲線をあてはめている。

```
# ロジクティック曲線のあてはめ (1)
# データの読み込み
xdata <- read.csv("fukyuritsu6.csv",skip=2,header=TRUE)
# 電子レンジについて時系列オブジェクトにする
microwave <- ts(xdata$microwave,start=c(1958),frequency=1)
# microwave のうち NA でない部分を取り出す。
x1 <- is.na(microwave)
rate <- microwave[x1==FALSE]
# A = 100 を仮定
A <- 100
# 時間の変数 time を定義する
time <- 1:length(rate)
# 式の変形による lm( ) での推計
z <- log((A-rate)/rate); ( kaiki1 <- lm(z~time) )
# 推定されたパラメータの取り出し
( k1 <- -1*kaiki1$coef[2] ); ( alpha1 <- exp(kaiki1$coef[1]) )
# 推定された rate(=ratehat1) の計算
time1 <- 0:(length(rate)+10)
ratehat1 <-  A/(1+alpha1*exp(-1*k1*time1))
# グラフに描く
ttl <-"電子レンジの普及率予測 (1)"
xl <- c(0,length(time1)); yl <- c(0,100)
plot(time,rate,xlim=xl,ylim=yl,type="p",xlab="",ylab="%",main
=ttl)
```

```
lines(time1,ratehat1,type="l",lty=2,col=2)
```

プログラムのはじめのほうで，「microwave のうち NA でない部分を取り出す」という操作を行っている。1958 年から 2007 年までのベクトルのうちどの部分に NA でない実データが入っているかはわかっているので，（第 2 章の「局面比較」で行ったように）その要素の順番を数えてベクトルの要素を取り出すという操作を行うことでもよいが，ここでは R の中で NA を操作するために用意されている is.na( ) 関数を活用した。この関数にベクトル x を入れると，x の要素のうち，NA に対応した要素には，TRUE を，そうでない要素には FALSE を入れたベクトルを返すので，このベクトルを使い，ベクトル x の NA でない部分を取り出すのである。以下に簡単な事例を出力とともに示す。

```
> x <- c( 1,2,3,NA,4)
> x1 <-is.na(x)
> x1
[1] FALSE FALSE FALSE  TRUE FALSE
> x[x1==FALSE]
[1] 1 2 3 4
```

5.2.2　変化率による推定

上の方法は最終普及率である A を仮定して与えなければならないので，「最終普及率を予測したい」場合には使えない。パラメータ（A, α, k）に事前の仮定せずにロジスティック曲線を最小二乗法で推定する方法の 1 つが変化率による推定である。上述の「ロジスティック曲線の微分方程式による導出」で，ロジスティック曲線は次の微分方程式の解であることを示した。

$$\frac{1}{y}\times\left(\frac{dy}{dt}\right)=m\times(A-y)$$
$$=k-\left(\frac{k}{A}\right)\times y$$

左辺の微分を観察データの増加率（$z \equiv \Delta y/y$）で近似し，$z = a + b \times y$ という直線の式を lm( ) 関数で推計すれば，

$$a = k,\ b = -\frac{k}{A} \Longrightarrow A = -\frac{a}{b}$$

で，2 つのパラメータ k, A が求まる。α については，

$$\alpha = \frac{A - y}{y} \times e^{kt}$$

から，

- 上辺 y, t にそれぞれの平均値 $\overline{y}$, $\overline{t}$ を入れる。
- 各 y, t の組を入れて計算される α_t の平均値をとる。

などの方法で推計する。

```
# ロジクティック曲線のあてはめ (2)
# 変化率による推定
# データは上記の rate を用いる。
# 増減率の計算　対数の差分で近似する
henka1 <- diff(log(rate))
# henka1 は rate よりも要素が 1 つ少なくなるので，lm( ) を使うために
長さを揃える。
rate2 <- rate[-1]
# lm( ) 関数による推定
kaiki2 <- lm(henka1~rate2)
# 推定パラメータから，k と A を推定
( k2 <- kaiki2$coef[1] ); ( A2 <- -1*k2/kaiki2$coef[2] )
# alpha の推定（平均値を使う）
my <-mean(rate); mt <- mean(time)
( alpha2 <- ((A2-my)/my)*(exp(k2*mt)) )
# 推定された rate(=ratehat2) の計算
ratehat2 <- A2/(1+alpha2*exp(-1*k2*time1))
# グラフに描く
ttl <-"電子レンジの普及率予測（2）"
```

```
xl <- c(0,length(time1)); yl <- c(0,100)
plot(time,rate,xlim=xl,ylim=yl,type="p",xlab="",ylab="%",
main=ttl)
lines(time1,ratehat2,type="l",lty=2,col=2)
```

5.2.3　非線形の最小二乗法による推計

以上では，lm( ) 関数できる通常の最小二乗法に持ち込むように工夫をしたが，R にはパラメータが非線形であるような関数をデータにあてはめる非線形最小二乗法の関数 nls( ) があり，これを使えば，ロジスティック曲線のパラメータを（式の変形をせずに）推定できる。

非線形最小二乗法とは，$y_t = f(x_t|\alpha, \beta)$ がパラメータ α, β について線形でない関数，たとえば，

$$f(x_t|\alpha, \beta) = \frac{\beta}{\alpha + x_t}$$

のような関数について，誤差の二乗和

$$S \equiv \sum_{t=1}^{n} (y_t - f(x_t))^2$$

を最小にするパラメータ α, β を求める方法である。具体的には，この式をパラメータ α, β について偏微分した式をゼロと置く，

$$\sum_{t=1}^{n} (y_t - f(x_t)) \times \frac{\partial f(x_t)}{\partial \alpha} = 0$$
$$\sum_{t=1}^{n} (y_t - f(x_t)) \times \frac{\partial f(x_t)}{\partial \beta} = 0$$

という連立方程式の解として求める。しかし，線形多項式の最小二乗法のようにパラメータについて解くことは困難であるので，「ニュートン法」などの数値計算によって求めるのである。

数値計算においては，解の近似値を求める繰り返し計算の出発点になるパラメータの値（初期値）を与えることが必要である。そして，この初期値が真の解から著しく離れたものであると，計算が効率的でなくなったり，場合

によっては真の解とは異なる不適切な解を求めてしまう可能性がある。そこで以下のプログラムでは，上記の「変化率による方法」で求めたパラメータの値を初期値にしている。

```
# 図9
# ロジクティィック曲線のあてはめ (3)
# 非線形関数の最小二乗法 nls( ) 関数による推定
# 推定パラメータの初期値の設定
syokiti <- list(A3=A2,alpha3=alpha2,k3=k2)
# nls( ) 関数による推計
fm <- nls(rate ~ A3/(1+alpha3*exp(-1*k3*time)), trace=TRUE,
start=syokiti)
fm
# 推定パラメータの取り出し
( A3 <- coef(fm)[1] ); ( alpha3 <- coef(fm)[2] )
( k3 <- coef(fm)[3] )
# 推定された rate(=ratehat3) の計算
ratehat3 <- A3/(1+alpha3*exp(-1*k3*time1))
# グラフに描く
ttl <- "電子レンジの普及率の予測 (3)"
xl <- c(0,length(time1)); yl <-c(0,110)
plot(time,rate,xlim=xl,ylim=yl,type="p",main=ttl,xlab="年")
lines(time1,ratehat3,type="l",lty=2,col=2)
abline(h=A3,lty=3)
```

nls( ) 関数の引数は,

- 最初に, 関数 $y = f(x)$ を R の演算記号で記述する。ただし=は, lm( ) 関数同様, チルダ (~) で置き換える。`rate ~ A3/(1+alpha3*exp(-1*k3*time))`
- `start=`でパラメータの初期値をリスト形式で与える。この例では，予め `syokiti` という変数に代入している。
- 引数 `trace=TRUE` は，収束までの繰り返し計算の途中の値を表示するという指示であり，表示しないのであれば，`FALSE` にする。

図9

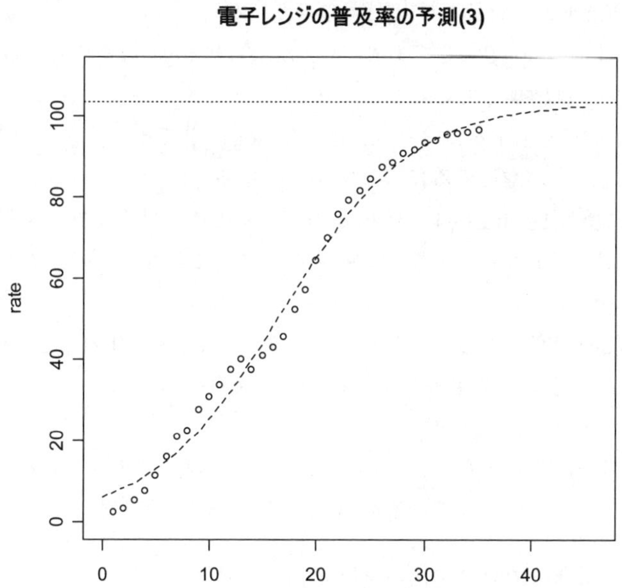

上記は最小限の引数である。この他の多数の引数については，nls( ) 関数のヘルプを参照せよ。

5.3　ゴンペルツ曲線

S 字型の曲線を描くもう 1 つの例は，次の式で示されるゴンペルツ曲線である。

$$y = A \times \alpha^{\beta^t} \qquad 0 < \alpha,\ \beta < 1$$

底 α の指数が再び β^t と指数関数になる複雑な式である。この式の両辺の対数をとって微分することで，y の増減率が次の式で示される。

$$\frac{1}{y}\left(\frac{dy}{dt}\right) = \beta^t \times (\log\beta) \times (\log\alpha) = (\log\beta) \times \log\left(\frac{y}{A}\right)$$

この結果から次のことがわかる。

- この式では，ロジスティック曲線の $(A-y)$ にあたる部分は，$\log\left(\frac{y}{A}\right) = \log y - \log A$ と，対数変換したものの差になっている。
- $0<\beta<1$ より $\log\beta<0$ であり，$y<A$ ならば $\log\left(\frac{y}{A}\right)<0$ であるから，右辺は正で y は増加している。
- しかし，y が増加するにつれて，絶対値 $\left|\log\left(\frac{y}{A}\right)\right|$ は小さくなる。すなわち，増加速度は y が増加するにつれて小さくなる。
- $y=A$ になると，$\log\left(\frac{y}{A}\right)=\log 1=0$ で，y の増加は止まり，以後は $y=A$ の水準にとどまる。つまり，天井が A であることもロジスティック曲線と同じである。
- β が増加の速度を決めているパラメータである。$t=0$ のとき，$y=A\times\alpha$ となることでわかるように，α は曲線の水平方向のシフトパラメータになっている。
- 2 階の微分は次式となり，変曲点は $y=A/e$ の点である。$e\simeq 2.71828$ であるからロジスティック曲線の $A/2$ よりは小さい値となる。

$$\frac{d^2y}{dt^2} = (\log\beta)^2\times\log\left(\frac{y}{A}\right)\times\left(1+\log\left(\frac{y}{A}\right)\right)$$

ゴンペルツ曲線の推定も，ロジスティック曲線と同様の 3 つの方法で行うことができる。

```
# ゴンペルツ曲線を描く
time <- 1:100
# CASE1
A1 <- 100; alpha1 <- 0.005; beta1 <-0.90
y1 <- A1*alpha1^(beta1^time)
# CASE2
beta2 <-0.95; y2 <- A1*alpha1^(beta2^time)
# CASE3
alpha2 <-0.05; y3 <- A1*alpha2^(beta1^time)
# CASE4
A2 <- 80; y4 <- A2*alpha1^(beta1^time)
# グラフに描く
ttl <-"様々なゴンペルツ曲線"
sb <- "CASE1: A=100,alpha=0.005,beta=0.90"
```

```
plot(y1,type="l",xlab="",ylab="",main=ttl,sub=sb)
lines(y2,lty=2); lines(y3,lty=3); lines(y4,lty=4)
hanrei <-c("CASE1","CASE2:beta=0.95","CASE3:alpha=0.05",
"CASE4:A=80")
legend(50,50,legend=hanrei,lty=c(1,2,3,4),box.lty=0)
```

練習問題

PC のロジスティック曲線の推定

上述の内閣府「消費動向調査」の普及率データを用いて，PC のデータにロジスティック曲線をあてはめ，PC の「最終普及率」を予想せよ。

ゴンペルツ曲線をあてはめるプログラム

ロジスティック曲線で示した 3 つの方法，(1) A を仮定して，式の変形で線形の最小二乗法にする，(2) 変化率で推定する，(3) 非線形の最小二乗法を使う，によってゴンペルツ曲線を推定する方法を考え，上記の電子レンジの普及率にゴンペルツ曲線をあてはめる R のプログラムを作り，実行せよ。

第6章　季節変動を抽出する

6.1　移動平均によるデータの平滑化

6.1.1　移動平均

はじめに，次のRコードを実行し，鉱工業生産指数（原指数・月次データ）の推移をグラフに描いてみよう（データIIPO1978.csvは，経済産業省の統計HPから，鉱工業生産指数の接続指数と最近の指数をダウンロードしてつなげた，1978年1月から2007年10月の指数である）。

```
# 鉱工業生産指数（原指数）の長期データ
# 1978年1月から2007年10月（月次データ）
xdata <- read.csv("IIP01978.csv",skip=2,header=TRUE)
IIP <- ts(xdata$IIP,start=c(1978,1),frequency=12)
ts.plot(IIP,type="l")
```

グラフから，期間全体を見ればIIPが右上がりの増加トレンドを持つことは明瞭である。それとともにGDPなどのようなトレンド線の回りの小さな変動ではなく，「波」のうねりのような大きな変動を繰り返しているようにみえるが，月々の変動も著しいので，「均して」みるとどのような動きしているのかを知るための数字が欲しいであろう。移動平均は変動を「平滑化」したデータを得るための代表的な方法である。

移動平均は，時系列データのt時点のデータとして，その時点と隣接する前後数期間（たとえばN期）のデータの平均値をとったもので，数式で書けば次のようになる。

$$Y(t) = \frac{\sum_{k=-N}^{N} Y_{t+k}}{2 \times N + 1}$$

$k = 1$ のとき（3 期移動平均）

$$Y(t) = \frac{Y_{t-1} + Y_t + Y_{t+1}}{3}$$

$k = 2$ のとき（5 期移動平均）

$$Y(t) = \frac{Y_{t-2} + Y_{t-1} + Y_t + Y_{t+1} + Y_{t+2}}{5}$$

ここでは，足し合わせる項数（分子のデータ数）を奇数（$2 \times N + 1$）とした。偶数とすると中心がなく，（概念的には）その平均値が対応する「期」が 2 つの期の中間となってしまうので，一度移動平均したもののさらに 2 期平均をとるなどを行う。その結果，たとえば隣接する 4 項の平均をとる場合には，結局は両端の重みが他の項の半分になった 5 項加重平均となる。

$$\begin{aligned} Y(t) &= \frac{Y(t-0.5) + Y(t+0.5)}{2} \\ &= \frac{\left(\frac{Y_{t-2} + Y_{t-1} + Y_t + Y_{t+1}}{4}\right) + \left(\frac{Y_{t-1} + Y_t + Y_{t+1} + Y_{t+2}}{4}\right)}{2} \\ &= \frac{1}{8} \times Y_{t-2} + \frac{1}{4} \times Y_{t-1} + \frac{1}{4} \times Y_t + \frac{1}{4} \times Y_{t+1} + \frac{1}{8} \times Y_{t+2} \end{aligned}$$

上記のように移動平均で得た系列に再度移動平均を行うことを「反復移動平均」と呼ぶことがある。次は 3 項移動平均を 2 度行った例であるが，上でも見たようにラグの項別の重みが異なる「加重移動平均」を行っていることと同等である。

$$\begin{aligned} &\frac{1}{3} \times \left[\left(\frac{Y_{t-2} + Y_{t-1} + Y_t}{3}\right) + \left(\frac{Y_{t-1} + Y_t + Y_{t+1}}{3}\right) + \left(\frac{Y_t + Y_{t+1} + Y_{t+2}}{3}\right)\right] \\ &\qquad = \frac{1}{9} \times Y_{t-2} + \frac{2}{9} \times Y_{t-1} + \frac{3}{9} \times Y_t + \frac{2}{9} \times Y_{t+1} + \frac{1}{9} \times Y_{t+2} \end{aligned}$$

6.1.2 filter( ) 関数による移動平均の計算

R には，移動平均を計算できる filter( ) 関数がある。次は，1 から 10 までの連続変数 x1 を作り，その 3 期移動平均を計算した例とその結果である

```
> # filter( ) 関数
> ( x1 <- seq(1,10) )
```

```
 [1]  1  2  3  4  5  6  7  8  9 10
> # 3 期移動平均のウエイト
> ( w3 <- rep(1/3,3) )
[1] 0.3333333 0.3333333 0.3333333
> # filter( ) 関数
> ( y3 <- filter(x1,filter=w3,method="convolution",sides=2) )
Time Series:
Start = 1
End = 10
Frequency = 1
 [1] NA  2  3  4  5  6  7  8  9 NA
```

- filter( ) 関数の最初の引数は，移動平均をとる変数名である。
- 2 番目の引数，filter= は移動平均の各項の重みをベクトルで与える。3 期移動平均の場合，各項の重みは 1/3 である。上ではこれを rep(1/3,3) という関数で作っている。rep(q,n) は，q を繰り返して n 個作る関数である。R は数値計算を行うので結果は 1/3 ではなく，0.3333333 となる。
- 3 番目の引数，method= には移動平均を計算する場合は，"convolution" を指定する。"recursive" と指定する場合については，「指数平滑化による予測」で説明する。
- 最後の引数，sides=2 を指定すると，

$$\frac{y_{t-1} + y_t + y_{t+1}}{3}$$

を計算する。sides=1 を指定すると，

$$\frac{y_t + y_{t-1} + y_{t-2}}{3}$$

と現在時点（t）を先端とした過去 3 期の値の平均を計算する。
- filter( ) 関数は，出力を（強制的に）時系列オブジェクトにする。入力ベクトルが時系列オブジェクトでなければ，その属性を start=c(1),frequency=1 とする。
- sides=2 を指定した場合は，データ系列の両端で，sides=1 を指定した場合は系列の始端で，移動平均が計算できない項ができる。filter( ) 関数は，時系列の長さを変えずに，計算できない項には，NA を代入する。

6.1.3 移動平均と最小二乗法による傾向線の関係

時点 t を中心に，移動平均をとる $2 \times N + 1$ 個のデータ

$$Y \equiv (Y_{t-N},\ Y_{t-(N-1)}, \cdots, Y_{t-1},\ Y_t,\ Y_{t+1}, \cdots, Y_{t+N})$$

に対して，対応する時点の数字

$$T \equiv (t-N,\ t-(N-1), \cdots, t-1,\ t,\ t+1, \cdots, t+N)$$

を説明変数として最小二乗法で直線トレンド

$$Y_t = \hat{\alpha} + \hat{\beta} \times t$$

をあてはめるとする。最小二乗法に使われたデータ T, Y それぞれの平均値 $\overline{T}$, $\overline{Y}$ を座標とする点は，求められた直線上にあるが，この場合には，

$$\overline{T} \equiv \frac{\sum_{k=-N}^{N}(t+k)}{2 \times N + 1} = t$$

$$\overline{Y} \equiv \frac{\sum_{k=-N}^{N} Y_{t+k}}{2 \times N + 1} \longrightarrow \text{移動平均値}$$

つまり，移動平均をとることを「直線の傾向線を引く」という側からみれば，得られたデータ Y_1, Y_2, $\cdots$, Y_T の全体に対して（最小二乗法で）1 本のトレンド直線をあてはめるのではなく，最初の $2 \times N + 1$ 個のデータ $(Y_1,\ Y_2, \cdots, Y_{2N+1})$ に対して最小二乗法で直線（線分）をあてはめ，その線分の中点（$t = N + 1$）に対応する線分上の Y の値を趨勢値（$Y(N+1)$）とし，次に時点を 1 つずらせた $(Y_2,\ Y_3, \cdots, Y_{2N+2})$ に対して同様に線分をあてはめ，その中点（$t = N + 2$）に対応する Y の値を趨勢値（$Y(N+2)$）とするという作業を順次繰り返したものとみなすことができる。こういう見方に立てば，移動平均値の軌跡は時間とともに少しずつ変化する「トレンド線」と考えることもできる。

6.1.4 移動平均の項数による軌跡の変化

先の IIP のデータを使って，3 期（四半期），7 期（半年），13 期（1 年），25 期（2 年），47 期（4 年）の移動平均をとって，その軌跡を比較してみよう。

```
# 図10
# IIP 様々な長さ（項数）の移動平均
w3 <- rep(1,3)/3; w7 <-rep(1,7)/7; w13 <-rep(1,13)/13
w25 <-rep(1,25)/25; w49 <- rep(1,49)/49
IIP3 <-filter(IIP,filter=w3,sides=2)
IIP7 <-filter(IIP,filter=w7,sides=2)
IIP13 <-filter(IIP,filter=w13,sides=2)
IIP25 <-filter(IIP,filter=w25,sides=2)
IIP49 <-filter(IIP,filter=w49,sides=2)
# par( ) の mfrow の指示で，1 つの画面に，全系列を別々のグラフで描く。

par(mfrow=c(3,2))
ts.plot(IIP,type="l",main="原系列")
ts.plot(IIP3,type="l",main="3 期移動平均")
ts.plot(IIP7,type="l",main="7 期移動平均")
ts.plot(IIP13,type="l",main="13 期移動平均")
ts.plot(IIP25,type="l",main="25 期移動平均")
ts.plot(IIP49,type="l",main="49 期移動平均")
# par( ) をもとにもどす。
par(mfrow=c(1,1))
```

結果のグラフを見ると，

- 3 期移動平均でも月ごとの激しい変動はかなり「均される」。
- 13 期（1 年），25 期（2 年）の移動平均では，ほぼ「滑らかな」曲線が得られる。
- 49 期（4 年）の移動平均では，いわゆる「山」「谷」が埋められて，1980 年から 1990 年ころの上昇トレンドと 1990 年代以降のほぼ平坦なトレンドが明瞭になる。

このように移動平均の項数によって，得られるデータの様子が大きく異なるので，自分の分析目的にあった移動平均を行わなければならない。

図10

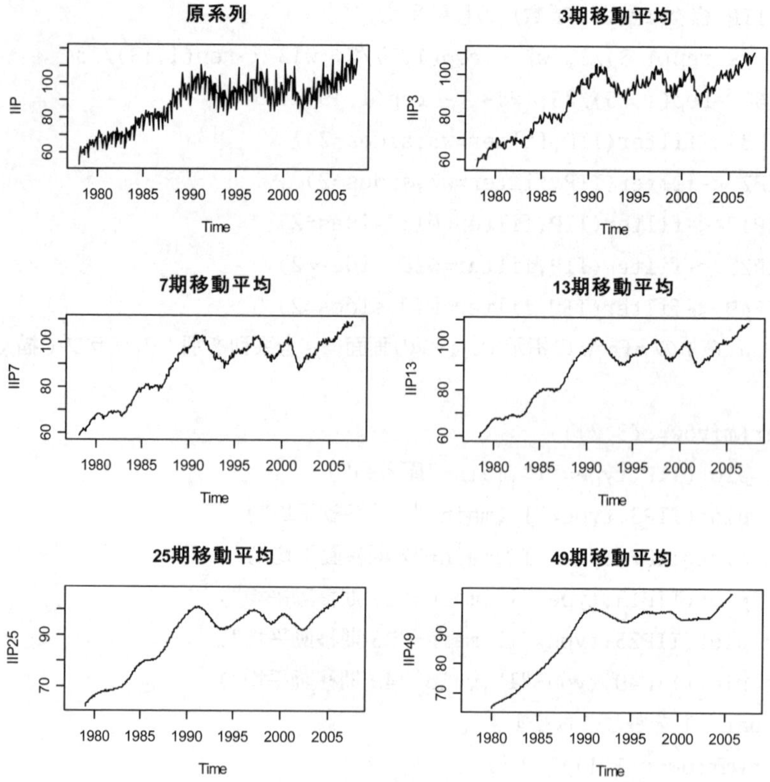

6.1.5 株価のケイ線分析における移動平均の利用

移動平均をトレンドとして利用している代表例の 1 つが，株式投資の世界で使われているケイ線分析である。その中の「移動平均線」法では，株の「買い時」「売り時」を，実際の株価と過去何日間かの株価の移動平均との関係から判断する。移動平均の項数に応じて，短期線（6 日，12 日，25 日，30 日など），中期線（13 週，75 日，80 日），長期線（200 日，26 週）などが用いられ，200 日という長期線を用いたチャート専門家グランビル氏の次の 8 原則が有名である。なお，ケイ線分析の移動平均は，第 t 期の移動平均を t 期の前後 N 期（合計 $2N+1$ 期）の平均ではなく，filter( ) 関数で `sides=1`

とした場合のように「過去 N 期の平均」としている。

- 買い時
  1. 平均線が下落した後，横ばいか上昇に向かい，株価が平均線を上回ってきた場合。
  2. 平均線が上昇している時に，株価がそれを下回った場合。
  3. 平均線より上にある株価が下落したが，平均線を下回らず再度上昇した場合。
  4. 株価が低迷しつつある平均線から下へかい離した場合（自律的反転の可能性大)。
- 売り時
  1. 平均線が上昇後，横ばいか下降に転じた場合。
  2. 株価が平均線以下になった後に，一度平均線に向かい上昇したが，平均線を越えずに再度反落し始めた時。
  3. 平均線が下降しているのに，株価が上昇する場合。
  4. 株価が急速に上昇しつつある平均線から上にかい離した場合。

「株価は長期的には移動平均線で示されるトレンドに沿って変動する」という考え方に立って株価の変化方向を予想することを基本に経験則を整理したものと理解される。

新日本製鉄の約 2 年間 (2006 年 1 月 4 日から 2007 年 12 月 10 日までの終値）のデータ（ファイル名 : NITTETSU.csv）とその 200 日移動平均をグラフにしてみる。ケイ線理論からは，「買い時」だろうか「売り時」だろうか。

```
# 図 11
# ケイ線分析
xdata <- read.csv("NITTETSU.csv",skip=2,header=TRUE)
NI <- ts(xdata$NITTETSU, start=c(1),frequency=1)
w200 <- rep(1,200)/200
H200 <- filter(NI,filter=w200,sides=1)
ttl <- "新日鉄の株価とその 200 日移動平均"
sb <- "2006 年 1 月 4 日から, 2007 年 12 月 10 日の取引日終値"
ts.plot(NI,H200,type="l",main=ttl,sub=sb,lty=c(1,2),xlab="",
ylab="円" )
```

図11

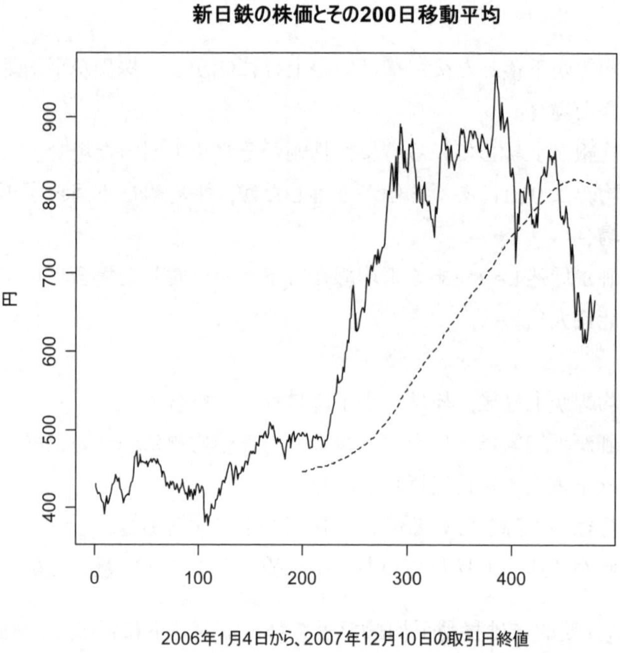

6.2　季節調整法

GDPの原系列をグラフに描いてみれば，趨勢として「右肩上がりのトレンド」があるとともに，毎年同じように（10～12月期が尖った「のこぎり」のような）パターンを繰り返していることがきわめて特徴的である。毎年繰り返されるこの「季節変動」は，グラフからも確認できる一番わかりやすい「規則性」であること，経済の実勢を見るためにこの季節変動部分は取り除きたいものであることなどから，古くから季節変動要素を抽出，分離する「季節調整」の方法が様々に考案されてきた。今日ほとんどの公的機関の公表する統計の「季節調整値」を計算するために用いられているのは，米国商務省のセンサス局が開発したX-12-ARIMAと呼ばれるプログラムである。センサス局は1950年代から季節調整プログラムの開発に着手し，逐次の改良を重ねて，Ver.12であるX-12-ARIMA（1998年公表）に至っている。同法は移動平均による季節調整法としては完成度が高かった X-11 に確率モデルである時系列モデルの手法を導入したものである。一世代前の方法である X-11 もその詳細はかなり緻密であるため，以下では，溝口敏行・刈谷武昭『経済時系列分析入門』（日本経済新聞社 1980 年）を参考に，X-11 の方法の基本骨格に沿った季節調整法を説明する。

6.2.1　移動平均による季節変動の除去

簡単のために以下の説明では，時系列を四半期データとする。まず，移動平均が季節変動を除去することを簡単な R のシミュレーションでみよう。

```
> # 移動平均による季節変動の除去
> # 1,2,3,4 を繰り返すデータの作成
> ( x <- rep(1:4,4) )
 [1] 1 2 3 4 1 2 3 4 1 2 3 4 1 2 3 4
> # 5 期の中心化移動平均を行う
> w5 <-c(1/2,1,1,1,1/2)/4
> (y <- filter(x,filter=w5,sides=2) )
Time Series:
Start = 1
End = 16
Frequency = 1
 [1] NA NA  2.5  2.5  …  中略  …  2.5  2.5 NA NA
```

x は，$1,2,3,4,1,2,3,4,\cdots$ と完全に規則的な繰り返しをするデータである。1 年＝ 4 期が偶数なので，x_{t-2}，x_{t-1}，x_t，x_{t+1} の移動平均と x_{t-1}，x_t，x_{t+1}，x_{t+2} の移動平均の平均値である中心化移動平均（それは，上記のように当期と前後 2 期ずつの 5 期を期数とし，両端の重みを半分とする移動平均に等しい）をとった y は 1 年の値の平均値である 2.5 となり，変動が除去されている。

これを一般化すれば次のようになる。データが次の式のように季節成分（各四半期ごとに値が一定）とその他の部分の和で構成されていると仮定す

る（積型の場合については対数をとれば和型になる）。

$$Y_t = \underbrace{S_j}_{\text{季節成分}} + \underbrace{X_t}_{\text{その他の成分}}$$

季節成分については，4 期すべての値を足すとゼロになるように基準化されているとする。

$$S_1 + S_2 + S_3 + S_4 = 0$$

t 期が第 1 四半期とすれば，

$$\begin{aligned}
&\vdots \\
Y_{t-2} &= S_3 + X_{t-2} \\
Y_{t-1} &= S_4 + X_{t-1} \\
Y_t &= S_1 + X_t \\
Y_{t+1} &= S_2 + X_{t+1} \\
Y_{t+2} &= S_3 + X_{t+2} \\
Y_{t+3} &= S_4 + X_{t+3} \\
&\vdots
\end{aligned}$$

第 t 期を中心とした 5 期移動平均（中心化移動平均）をとれば，

$$\begin{aligned}
Y(t) &= \frac{1}{4} \times \left(\frac{1}{2} \times Y_{t-2} + Y_{t-1} + Y_t + Y_{t+1} + \frac{1}{2} \times Y_{t+2} \right) \\
&= \frac{1}{4} \times \left(\frac{1}{2} \times X_{t-2} + X_{t-1} + X_t + X_{t+1} + \frac{1}{2} \times X_{t+2} \right) + \underbrace{\frac{\sum_{j=1}^{4} S_j}{4}}_{0} \\
&= X(t) \longleftarrow \text{X の中心化移動平均}
\end{aligned}$$

同様に，第 $t+1$ 期を中心とした 5 期移動平均をとっても，

$$\begin{aligned}
Y(t+1) &= \frac{1}{4} \times \left(\frac{1}{2} \times Y_{t-1} + Y_t + Y_{t+1} + Y_{t+2} + \frac{1}{2} \times Y_{t+3} \right) \\
&= \frac{1}{4} \times \left(\frac{1}{2} \times X_{t-1} + X_t + X_{t+1} + X_{t+2} + \frac{1}{2} \times X_{t+3} \right) + \underbrace{\frac{\sum_{j=1}^{4} S_j}{4}}_{0} \\
&= X(t+1) \longleftarrow X \text{ の中心化移動平均}
\end{aligned}$$

と，移動平均値からは季節変動要素 S_j が消える。

このように，移動平均によって季節変動を消去できるが，上記のように X の部分についても移動平均がとられてしまい，そのままでは X_t そのものを分離，抽出することにはなっていない。この点を工夫したのが，米国のセンサス局で開発された季節調整法である。

6.2.2　季節調整法の概要

季節調整法では，趨勢変動（T）と周期変動（C）を分けないので，以下これを合わせたものを TC 変動とし，Y_t を以下の 3 要素に分割する。

$$Y(t) = TC(t) + S(t) + I(t)$$

$S(t)$ は季節変動, $I(t)$ は不規則変動である。なお, データは $Y(1)$, $Y(2)$, $\cdots Y(N)$ で，$N = 4 \times m$ とちょうど m 年分あるとする。中心化移動平均をとる際のウエイトは,

$$w_j = \begin{cases} 1/8, & j = -2,\ 2 \\ 1/4, & j = -1,\ 0,\ 1 \end{cases}$$

したがって,

$$\sum_{j=-2}^{2} w_j = 1$$

である。季節要素 $S(t)$ は，$k = 0,\ 2,\ \cdots m-1$ について,

$$S(1 + 4 \times k) = S1$$
$$S(2 + 4 \times k) = S2$$
$$S(3 + 4 \times k) = S3$$
$$S(4 + 4 \times k) = S4$$

で，かつ

$$S1 + S2 + S3 + S4 = 0$$

である。また, 簡単のために, TC 変動はこの観察期間では直線的なトレンド

$$TC(t) = \alpha + \beta \times t$$

であると仮定する。

以上の下で $Y(t)$ の 3 要素への分解は，次の手順で実現される。

- $Y(t)$ の中心化移動平均をとる。

$$
\begin{aligned}
\hat{Y}(t) &= \sum_{j=-2}^{2} w_j Y(t-j) \\
&= \sum_{j=-2}^{2} w_j TC(t-j) + \sum_{j=-2}^{2} w_j S(t-j) + \underbrace{\sum_{j=-2}^{2} w_j I(t-j)}_{0} \\
&= \sum_{j=-2}^{2} w_j TC(t-j) + \underbrace{\sum_{k=1}^{4} S(k)}_{0}
\end{aligned}
$$

不規則変動 $I(t)$ は，均してみればゼロであるという仮定を置いている。ここで，

$$
\hat{Y}(t) = \sum_{j=-2}^{2} w_j TC(t-j) = \sum_{j=-2}^{2} w_j(\alpha + \beta(t+j)) = \alpha + \beta t = TC(t)
$$

結局，中心化移動平均の結果，TC 変動成分が抽出されたことになる。

- 次に，$S(t) + I(t)$ を得る。

$$
SI(t) \equiv Y(t) - \hat{Y}(t) = S(t) + I(t)
$$

- これを，各四半期ごとに平均をとる。

$$
\begin{aligned}
\overline{SI1} &= \sum_{k=0}^{m-1} SI(1 + 4 \times k)/m \\
&= \sum_{k=0}^{m-1} S(1 + 4 \times k)/m + \underbrace{\sum_{k=0}^{m-1} I(1 + 4 \times k)/m}_{0} \\
&= S1
\end{aligned}
$$

$\overline{SI2} = S2$, $\overline{SI3} = S3$, $\overline{SI4} = S4$ についても同様に求められる。

- $\overline{SIj}$ を修正する。

$$
\hat{S}j = \overline{SIj} - \left(\sum_{j=1}^{4} \overline{SIj} \right) /4
$$

原理的には前段階で季節変動要素が求まるが，実際の計算では（不規則変動の平均がゼロ等の強い仮定を置いているので）季節変動の和がゼロになるという制約を満たさない。そこで，制約を満たすように修正をかけるのである。

- 不規則変動 $I(t)$ を分離する。

$$I(t) \equiv I(j+4\times k) = SI(t) - \hat{S}j$$

データの値が正である場合には，積型 $Y(t) = TC(t) \times S(t) \times I(t)$ を想定することが多い。この場合には，データを対数変換すれば，和型に帰着する。また，上では簡単のために，季節変動成分が時間 t によらず一定であることを仮定し，$SI(t)$ の各四半期ごとの「平均」をとることで季節変動成分を抽出した。しかし，実際の $SI(t) = SI(j+4\times k)$, $k = 0, 2, \cdots, m-1$ を各 j ごとに横軸に k をとってプロットすると，増加（減少）のトレンドのある場合が少なくない。そうした場合には，

$$SI(t) = SI(j{+}4{\times}k) = \underbrace{A_j \times e^{\gamma k}}_{S\,j(k)} + I(j{+}4{\times}k),\quad k = 0, 2, \cdots, m{-}1,\ \ j = 1, 2, 3, 4$$

などを仮定して，各期ごとの $SI(t)$ に最小二乗法で傾向線をあてはめて，その推定値を $\overline{SIj(k)}$ とする。次の段階では，各年ごとの季節成分の和がゼロになるように修正をかける。

6.2.3 decompose( ) 関数による要因分解

以上に説明した「移動平均を用いた季節調整法のしくみ」をそのまま実現するRのプログラムを作ることは，プログラミング技術を磨くうえでの良い練習になる。しかし，Rにはこの要素分解を実現する関数 decompose( ) が用意されているので，ここではそれを実習する。

```
# 図12
#decompase( ) 関数の実習
# GDPの要因分解を行う
SNA <- read.csv("GDP01980TABLE.csv",skip=2,header=TRUE)
GDP <- ts(SNA$GDP,start=c(1980,1),frequency=4)
( bunkai1 <- decompose(GDP,type="multiplicative") )
```

図12

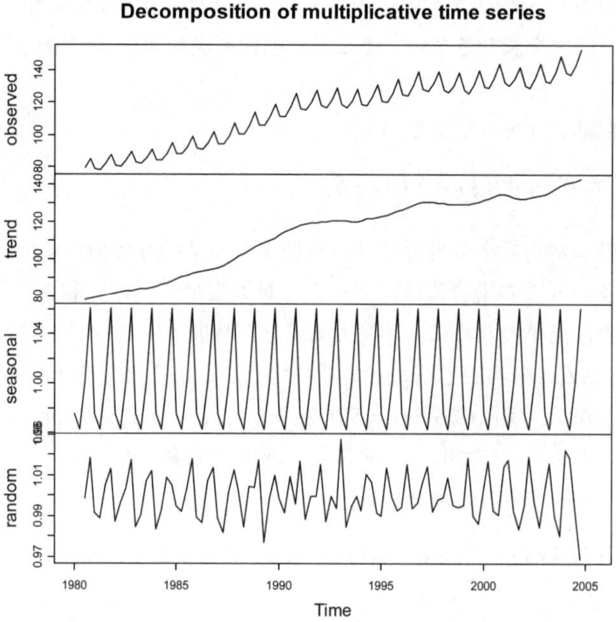


```
# 結果のグラフ表示
plot(bunkai1)
```

- decompose( ) 関数の最初の引数は，要因分解を行う変数である。
- 次の引数 `type=`は，和型であれば `"additive"` を，積型であれば例のように `"multiplicative"` を指示する。計算結果は，lm( ) 関数の結果と同様，「リスト」として，季節要素（`$seasonal`），トレンド要素（`$trend`），不規則変動要素（`$random`）などを保持している。
- この変数結果のリストにつけた変数名を plot( ) 関数に代入すると，原系列 $Y(t)$ と各要素（$TC(t)$, $S(t)$, $I(t)$）をグラフに表示する。

練習問題

移動平均によるケイ線分析

ケイ線分析の世界では，(1) 短期移動平均線が長期移動平均線を下から上に横切る点を「ゴールデンクロス」(買いのシグナル)，(2) 上から下に横切る点を「デッドクロス」(売りのシグナル) と呼んでいる。上記の新日本製鉄の約 2 年間（2006 年 1 月 4 日から 2007 年 12 月 10 日までの終値）のデータ（ファイル名 NITTETSU.csv）を使い，「長期」を 200 日，「短期」を 30 日の移動平均線として，「ゴールデンクロス」「デッドクロス」が存在するか，確認せよ。

decompose( ) 関数 積型と和型との比較

上記の GDP の対数をとったものの要因分解を和型で行い，分解された 3 要素を exp( ) 関数で逆変換したものを，上記の積型の要因分解結果と比較せよ。

decompose( ) 関数の練習

GDPO1980TABLE.csv に収録されている GDP 以外の系列（ただし，JP を除く（CP, IH, IP, PD, EX, IM）の 6 系列）について，decompose( ) 関数で季節調整系列を作り，これを GDPA1980TABLE.csv に収録されている内閣府公表の季節調整系列と比較せよ。

季節調整法のプログラムの作成

本章で説明した季節調整法の「手順」に従って上記 GDP を $TC(t)$，$S(t)$，$I(t)$ の 3 要素に分解する R のプログラムを作れ。その際，季節要素が時間とともに変化する傾向があるかどうかをチェックし，その傾向があれば最小二乗法で傾向線（直線，または対数関数）をあてはめて，年ごとに変化する季節要因を抽出せよ。

第7章　指数平滑法による予測

7.1　指数平滑法

7.1.1　要因分解に基づく予測

前章の季節調整法によって，Y_t が，TC（トレンド＋周期変動），S（季節変動），I（不規則変動）の3つの要素に分解された。ここで得られた知識を使って，Y_t の将来予測をする場合のポイントを整理すれば次のようになるだろう。

- I（不規則変動）の先行きは「わからない」。そこで，平均すればゼロであるという考えに立って，とりあえずはゼロと置く。
- S（季節変動）は，毎年各期の値が同じであっても，指数曲線に沿って変化するにしても規則性が明らかだから，その規則によって延長することができる。
- したがって，TC（トレンド＋周期変動）系列の将来値を決めることができれば，それに季節変動を加えて（積型ならば掛けて）将来予測を得る。

$$\hat{Y}_t = TC(t) + S(t)$$

TC 系列の将来値としては，すでに学習した直線トレンドや指数関数トレンドをあてはめてそれを延長するという方法がまず考えられよう。そうした方針に立って，先に得た GDP の TC 系列に直線トレンドをあてはめて，3年間 (2005 年から 2007 年) の GDP のトレンド予測を行うのが次の R のコードである。

```
# 図 13
#decompose( ) 関数による要因分解
SNA <- read.csv("GDP01980TABLE.csv",skip=2,header=TRUE)
GDP <- ts(SNA$GDP,start=c(1980,1),frequency=4)
```

```
 bunkai1 <- decompose(GDP,type="multiplicative")
#trend を使った予測
GDPTC <- bunkai1$trend
n <- length(GDPTC); time <- seq(1:n)
kaiki1 <- lm(GDPTC~time)
TRND1 <- ts(kaiki1$fitted,start=c(1980,3),frequency=4)
alpha <-kaiki1$coef[1]; beta <- kaiki1$coef[2]
time2 <- seq(n-1,n+12)
Yhat <- ts((alpha+beta*time2),start=c(2005,1),frequency=4)
par(mfrow=c(2,1))
ttl <- "直線回帰トレンドによる予測"
ts.plot(GDPTC,TRND1,Yhat,type="l",lty=c(1:3),main=ttl,xlab="
年")
#季節指数により TCS 系列の予測値を作る。
ss <- bunkai1$figure; sss <-c(ss[3],ss[4],ss[1],ss[2])
Yhat2 <- ts(c(TREND1,Yhat)*sss,start=c(1980,3),frequency=4)
ttl2 <- "季節性をつけ加えた場合"
ts.plot(GDP,Yhat2,type="l",lty=c(1,2),main=ttl2,xlab="年")
par(mfrow=c(1,1))
```

注意を要するのは，decompose( ) 関数によって得られたトレンド（TC 系列）`bunkai1$trend` は，（中心化移動平均を使うために）ベクトルの最初の 2 要素と最後の 2 要素が `NA` となっていることである。このため，最小二乗法の結果として得られる GDP の推定値 `kaiki1$fitted` は，1980 年 Q3 から 2004 年 Q4 までの値になっている。そこで直線トレンドの予測値（`Yhat`）は 2005 年 Q1 からの値を得るようにしている。decompose( ) 関数による季節指数は，変数 `$figure` に Q1，Q2，Q3，Q4 の順に要素が並んだベクトルとして保存されている。トレンド（TC 系列）が 1980 年 Q3 からであるので，季節指数を Q3，Q4，Q1，Q2 の順に並べ替えてからトレンド・予測系列に掛け合わせている。

図13

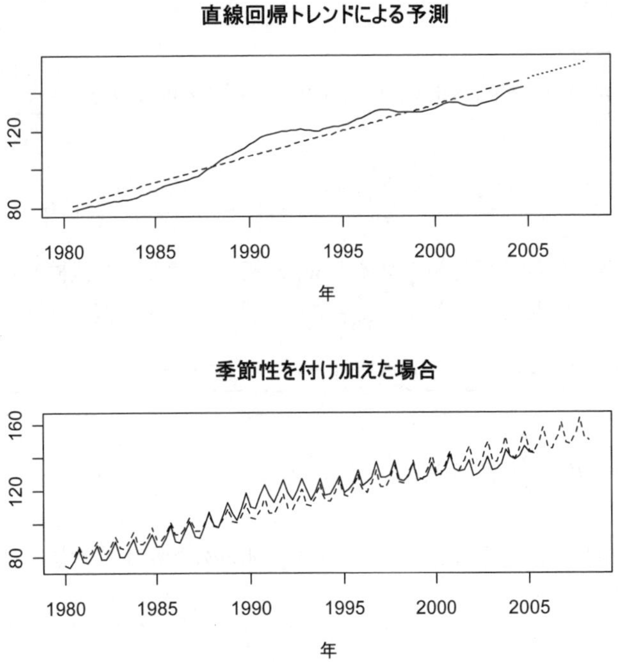

7.1.2　過去の幾何級数加重平均

最小二乗法でデータ全体に 1 本の傾向線を引くことは，データ期間全体を通じて変わらないトレンドがあるとみなすことであり，この傾向線を外挿した点を将来の予測値とすることは，その仮説に沿ったものである。しかし，多くの経済時系列データでは長期間にわたって傾向線が変わらないと仮定することは必ずしも適当ではなく，適当なデータ区間を判断してトレンド線を引くことが必要になる。また，最小二乗法による傾向線のあてはめは，傾向線の推計に用いた全時点のデータを予測の材料として「等しい重み」で評価していることになるが，予測という観点からみれば，ずっと昔の時点のデータの持つ情報よりも直近のデータの持つ情報を重視した予測を行うことが望ましいという考え方も成り立つだろう。この考え方を機械的に適用すれば，T 時点までに得られたデータ（Y_1, Y_2, $\cdots$,Y_T）について，T に近いほど大きなウエイトを持った加重平均値を $T+1$ 時点の予測値とするという方法が考えられる。

$$\hat{Y}_{T+1} = w_0 \times Y_T + w_1 \times Y_{T-1} + \cdots + w_{T-2} \times Y_2 + w_{T-1} \times Y_1 = \sum_{j=0}^{T-1} w_j \times Y_{T-j}$$

$$w_0 > w_1 > \cdots > w_{T-1}, \qquad \sum_{j=0}^{T-1} w_j = 1$$

ここで，さらに加重平均のウエイト w_j が指数関数として機械的に逓減していくことを仮定したものが「指数平滑法」による将来予測である。

$$\begin{aligned}\hat{Y}_{T+1} &= \underbrace{(1-\beta)}_{w_0} \times Y_T + \underbrace{(1-\beta)\beta}_{w_1} \times Y_{T-1} + \underbrace{(1-\beta)\beta^2}_{w_2} \times Y_{T-2} + \cdots + \underbrace{(1-\beta)\beta^{T-1}}_{w_{T-1}} \times Y_1 \\ &= (1-\beta) \times \sum_{j=0}^{T-1} \beta^j \times Y_{T-j}, \quad 0 < \beta < 1\end{aligned}$$

$(1-\beta)$ を掛けているのは，次の式のように重みの和が 1 に近似できるようにするためである。

$$\sum_{j=0}^{T-1} w_j = (1-\beta) \times \sum_{j=0}^{T-1} \beta^j = (1-\beta) \times \frac{1-\beta^T}{1-\beta} \simeq 1$$

7.1.3 filter( ) 関数を使った指数平滑法による予測値の作成

filter( ) 関数の引数 `method="recursive"` を指定すると引数に入力したベクトル x と同じ長さ（n）の次の式によるベクトル y を作る。

$$y_t = x_t + w_1 \times y_{t-1} + w_2 \times y_{t-2} + \cdots + w_p \times y_{t-p}, \quad t = 1, 2, \cdots, n$$

つまり，y_t の系列は $t = 1, 2, \cdots, n$ の順に逐次的に計算されるのである。

- 当然ながら，$t = 1$ の場合の右辺の y_0, y_{-1}, $\cdots$, $y_{-(p-1)}$ の値は存在しないので，何らかの初期値を与えなければならない。予測の場合には，y_t, $t \geq 1$ が予測値で，y_0, y_{-1}, $\cdots$, $y_{-(p-1)}$ には直近の p 個のデータをあてればよい。filter( ) 関数の引数 `init=`に長さ p のベクトルとして指示する。ベクトルの要素の並びは，上の式の「左から右へ」(時間の「新しいものから古いものへ」) の順序であるので，実績データの時系列の一部（当然，「古いものから新しいものへ」の順序となっている）を取り出す際には，ベクトルの要素を逆順序に並べ直す関数 rev( ) を用いるなどして順序を正しく直す必要がある。

- 上記の「指数平滑法」の式にはベクトル x にあたるものがないので，予測系列 y の長さ（要素の数）を与えるためのダミーの変数として，ゼロを n 個並べたもの (x <- rep(0,n)) を指定する。
- β と右辺のラグ p を指定し，ウエイト $(1-\beta)\times\beta^k$, $k = 0, 1, \cdots, p-1$ を計算する。R の中では「累積積」関数 cumprod( ) を活用する。これは，ベクトル x <- c(a, b, c) に対して，cumprod(x) として c(a, ab, abc) を返す関数であるから，x <- c(a, a, a) ならば，a, a^2, a^3 が得られる。

```
# filter( ) 関数を使った指数平滑法による予測
# GDP の要因分解を行う
SNA <- read.csv("GDP01980TABLE.csv",skip=2,header=TRUE)
GDP <- ts(SNA$GDP,start=c(1980,1),frequency=4)
bunkai1 <- decompose(GDP,type="multiplicative")
GDPTC <- bunkai1$trend                          # TC 系列を抜き出す
GDPTC2 <- GDPTC[is.na(GDPTC)==FALSE]        # NA 要素を取り除く
GDPTC3 <- ts(GDPTC2,start=c(1980,3),frequency=4)
n <- length(GDPTC3)
x <- rep(0,13); b <- 0.7; p <- 20
( w <-(1-b)*(cumprod(c(1,rep(b,p-1)) )) )  # 移動平均ウエイト
を作る
sum(w)                          # ウエイトの和が 1 に近いかを確認
GDPINT <- rev( GDPTC3[(n-p+1):n] )          # 初期値を作る
YOSOKU <- filter(x,filter=w,method="recursive",init=GDPINT)
YOSOKU2 <- ts(YOSOKU,start=c(2005,1),frequency=4)
ttl <-"指数平滑法による予測"
ts.plot(GDPTC3,YOSOKU2,type="l",lty=c(1,2),main=ttl)
```

7.1.4 指数平滑法の別な見方

上記と同様に $T-1$ 期までデータが得られたときに T 期を予測する式を作れば,

$$\hat{Y}_T = (1-\beta)\times Y_{T-1} + (1-\beta)\beta\times Y_{T-2} + \cdots + (1-\beta)\beta^{T-2}\times Y_1$$

$\hat{Y}_{T+1} - \beta\times\hat{Y}_T$ により，次のような Y の予測値 $\hat{Y}$ についての漸化式（差分方程式）となる。これは，$T+1$ 期の予測値は，$T-1$ 期までの情報によって行われた第 T 期の予測値（$\hat{Y}_T$）と，第 T 期の実績値（Y_T）を $\beta : 1-\beta$ の割合で加重平均するという式になっている。

$$\hat{Y}_{T+1} = (1-\beta)\times Y_T + \beta\times\hat{Y}_T$$

これをさらに次の式のように書き直せば，第 T 期の予測値（$\hat{Y}_T$）を，第 T 期の実績値を得て判明した予測誤差（$Y_T - \hat{Y}_T$）の一定割合（$1-\beta$）だけ修正して新しい予測値を作るという作業を行っていると解釈することができる。

$$\hat{Y}_{T+1} = \hat{Y}_T + (1-\beta)\times(Y_T - \hat{Y}_T)$$

上式は，予測値 $\hat{Y}$ についての漸化式（差分方程式）となっているので，出発点の値（通常は $\hat{Y}_1 = Y_1$ とする）を与えれば，原系列を「均した（平滑化した）系列」としての予測値の系列（$\hat{Y}_2, \hat{Y}_3, \cdots, \hat{Y}_T$）を作ることができる。$\beta = 0$ とすれば，$\hat{Y}_{t+1} = Y_t$ ということになり，当期の実績値を来期の予測値とするという「静的な予測」をしていることになる。この場合の予測値は，もとの系列を 1 期だけ平行移動した系列が得られるだけで，「均していない」ことになる。もう一方の極端である $\beta = 1$ の場合には，$\hat{Y}_{t+1} = \hat{Y}_t$ となり，どんな実績値が得られても予測を変えない（Y_1 に固定）という「頑固な予測ポリシー」をとっていることになり，意味のある系列とはいえない。中間の値では β の大きさに応じて様々な程度に「均した系列」が作られる。ただし，上述のように予測誤差の一部を修正していくという指数平滑法のしくみから，GDP のように右肩上がりのトレンドがあるデータでは，一度過少な予測値になると $0 \leq \beta \leq 1$ なので誤差修正が十分でなく，系統的に過少推計になりがちである（β が小さい場合は特にその傾向が強くなる）。

```
# 漸化式を使って予測系列を作る
b <-0.8; w <-b
x <- (1-b)*GDPTC3[-1]
GDPHAT <- filter(x,filter=w,method="recursive",init=GDPTC3[1])
GDPhat <- ts(GDPHAT,start=c(1980,4),frequency=4)
ttl <-"漸化式による予測系列の作成"
ts.plot(GDPTC3,GDPhat,type="l",lty=c(1,2),main=ttl)
```

7.2　ホルト・ウィンタース法（Holt-Winters Methods）

7.2.1　二重の指数平滑法

T 時点までに得られたデータ（$Y_1, Y_2, \cdots, Y_T$）について，次の最小化問題を考える。

$$\min_a \sum_{j=0}^{T-1} \beta^j \times (Y_{T-j} - a)^2, \quad 0 < \beta < 1$$

これは，$Y_1, Y_2, \cdots, Y_T$ に対して一定（固定）した値，a を重み（β^j）付きの最小二乗法で求めているということであり，その重みが時点 T に近いほど大きいという形の式になっている。この最小化を解くと，次のように指数平滑法による予測値になっている。つまり，指数平滑法は傾向値が一定の値（a）であると仮定して最新時点 T から過去にさかのぼるにつれて幾何級数的に減衰する重み付き最小二乗法でその値を推計したものであるという見方もできるというわけである。

$$\hat{a} = \left(\frac{1-\beta}{1-\beta^T}\right) \times \sum_{j=0}^{T-1} \beta^j \times Y_{T-j} \simeq (1-\beta) \times \sum_{j=0}^{T-1} \beta^j \times Y_{T-j} = \hat{Y}_{T+1}$$

この見方からの素直な拡張として，傾向値が一定の値（a）ではなく直線となると仮定し，上記の同様の重み付き最小二乗法で予測値を求めることを考える。すなわち，時点 T を基準にした直線を，

$$y_t = a_1 + a_2 \times (t - T)$$

として，次の式を満たす係数（$\hat{a}_1$, $\hat{a}_2$）を求める。

$$\min_{a_1, a_2} \sum_{j=0}^{T-1} \beta^j \times (Y_{T-j} - y_{T-j})^2 = \min_{a_1, a_2} \sum_{j=0}^{T-1} \beta^j \times (Y_{T-j} - a_1 + a_2 \times j)^2$$

これらが求められれば，第 T 時点における傾向値の予測値は，$y_t = \hat{a}_1 + \hat{a}_2 \times (t-T)$ の t に T を代入した $\hat{a}_1$ となり，第 T 時点までの情報に基づく第 $T+1$ 時点の予測値は，同式の t に $T+1$ を代入した $\hat{a}_1 + \hat{a}_2$ となる。

さらに，通常の指数平滑法の場合は，先に見たように傾向値が一定の値（a）と仮定しているから，$T+1$ より先の予測値もすべて同じ値，$\hat{Y}_{T+k} = \hat{Y}_{T+1}$, $k > 0$ ということになるが，今度は直線の傾向線を想定しているので，$\hat{Y}_{T+k} = \hat{a}_1 + \hat{a}_2 \times k$, $k > 0$ と，T 時点を隔たるほど増加（$\hat{a}_2 > 0$）または減少（$\hat{a}_2 < 0$）することになる。

上記の最小化の解は，結果だけを書けば次のようになる。ただし，時点 T までの情報すべてを使っての予測であることを明記するために，$\hat{a}_1(T)$, $\hat{a}_2(T)$, $s_1(T)$, $s_2(T)$ などの標記としている。Y の予測値についても，T 期までの情報に基づく $T+k$ 期（T 期から k 期先の時点）の予測であることを明確にするためには，$\hat{Y}_T(k) = \hat{a}_1 + \hat{a}_2 \times k$, $k > 0$ と標記する。

$$\hat{a}_1(T) = 2 \times s_1(T) - s_2(T) \tag{7.1}$$

$$\hat{a}_2(T) = \frac{(1-\beta)}{\beta} \times (s_1(T) - s_2(T)) \tag{7.2}$$

$$s_1(t) = (1-\beta) \times \sum_{j=0}^{t-1} \beta^j \times Y_{t-j} \tag{7.3}$$

$$s_2(t) = (1-\beta) \times \sum_{j=0}^{t-1} \beta^j \times s_1(t-j) \tag{7.4}$$

(7.3) 式を見ると s_1 が，Y の指数平滑化になっているのに対して，(7.4) 式では，s_2 が，s_1 の指数平滑化になっていることから，「二重の指数平滑法」と呼ばれている。

指数平滑法で，$\hat{Y}_{T+1} = \hat{Y}_T + (1-\beta) \times (Y_T - \hat{Y}_T)$ のような予測値の漸化式を作ったが，「二重の指数平滑法」についても次のような漸化式が得られる。

$$\hat{a}_1(T) = \underbrace{\hat{a}_1(T-1) + \hat{a}_2(T-1)}_{\hat{Y}_{T-1}(1)} + (1-\beta^2) \times \underbrace{(Y_T - \hat{Y}_{T-1}(1))}_{\text{予測誤差}} \tag{7.5}$$

$$\hat{a}_2(T) = \hat{a}_2(T-1) + (1-\beta)^2 \times (Y_T - \hat{Y}_{T-1}(1)) \tag{7.6}$$

逐次予測で「均した系列」を作る場合の出発点の値としては，次が使われる。

$$\hat{a}_1(2) = Y_2, \quad \hat{a}_2(2) = Y_2 - Y_1 \quad \Longleftarrow \left(= \frac{Y_2 - Y_1}{2-1}\right) \text{「傾き」の予測}$$

7.2.2　ホルト・ウィンタース法

上述の「二重の指数平滑法」の (7.5) 式，(7.6) 式を，次のように書き直す。

$$\hat{a}_1(T) = (1-\beta^2) \times Y_T + \beta^2 \times \underbrace{(\hat{a}_1(T-1) + \hat{a}_2(T-1))}_{\hat{Y}_{T-1}(1)} \tag{7.7}$$

$$\hat{a}_2(T) = \left(1 - \frac{(1-\beta)^2}{1-\beta^2}\right) \times \hat{a}_2(T-1) + \frac{(1-\beta)^2}{1-\beta^2} \times (\hat{a}_1(T) - \hat{a}_1(T-1)) \tag{7.8}$$

- (7.7) 式は，第 T 期までのデータによる第 $T+1$ 期の「水準」の予測として，第 $T-1$ 期までの情報で行った第 T 期の予測値（$\hat{Y}_{T-1}(1)$）と第 T 期の実績（Y_T）を $\beta^2 : 1-\beta^2$ の比率で加重平均することを意味している。
- 一方，(7.8) 式の中の $\hat{a}_1(T) - \hat{a}_1(T-1)$ は，第 $T-1$ 期までの情報で行った第 T 期の「水準」の予測（$\hat{a}_1(T-1)$）と，第 T 期までの情報で行った第 $T+1$ 期の「水準」の予測（$\hat{a}_1(T)$）との差であるから，第 T 期から第 $T+1$ 期を見通した「傾き」の（第 T 期における）予測値とみなすことができる。したがって，(7.8) 式は，第 T 時点から $T+1$ 期時点に向けた傾向線の「傾き」の（第 T 期における）予測値（$\hat{a}_2(T)$）を，$T-1$ 時点までの情報による T 期時点の「傾き」の予測と T 期の情報を得た後での「傾き」の予測値を次の比率で加重平均して作ることを意味している。

$$\left(1 - \frac{(1-\beta)^2}{1-\beta^2}\right) : \frac{(1-\beta)^2}{1-\beta^2}$$

ホルト・ウィンタース法は，上記のように書かれた (7.7) 式，(7.8) 式における加重平均に関する制約を緩め，次のようにしたものである。

$$\hat{a}_1(T) = (1-\alpha) \times Y_T + \alpha \times \underbrace{(\hat{a}_1(T-1) + \hat{a}_2(T-1))}_{\hat{Y}_{T-1}(1)}, \ 0 < \alpha < 1 \tag{7.9}$$

$$\hat{a}_2(T) = (1-\gamma) \times (\hat{a}_1(T) - \hat{a}_1(T-1)) + \gamma \times \hat{a}_2(T-1),\ 0 < \gamma < 1 \quad (7.10)$$

これらを用いて，第 T 期における第 $T+k$ 期の予測は，二重の指数平滑法と同様に，

$$\hat{Y}_T(k) = \hat{a}_1(T) + \hat{a}_2(T) \times k,\ k > 0$$

逐次予測で「均した系列」を作る場合の出発点の値も二重の指数平滑法と同様に次のようにする。

$$\hat{a}_1(2) = Y_2, \quad \hat{a}_2(2) = Y_2 - Y_1$$

「二重の指数平滑法」は，$\min_{a_1,\,a_2} \sum_{j=0}^{T-1} \beta^j \times (Y_{T-j} - a_1 + a_2 \times j)^2$ を満たす係数（$\hat{a}_1$, $\hat{a}_2$）を求めたので，(7.5) 式，(7.6) 式が独立でなく，(7.7) 式，(7.8) 式の加重平均の重みが相互に関連を持つものになっている。(7.9) 式，(7.10) 式を基礎とするホルト・ウィンタース法では，加重平均の重みにこのような強い制約がなく，α も γ も，0 と 1 の間の任意の値とすることができる。

7.2.3　加法的な季節要素のある HW 法

HW 法の拡張として，第 T 期における水準（a_1）と傾斜（a_2）の他に，季節要素（s_t）を入れたモデルが構築されている。季節要素の導入の仕方によって「和型」と「積型」があり，まず「和型」から説明する。

時点 T（の近傍）における傾向線を季節要素 s_t を含む次のモデルとする。

$$y_t = a_1 + a_2 \times (t - T) + s_t$$

a_1, a_2, s_t の推計（更新）の公式として次を想定する。

$$\hat{a}_1(T) = (1-\alpha)(y_T - \hat{s}_{T-j}) + \alpha \underbrace{(\hat{a}_1(T-1) + \hat{a}_2(T-1))}_{\hat{Y}_{T-1}(1) - \hat{s}_{T-1}},\ 0 < \alpha < 1 \quad (7.11)$$

$$\hat{a}_2(T) = (1-\gamma)(\hat{a}_1(T) - \hat{a}_1(T-1)) + \gamma \times \hat{a}_2(T-1),\ 0 < \gamma < 1 \quad (7.12)$$

$$\hat{s}_T = (1-\delta)(y_T - \hat{a}_1(T)) + \delta \times \hat{s}_{T-j},\ 0 < \delta < 1 \quad (7.13)$$

$\hat{s}_{T-j}$ の j は季節の間隔で，四半期データでは $j = 4$ であり，月次データならば $j = 12$ である。$y_T - \hat{s}_{T-j}$ は，第 T 期の季節変動を除く部分を示してる。

- (7.11) では，季節要素を除いた部分についての前期（$T-1$）における予測 $(\hat{a}_1(T-1) + \hat{a}_2(T-1))$ を，T 期における実績 $y_T - \hat{s}_{T-j}$ で修正している。

- (7.12) は，(7.10) と全く同じであり，傾斜の推計値を更新している。
- (7.13) は，季節変動部分の修正式であり，T 期の 1 年前（$T-j$）の季節要素を，T 期の実データから推計される季節変動部分（$y_T - \hat{a}_1(T)$）で修正している。

これらから，第 T 期における k 期先（第 $T+k$ 期）の予測は，次のようになる。

$$\hat{y}_t(k) = \begin{cases} \hat{a}_1(T) + k \times \hat{a}_2(T) + \hat{s}_{T+k-j}, & 1 \leq k \leq j \\ \hat{a}_1(T) + k \times \hat{a}_2(T) + \hat{s}_{T+k-2j}, & j < k \leq 2 \times j \end{cases}$$

季節変動部分については，第 T 時点より 1 年以内（つまり，$k \leq j$）であれば，第 $T+k$ 期より 1 年前（$T+k-j$ 期）の季節変動の推計値（$\hat{s}_{T+k-j}$）を用い，k が第 T 時点より 1 年以降かつ 2 年以内であれば，2 年前の季節変動の推計値（$\hat{s}_{T+k-2j}$）を使うということを示している。

上記の漸化式で逐次推計を行うには，$\hat{a}_1(t)$, $\hat{a}_2(t)$ および $\hat{s}(t)$ についての初期値が必要である。特に季節要素 については，少なくとも 1 年分（四半期 $j=4$ なら $t=1,2,3,4$）の初期値が必要であり，$\hat{a}_1(t)$ については，出発点の値として $\hat{a}_1(j)$ が，また，$\hat{a}_2(j)$ を推計するためのに $\hat{a}_1(j-1)$ が必要である。たとえば，四半期 $j=4$ の場合，次のようにする。

$$\hat{a}_1(3) = \frac{1}{8}y_1 + \frac{1}{4}y_2 + \frac{1}{4}y_3 + \frac{1}{4}y_4 + \frac{1}{8}y_5$$
$$\hat{a}_1(4) = \frac{1}{8}y_2 + \frac{1}{4}y_3 + \frac{1}{4}y_4 + \frac{1}{4}y_6 + \frac{1}{8}y_6$$
$$\hat{a}_2(4) = \hat{a}_1(4) - \hat{a}_1(3)$$
$$\hat{s}_4 = y_4 - \hat{a}_1(4)$$
$$\hat{s}_3 = y_3 - \hat{a}_1(3)$$
$$\hat{s}_2 = y_2 - (\hat{a}_1(3) + (-1) \times \hat{a}_2(4))$$
$$\hat{s}_1 = y_1 - (\hat{a}_1(3) + (-2) \times \hat{a}_2(4))$$

7.2.4　乗法的な季節要素のある HW 法

上記と同様にして季節要素 s_t を掛け算として含むモデルを考える。

$$y_t = (a_1 + a_2 \times (t - T)) \times s_t$$

このもとでの傾向線の逐次推計式は，3 つのパラメータ（α, γ, δ）を持つ次の式となる。

$$\hat{a}_1(T) = (1-\alpha)\times\frac{y_T}{\hat{s}_{T-j}} + \alpha\times\underbrace{(\hat{a}_1(T-1)+\hat{a}_2(T-1))}_{\hat{Y}_{T-1}(1)/\hat{s}_{T-1-J}},\ 0<\alpha<1 \tag{7.14}$$

$$\hat{a}_2(T) = (1-\gamma)\times(\hat{a}_1(T)-\hat{a}_1(T-1)) + \gamma\times\hat{a}_2(T-1),\ 0<\gamma<1 \tag{7.15}$$

$$\hat{s}_T = (1-\delta)\times\frac{y_T}{\hat{a}_1(T)} + \delta\times\hat{s}_{T-j},\ 0<\delta<1 \tag{7.16}$$

予測値は，

$$\hat{y}_t(k) = \begin{cases} (\hat{a}_1(T)+k\times\hat{a}_2(T))\times\hat{s}_{T+k-j}, & 1\le k\le j \\ (\hat{a}_1(T)+k\times\hat{a}_2(T))\times\hat{s}_{T+k-2j}, & j<k\le 2\times j \end{cases}$$

初期値についても，季節要素を積型に直す。

$$\hat{s}_4 = y_4/\hat{a}_1(4)$$
$$\hat{s}_3 = y_3/\hat{a}_1(3)$$
$$\hat{s}_2 = y_2/\,(\hat{a}_1(3)+(-1)\times\hat{a}_2(4))$$
$$\hat{s}_1 = y_1/\,(\hat{a}_1(3)+(-2)\times\hat{a}_2(4))$$

7.2.5 HoltWinters( ) 関数による予測

R には David Meyer 氏作成の HoltWinters( ) 関数があり，ホルト・ウィンタース法による平滑化系列の作成や予測を行うことができる。

積型の季節要素を持ったモデル

以下は，これまでに使った実質 GDP（原系列・1980 年 Q1 から 2005 年 Q2）に上記の「積型の季節要因」のモデルをあてはめる指示である。

```
# HoltWinters( ) 関数による推定
# 季節調整項を積型にする（(レベル＋トレンド) ×積型季節要素　）
GDP.HW1 <- HoltWinters(GDP,seasonal = "mult")
```

HoltWinters( ) 関数の最初の引数は，モデルをあてはめるデータ系列の変数名である。二番目の引数 seasonal は，積型（"multiplicative", 省略形の"**mult**"でよい）か，和型（"**additive**"）かを指定している。モデルをあてはめるうえでのパラメータ（上記の説明中の α, γ, δ）を指定することもできる。ただし，HoltWinters( ) 関数の表記と上記説明とに次のずれがあるので留意せよ。

HoltWinters( ) 関数のパラメータ	上記説明の表記では
`alpha =`	$1-\alpha$
`beta =`	$1-\gamma$
`gamma =`	$1-\delta$

上の例のようにこれらの引数を指定しないと，逐次推定の誤差の二乗和を最小にする `alpha`，`beta`，`gamma` を（R の中の `optim( )` という関数を呼び出して）計算する。推定結果は lm( ) 関数などと同様にリストになる。上の例では `GDP.HW1` という変数に代入して保存している。この変数を呼び出すと次が表示される。

```
Call:
 HoltWinters(x = GDP, seasonal = "mult")

Smoothing parameters:
 alpha:  0.5785367
 beta :  0.0003420619
 gamma:  0.9986742

Coefficients:
          [,1]
a  143.1310425
b    0.5666569
s1   1.0066840
s2   1.0527865
s3   1.0106770
s4   0.9970508
```

• `Smoothing parameters:` は，逐次推定誤差の二乗和の最小化によって求められたパラメータの値である。

- Coefficients: はデータの終期（T）までの全体を使って予測された 1 期先（$T+1$）期の係数である。本文説明中の $\hat{a}_1(T)$ が a，$\hat{a}_2(T)$ が b である。これらの推定値が Y_{T+k} の予測に使われる。

推計結果には次の 4 つの系列が入っている。

```
> GDP.HW1$fitted
             xhat     level     trend    season
1981 Q1  76.00521  78.00196 0.5633482 0.9674143
1981 Q2  75.97824  79.24395 0.5635803 0.9520184
------- 中略 ------
2005 Q1 140.54850 139.48826 0.5657981 1.0035304
2005 Q2 140.78007 141.43852 0.5662717 0.9913755
```

xhat が推定値 $\hat{Y}(t)$，level が $\hat{a}_1(t)$，trend が $\hat{a}_2(t)$ であり，

$$\text{xhat} = (\text{level} + \text{trend}) \times \text{season}$$

の関係である。なお，季節要素の推定に最初の 1 年分（4 期）のデータを使用しているので，推定値が 1981 年以降になっていることに注意せよ。

上記の推計結果は，R のデータ形式の 1 つである「行列」(matrix) で保存されている。その第 1 列である xhat を取り出すためには，GDP.HW1$fitted[,1] のように指示する。xhat を取り出し，原データとともにグラフに描くとよく追随していることがわかる。

```
#あてはめた系列を取り出し，原系列とグラフに描く。
FITTED1 <- GDP.HW1$fitted[,1]
ts.plot(GDP,FITTED1,type="l",lty=c(1:2),col=c(1:2))
```

季節要素を持たない直線（レベル＋トレンド）モデル等

季節要素を持たないモデルの推計は，引数 gamma=0 を指示すればよい。次は，まず季節調整法 (deompose( ) 関数) を行って TCI 系列を作り，それに季節要素を持たないホルトウィンター法を適用し，その結果をグラフ化してみよう。

```
# 季節変動項を外す（レベル＋トレンド）
# 季節調整法で TCI 系列を取り出す。
bunkai1 <- decompose(GDP,type="multiplicative")
GDPTCI <- GDP/bunkai1$seasonal
# ホルトウィンター法を実行する。
GDP.HW2 <- HoltWinters(GDPTCI,gamma=0)
FITTED2 <- GDP.HW2$fitted[,1]
ts.plot(GDPTCI,FITTED2,type="l",lty=c(1:2),col=c(1:2))
```

さらに，トレンド $(\hat{a}_2(t))$ も外した単純な指数平滑法を実行するには，引数を gamma=0,beta=0 とする。GDP は右肩上がりのトレンドを持っているから，単純な「レベル」を仮定した指数平均法をあてはめるのは適当でない。

ホルト・ウィンターズ法の結果を使った予測

ホルト・ウィンターズ法による予測は，予測式

$$\hat{y}_t(k) = \begin{cases} (\hat{a}_1(T) + k \times \hat{a}_2(T)) \times \hat{s}_{T+k-j}, & 1 \le k \le j \\ (\hat{a}_1(T) + k \times \hat{a}_2(T)) \times \hat{s}_{T+k-2j}, & j < k \le 2 \times j \end{cases}$$

に，HoltWinters( ) 関数による推定結果のパラメータをあてはめて計算すればよいが，R では予測を行う関数 predict( ) を使って簡単に予測値を作ることができる。以下は，上記の積型の季節要素を持つモデルの推計結果（GDP.HW1）と季節要素を外し TCI 系列にモデルをあてはめたもの（GDP.HW2）各々について，3 年（12 期) 先までの予測を行い，グラフに描くプログラムである。

```
# 図 14
#3 年間の予測
oldpar <- par(no.readonly=TRUE)
par(mfrow=c(2,1)); par(mar=c(2,4,4,2))
# 積型の季節要素のあるモデル（GDP.HW1）に基づく予測
( YOSOKU1 <- predict(GDP.HW1,n.ahead=12) )
ttl <-"季節要素のある HoltWinters モデルによる予測"
ts.plot(GDP,YOSOKU1,type="l",lty=c(1:2),main=ttl,xlab="")
# 季節要素を外し TCI 系列にあてはめたモデル（GDP.HW2）に基づく予測
```

図14

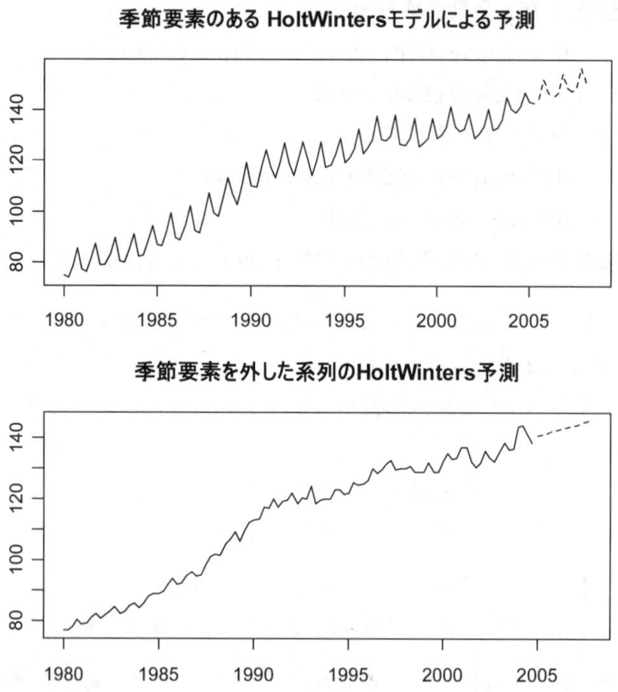


```
( YOSOKU2 <- predict(GDP.HW2,n.ahead=12) )
ttl="季節要素を外した系列の HoltWinters 予測"
ts.plot(GDPTCI,YOSOKU2,type="l",lty=c(1:2),main=ttl,xlab="")
par(mfrow=c(1,1)); par(oldpar)
```

predict( ) 関数の最初の引数は，HoltWinters( ) 関数の推定結果を代入した変数名（中身はリスト）である。次の引数 n.ahead= で何期先までの予測であるかを指示している。なお，predict( ) 関数は，汎用的な予測関数であって，HoltWinters( ) の結果だけでなく lm( ) 関数の推定結果に基づく予測を行うこともできる。

練習問題

ホルト・ウィンターズ予測と直線トレンド予測の比較

上記の YOSOKU2（季節要素を外し TCI 系列にあてはめたモデルの予測）と，(1) `GDPTCI` の全期間に対して直線トレンドを最小二乗法であてはめ，これで 3 年間の予測を行った場合を比較せよ。また，(2) `GDPTCI` の 1991 年以降のデータに対してあてはめた直線トレンドに対する予測とも比較せよ。両者の違いについて考察せよ。

HoltWinters( ) 関数で単純な指数平滑予測を行う

前問の (2) の最小二乗法の推計残差に対して，HoltWinters( ) 関数で単純な指数平滑法を行い，その推計結果を使って，推計残差系列の 3 年間の予測を行え。最小二乗法の推計残差の平均がゼロとなることを確認し，HoltWinters( ) 関数による予測値がゼロにならないことの意味を考えよ。

古典的分析法による時系列の予測

これまでに学習した

1. 最小二乗法による直線トレンドや指数関数トレンドのあてはめ
2. decompase( ) 関数による，TC，S，I の 3 要素への分解
3. HoltWInters( ) 関数によるモデルのあてはめと予測

を駆使して，GDPO1978TABLE.csv のファイルにある CP，IH，IP，EX，IM の時系列データの 1 つについて，2 つ以上の方法で 3 年先までの予測を行え。

第 8 章　景気循環

8.1　景気循環と周期変動

8.1.1　周期変動

これまで，時系列を趨勢変動（T），周期変動（C），季節変動（S），不規則変動（I）に分解するという方針のもとに学習を進め，decompose( ) 関数などによる季節調整法の結果，TC，S，I の 3 要素への分解が一応実現した。そして，趨勢（T）として直線トレンドや指数関数トレンドなどを最小二乗法で抽出すれば，形式的には残余として周期変動（C）が求められることになるが，この部分が「周期変動」というにふさわしい性質を持ったものになるだろうか。

周期変動とは同じパターンが一定の期間ごとに繰り返されるような変動である。数学で周期 T の「周期関数」とは次の条件を満たす関数をいい，代表的なものは，sin, cos などである。

$$f(t+T) = f(t)$$

社会現象を映す経済時系列データには数学的に厳密な周期性があるようにはみえないが，それでも経済分析者は時系列データの中に周期性を見出してきた。まず，季節変動は，周期が 1 年の周期変動といえるが，経済データで頻繁かつ明瞭に見られる特徴的な変動であること，周期が決まっていて扱いが容易であることなどのために，周期変動一般とは区別されて研究されてきた。経済活動に関連した周期的な変動には（たとえば，電車の混雑率の 1 日のうちの変化，映画館の入場客数の 1 週間のうちの変化など）1 年よりも短い周期の変動もあるが，経済学の世界で強い関心が持たれてきたのは，「景気変動」のような数年周期の変動である。経済学がどのような周期変動を見出してきたのか，統計分析という点からはやや横道に反れるが，「景気変動」について少し解説する。

8.1.2 景気という言葉

景気が良い，悪いというのは日常用語であるが，あらためて景気とは何か，景気の善し悪しを示す経済指標は何かと問われると戸惑いを感じる人も多いだろう。田原昭四[1]によると，「景気」は中国語にはない和製漢語で，古く鎌倉時代には「有様，模様，光景」などを指す言葉として使われており，また，源平盛衰記の中で，武将の威勢のよい様を表すために使われた例もあるが，時とともに意味が変化してきたという[2]。英語では景気にあたる言葉として，business activities，economic activities などが使われている。今日の日本の経済用語としても「景気」に特に明確な定義があるわけではなく，経済活動全般の活発さを総称する言葉と考えられる。

8.1.3 景気循環

これまでにみた経済時系列データの中でも，たとえば鉱工業生産指数（IIP）のように右肩上がりのトレンドとともに，数年かかって上下に波を打つ変動が観測される。こうした動きが見られるのは，景気の良いとき（好況）と悪いとき（不況）が，時間とともに交互に繰り返しているからだと考え，これを「景気循環」（business cycle）と呼んでいる。景気循環という現象がいつから始まったかは諸説があるようだが，特に近代資本主義社会が形成された 17 世紀の産業革命以降に顕著となった。しかし，経済学者たちが経済に周期的な変動があるという認識を持ったのはそう古いことではなく，景気循環という視点からの本格的な研究が始まったのは，19 世紀の後半からであった。

景気循環という概念は，必ずしも古いものではないようである。計量経済学史の専門家 Mary S. Morgan, *The History of Econometric Ideas*（Cambridge University Press 1992）は，19 世紀の経済学者たちは経済活動が正常でない低い水準にあることを「恐慌」（crises）と呼んだが，経済活動に規則的な周期が存在するという認識はなかったとしている。また，Lutz G. Arnold, *Business Cycle Theory*（Oxford University Press 2002）も，'commercial cycle'

---

[1] 『景気変動と日本経済』東洋経済新報社，1983 年。

[2] 江戸時代の滑稽本・浮世床では，「大分賑さ。霜枯の景気ぢゃァございません」と今日同様，商売取引状況を指す言葉として使われている。

という言葉が最初に登場したのは 1833 年のことであるが，本格的な研究は 1860 年に出版された Juglar の著書であり，19 世紀末から 20 世紀初にかけて多くの研究が輩出し，1936 年のケインズの『一般理論』によって，マクロ経済変動が経済学研究の中心的課題になったと述べている。

景気循環の原因を探り，いつ好況が不況に転じるかを見きわめることは，企業家，ビジネスマンにとってもきわめて重要な問題である。景気が悪くなるのに事業を拡張したり，巨大な設備投資をしたら企業の死活にかかわる。だからこそ，経済新聞，経済誌の主要な話題は景気の現況が景気循環のどの局面にあり，今後どうなるかを巡る議論なのである。

8.1.4　景気局面の区分・見方

景気循環の局面区分の考え方には，シュンペーターによるものとミッチェルによるものとがある。シュンペーターの局面区分では，経済活動の均衡的な水準を考えて，それよりも経済活動の水準や成長（増加率）が高い時を好況期とし低い時を不況期としている（つまり，循環を sin 曲線で描けば，横軸より上にある期間が好況期，下にある期間が不況期である）。そして，好況期の前半，経済活動（やその成長）が加速していく局面を繁栄期（prosperity），後半の減速過程を後退期（recession），不況期前半の減速を続けている時期を沈滞期（depression），不況期後半を回復期（revival）と細分化している。これに対してミッチェルの局面区分では，均衡などの水準を仮定せず，経済活動のボトム（谷）からピーク（山）までを拡張期，ピーク（山）からボトム（谷）までを収縮期とする（つまり，指標となるものが「右肩上がり」であれば拡張期，「右肩下がり」であれば収縮期である）。

こうした区分は便宜的なもので重要でないとする考え方もあるが，巷間の景気論争でも局面区分の定義を明確にしないで議論したために混乱したり，行き違いを生じる場合が散見される。[3]。

---

[3] いわゆるバブル景気が崩壊した 1991 年に景気がすでに後退局面に入った否かの論争があり，民間エコノミストの多くが景気後退に入ったとしたのに対して，政府の経済政策担当者は，なお，景気の拡大が続いているとの見解をとった。この際の政府の月例経済報告の「減速しつつも拡大を続けている」という表現は，一般にはわかりにくい「官庁文学」だと批判されたが，これは政府がシュンペーターの見方で論じたものとみることができ，一方，民間エコノミストは，ミッチェルの見方で判断したために議論に混乱が生じたと解釈することもできる。

次のプログラムは，シュンペータとミッチェルの景気局面を示す図を作成するものである。描かれた図から，両者の景気局面にズレがあることがわかる。

```
# 図15
#景気局面
hako <- function(x1,x2,y1,y2,sen=1,iro="grey"){
xx <-c(x1,x2,x2,x1); yy <- c(y1,y1,y2,y2)
polygon(xx,yy,lty=sen,col=iro)
}
oldpar <- par(no.readonly=TRUE)
par(mfrow=c(2,1)); par(mar=c(2,4,4,2))
ttl <- "シュンペーターの景気局面"
xl <-c(0,2.5*pi); yl <- c(-1*1.05,1.5)
plot("",xlim=xl,ylim=yl,main=ttl,xlab="",ylab="",axes=FALSE)
hako(0,pi,-1.05,2,iro=0)
hako(pi,2*pi,-1.05,2)
hako(2*pi,2.5*pi,-1.05,2,iro=0)
x <-seq(0,2.5*pi,by=0.02); y <- sin(x)
lines(x,y); abline(h=0)
text((0+pi)/2,1.2,"好況期")
text((1+2)/2*pi,1.2,"不況期")
ttl <- "ミッチェルの景気局面"
xl <-c(0,2.5*pi); yl <- c(-1*1.05,1.5)
plot("",xlim=xl,ylim=yl,main=ttl,xlab="",ylab="",axes=FALSE)
hako(0,0.5*pi,-1.05,2,iro=0)
hako(0.5*pi,1.5*pi,-1.05,2)
hako(1.5*pi,2.5*pi,-1.05,2,iro=0)
x <-seq(0,2.5*pi,by=0.02); y <- sin(x)
lines(x,y); abline(h=0)
text((0.5+1.5)/2*pi,1.2,"収縮期")
text((1.5+2.5)/2*pi,1.2,"拡張期")
text(0.5*pi*(1.08),1.05,"山"); text(1.5*pi*(1.05),-0.90,"
```

図15

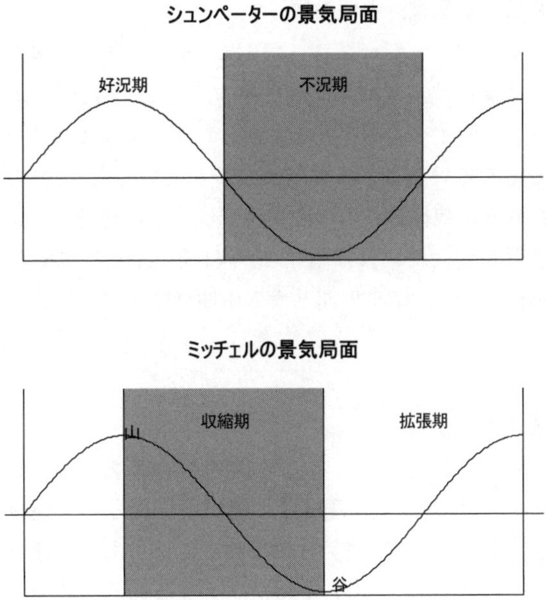


```
谷")
par(mfrow=c(1,1)); par(oldpar)
```

8.1.5　様々な景気循環

景気循環はその周期（長さ）に着目して，次のような種類が提案されている。

キチン循環（小循環，短期循環）

アメリカのジョセフ・キチンが 1923 年の論文で発表した，40 ヵ月程度を周期とした景気の短期波動。キチン循環の生じる主な原因は，企業の在庫投資活動であると考えられていることから「在庫循環」ともいわれる。内閣府が発表している「景気の基準日付」もこのキチン循環に対応するものと考えられ，その平均期間は，約 50 ヵ月である。

ジュグラー循環（主循環，中期循環）

フランスのクレマン・ジュグラーが1862年に出版した著書の中で主張した7〜10年の景気の波。ジュグラー自身は，物価，利子率，銀行貸し出しなどの統計からこのサイクルの存在を主張したが，今日ではこれが設備投資の増減によって生じているという見方が定着していることから，「設備投資循環」ともいわれる。戦後の日本の設備投資は，短期循環と対応した変動をしているが，より長期的にみれば昭和30〜41年（1955〜66年）頃，昭和41〜53年（1966〜78年）頃を周期とする中期循環が見出されるとする見解がある。

クズネッツ循環

アメリカのサイモン・クズネッツが1930年の著書の中で存在を主張した20年程度を周期とする景気循環。この循環の原因として建設投資を考える見方が有力なため，「建設循環」と呼ばれることもある（建築活動の統計から平均17.3ヵ月の循環を検出したのはアメリカのリグルマン（1933年））。建築循環が20年前後の周期を持つのは，住宅や商工業用建物の耐用年数が20年程度であるからとされる。日本では，大川一司一橋大学名誉教授の研究が，1880年代〜1960年代に3個半（拡張期4，縮小期3）の景気循環があり，一循環平均22年としていることが，建築循環に対応すると見られている。

コンドラチェフ循環（長期波動）

ロシア（ソ連）のコンドラチェフが1925年の論文の中で発表した周期が50年前後のきわめて長期の波動。オーストリアの経済学者シュンペーターが『景気循環論』（1939年）でコンドラチェフ循環を評価し，その原因を技術革新に求めた。日本では篠原三代平氏らの研究があるが，長期波動の存在自体が広く受け入れられているとはいえない。

8.1.6　在庫循環の視覚化

在庫を全く持たないのが効率的な経営であるとする考え方もあるが，実際には欠品による販売機会の喪失を避けるとともに生産活動を平準化するために，販売（出荷）との見合いで一定の在庫を保有しようとするのが普通の企業行動である。企業は販売（出荷）の動向を予測して生産活動を行うが，予想以上に売れた場合には予定したよりも在庫が少なくなり（意図せざる在庫減），生産を増加して在庫を積み増そうとする。反対に景気が悪く，販売（出荷）が予想を下回った場合には意図せざる在庫増となり，生産を抑制して在庫を減少させようとする。こうしたことから在庫（それに伴う生産活動）の周期的変動が生じる。日本銀行（金融経済報告）や内閣府（月例経済報告）では，この在庫循環の様子を，経済産業省の鉱工業生産・出荷・在庫指数を使って巧みに「視覚化」している。次は，R を使って同様の図を作るプログラムである。

```
# 図 16
# 在庫循環の視覚化
xdata <- read.csv("IIP1998.csv",skip=2,header=TRUE)
PRODUCT <- ts(xdata$PROD,start=c(1998,1),frequency = 4)
SHIP <- ts(xdata$SHIP,start=c(1998,1),frequency = 4)
STOCK <- ts(xdata$STOCK,start=c(1998,1),frequency = 4)
n <- length(SHIP)
# 前年比の計算
( rateSHIP <- diff(log(SHIP),lag=4) )
( rateSTOCK <- diff(log(STOCK),lag=4) )
# 1999Q1-2004Q4 を取り出す
x <- rateSHIP[1:24]
y <- rateSTOCK[1:24]
# グラフの作成
xlabel <- "出荷指数の前年同期比 (%)"
ylabel <- "在庫指数の前年同期比 (%)"
title  <- "在庫循環の図"
plot(x,y,type="o",main=title,xlab=xlabel,ylab=ylabel)
arrows(x[1],y[1],x[2],y[2])
arrows(x[23],y[23],x[24],y[24])
text(x[1],y[1]+0.01,"1999Q1")
text(x[24]-0.02,y[24],"2004Q4")
```

図16

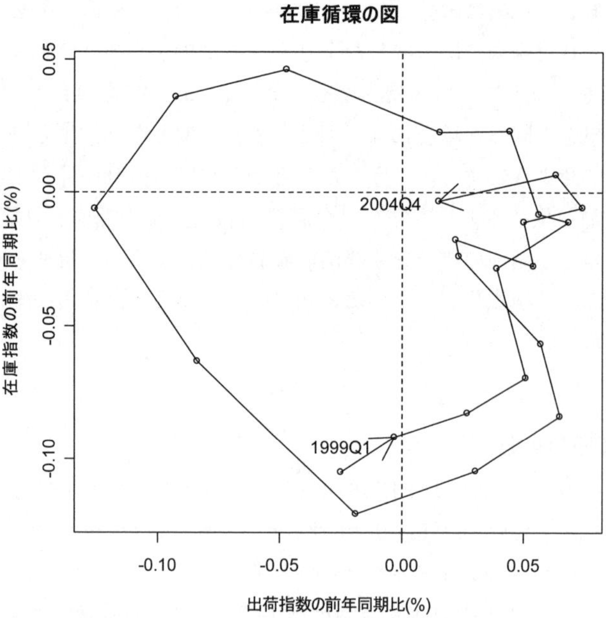


```
abline(h=0,lty=2)
abline(v=0,lty=2)
```

グラフは横軸が出荷指数の前年同期比増減率，縦軸が在庫指数の前年同期比増減率である。グラフは，この平面で反時計回りに回転する円を描いているようにみえる。右上の第一象限では出荷の伸びが低下して「意図せざる在庫増」が起こっている局面にあたる。そこで，企業が減産に入って在庫の圧縮を図るのが第二象限（左上）である。この結果，第三象限（左下）に入ると在庫水準が低下する一方，出荷の減少が小幅となるので「意図せざる在庫減」となる。第四象限（右下）では出荷が増加に転じるので，企業は増産に転じて在庫を積み増す。いつもこの期間のように見えやすい形での円に近い軌跡の変動が観察されるわけではないが，出荷と在庫の動きの「局面」を理解することで，今後の動向を予測することが容易になる。

8.2 日本の景気循環

8.2.1 景気の基準日付

景気を拡張期と収縮機に区分するミッチェルのような考え方に立てば，拡張期から収縮期への転換点が景気の「山」であり，収縮期から拡張期への転換点が景気の「谷」にあたる。内閣府は，ヒストリカル DI という手法を基礎に，学者の検討に基づいて，景気の山と谷の年月（景気基準日付）を決定している。データのとれる戦後の期間について，これまでに 13 の景気循環について景気の基準日付が定められている。

	谷	山	谷	拡張	後退	全循環
第 1 循環		1951 年 6 月	1951 年 10 月		4 ヵ月	
第 2 循環	1951 年 10 月	1954 年 1 月	1954 年 11 月	27 ヵ月	10 ヵ月	37 ヵ月
第 3 循環	1954 年 11 月	1957 年 6 月	1958 年 6 月	31 ヵ月	12 ヵ月	43 ヵ月
第 4 循環	1958 年 6 月	1961 年 12 月	1962 年 10 月	42 ヵ月	10 ヵ月	52 ヵ月
第 5 循環	1962 年 10 月	1964 年 10 月	1965 年 10 月	24 ヵ月	12 ヵ月	36 ヵ月
第 6 循環	1965 年 10 月	1970 年 7 月	1971 年 12 月	57 ヵ月	17 ヵ月	74 ヵ月
第 7 循環	1971 年 12 月	1973 年 11 月	1975 年 3 月	23 ヵ月	16 ヵ月	39 ヵ月
第 8 循環	1975 年 3 月	1977 年 1 月	1977 年 10 月	22 ヵ月	9 ヵ月	31 ヵ月
第 9 循環	1977 年 10 月	1980 年 2 月	1983 年 2 月	28 ヵ月	36 ヵ月	64 ヵ月
第 10 循環	1983 年 2 月	1985 年 6 月	1986 年 11 月	28 ヵ月	17 ヵ月	45 ヵ月
第 11 循環	1986 年 11 月	1991 年 2 月	1993 年 10 月	51 ヵ月	32 ヵ月	83 ヵ月
第 12 循環	1993 年 10 月	1997 年 5 月	1999 年 1 月	43 ヵ月	20 ヵ月	63 ヵ月
第 13 循環	1999 年 1 月	2000 年 11 月	2002 年 1 月	22 ヵ月	14 ヵ月	36 ヵ月

8.2.2 戦後日本の景気循環

景気の基準日付に基づく「戦後日本の景気循環」うちの多くには，時々の状況にちなんだニック・ネームがつけられている。主なものをあげれば，次の通り[4]。

特需景気　1950 年の朝鮮動乱による「特需」（軍事需要）で景気が拡大した。

[4] 野村信廣「日本の景気循環」日本経済新聞社『日本経済事典』1996 年等による。

神武景気　第3循環の拡張期。米国の景気拡大により輸出が増大。消費も拡大した。インフレを伴わない景気拡大で「数量景気」などとも呼ばれた。

岩戸景気　第4循環の拡張期。欧米の先進技術が積極的に導入され，池田内閣の「所得倍増計画」(1960年) は設備投資ブームを起こして長期の景気拡大をもたらした。

オリンピック景気　東京オリンピック (1964年) に関連した建設ブームが景気の拡張をもたらした。

いざなぎ景気　第6循環の拡張期。1965年10月から70年7月の57ヵ月間にわたる景気拡大は，長い間「戦後最長」の記録であった (後述するように2002年以降の景気拡大がこれを上回った)。

第一次石油ショック　1973年10月の第4次中東戦争による石油供給削減，価格上昇に伴う景気後退。日本経済は不況，インフレ，経常収支赤字の三重苦に陥り，高度成長期が終わった。

第二次石油ショック　1979年のイラン政変をきっかけとする原油高騰 (第二次石油ショック) による景気後退。

レーガン景気　米国のレーガン政権の経済政策の影響で輸出主導で景気が拡大 (第10循環の拡張期)。

円高不況　1985年9月のプラザ合意による政策協調 (高金利・ドル高是正) により円レートが急騰。景気後退した。

平成景気　上記円高不況を克服するための財政拡大，金融緩和がやがてバブル経済を招来した。

バブル崩壊不況　91年2月を景気の山に以降，いわゆるバブル崩壊による景気後退に陥る。

金融不況　バブル崩壊不況は，一時立ち直りをみせるが，大手金融機関・証券会社の破綻により日本経済は戦後最大の不況に陥り，97，98年度と二年間続いたマイナス成長を記録することになった。

景気の基準日付に基づけば，第13循環の「谷」(2002年1月) 以降長期の景気拡大期が続き，これまで最長の景気拡大期であった「いざなぎ景気」(1965年10月から70年7月の57ヵ月間) を2006年10月で超え，2007年末現在なお景気拡大期にある。ただし，いざなぎ景気のころは，高度成長期の成熟期にあたり10% 近い経済成長を実現していた (65年から70年の間の平均経済成長率は，年率10.9% を記録) が，現在は年率1～2% 程度の低い成長率のもとでの景気拡大である。

8.3　景気変動をとらえる指標を作る

8.3.1　経済時系列データからの周期変動の抽出

季節変動のような周期の明瞭な変動とは異なり，景気循環などに対応した周期変動要素はデータを見ても周期がはっきりしておらず，また，上記のように異なる周期のいくつかの変動要素が組み合わさっている可能性もある。このように周期性の取り扱いがむずかしいことから，伝統的な経済時系列データの分析法においては，周期変動の抽出方法は，趨勢変動や季節変動のようには，確立したものにならなかった。時系列データにフーリエ級数をあてはめて様々な周期の三角関数（cos, sin）の合成とする方法を活用したものとして「ペリオドグラム分析」がある。主として工学の世界で使われていたが，経済時系列データの分析に使われた例もある。本書では，後に時系列分析における「周波数領域の分析」の中で，スペクトル分析とともに学習する。

8.3.2　景気動向指数 DI

本書では GDP などの経済時系列データの将来予測を行うために，データを T，C，S，I などの規則性のある「要素に分解」するという方向の分析を進めてきた。しかし，「景気」が経済活動全般の活発さを総称するものであるならば，これまでの方向とは反対に，個別の経済時系列データから景気の動きを表す「指標を合成」し，その動きによって景気の先行きを予測するということも考えられる。そうした方向の研究がリーディングインディケーター (leading indicators) であり，米国では 1920 年代から研究がさかんになり，今日の NBER の leading indicator に結実している。日本では，内閣府（経済社会総合研究所）がこうした指標として「景気動向指数 DI（diffusion index)」を毎月公表している。以下で DI の概要を簡単に説明する[5]。

DI は，その策定過程では（時系列の選考など）膨大な作業が必要であるが，でき上がった指標のしくみはきわめて簡単である。

[5] 景気動向指数等の詳細な解説は，経済社会総合研究所の HP（www.esri.cao.go.jp）の「統計」-「景気動向指数」のページに掲載されている。

- DI は「先行指標」,「一致指標」,「遅行指標」の 3 つの指標からなる。これらは，別途定められた景気の「山」,「谷」を基準に，それに先行，一致，遅行して景気の転換を示す指標として策定されている。
- 各指標には，その構成要素となる経済時系列データ（採用系列）が選定されている（2007 年末現在で，先行系列 12，一致系列 11，遅行系列 6）。各指標は，採用系列の各月の値を 3 ヵ月前の値と比較し，増加には + を，保合い（変化なし）には 0 を，減少には – をつける（変化方向表）。ただし，数値の増加が景気の悪化を意味するもの（たとえば，完全失業率）は「逆サイクル系列」と呼ばれ，減少を + にするなど符号を反対にする。
- 各指標とも，採用系列数に占める拡張系列数（+ の数）の割合（%）を DI とする。ただし，保合い（変化なし）の系列数を 0.5 としてカウントする。

$$DI = \frac{\text{拡張系列数} + 0.5 \times \text{保合い系列数}}{\text{採用系列数}} \times 100\,\%$$

計算された各指標は，0% 以上，100% 以下の数字になる。50% は採用系列の過半数が景気の良い方向に向かっているかどうかの境目であり，DI を読む規準になる。DI から景気動向をどう判断するかは利用者の責任であるが,「一致系列が 3 ヵ月連続して 50% を超えた（あるいは下回った）場合を景気の転換点を迎えた強いシグナルとする」などの目安が景気予測の概説書などにあげられている。

8.3.3　一致指標を計算する R のプログラム

一致系列（11 系列）のデータ（ファイル名 icchi2000.csv 2000 年 1 月から 2007 年 10 月）から DI の一致指数を計算する R のプログラムを次に示す。

```
# DI を計算する
# DATA の読み込み
xdata <- read.csv("icchi2000.csv",skip=2,header=TRUE)
# DATA を行列にする
X <- cbind(xdata)
# 各系列を 3 ヵ月前との増減を計算し,
#増加なら 1, 同じなら 0.5, 減少なら 0 という値を入れるという関数を作る
hyouka <- function(x){
```

```
( sign( diff(x,lag=3) ) + 1 )/2
}
# 上記の関数をすべての「列」にあてはめる
XX <- apply(X, 2, hyouka)
# 各時点（行列の「行」）ごとに，上で計算した数値の平均をとる
#NA であるものは除いた平均
XXX <- apply(XX,1,mean,na.rm=TRUE)*100
C <- ts(XXX,start=c(2000,3),frequency=12)
# グラフに描く
ttl <- "DI 一致指数"; xlb <-"年"
ts.plot(C,type="o",lty=2,main=ttl, xlab=xlb,ylab="")
abline(h=50)
```

ここでは，R について 3 つの新しい事項を導入している。

- 第一は，行列というデータ形式である。行列は要素を四角型に並べたものである。行列を作る matrix( ) 関数という特別な関数もあるが，ここでは同じ長さのいくつかの「(縦）ベクトル」を横に並べるという形で行列を作る cbind( ) 関数を用いて，読み込んだ xdata というデータフレームの各要素を列とする行列 X を作っている。
- 第二は，ユーザー定義関数である。R には数多くの関数が用意されているが，それらの関数のいくつかを組み合わせて行う計算などを繰り返し実行するときには，それを予め「定義」しておいて，繰り返し計算の度に呼び出して使うことができる。ユーザー定義関数については本章の「補論」に概説した。ここでは，x というベクトルを与えた場合に，(1) 各要素の 3 期前との差をとり，(2) それが正ならば 1 を，ゼロならば 0.5 を，負ならば 0 を返す関数を作り，hyouka という名前で定義している。
- 第三は，行列の列方向または行方向にすべて同じ関数操作を適用する apply( ) 関数である。XX <- apply(X, 2, hyouka) の例では，X という行列の各列ベクトルに，先に定義した hyouka という関数を適用した結果を XX という行列に代入している。この結果，XX の各列（すなわち一致系列の各系列）について，3 ヵ月前との増減に応じて 1，0.5，0 が入った行列ができる。関数の適用を縦方向（つまり行方向）に行

うという指示は，2番目の引数を2とすることで与えている。次の`XXX <- apply(XX,1,mean,na.rm=TRUE)*100`は，平均`mean`という関数を行列（`XX`）の横方向（列方向）に適用するという形で2番目の引数に1を与えてapply( )関数を使っている。なお，最後の引数`na.rm=TRUE`は，平均をとる場合に`NA`については除いて平均をとることを指示している（一致系列では，9番目の「営業利益」が四半期ごとにしか入らない系列であるので，用意したデータではデータのない月にNAを入れている）。

8.4 不規則変動

古典的分析法の枠組では不規則変動には積極的な役割は与えられておらず，分析手法の中では他の規則的な変動（傾向変動，周期変動，季節変動）を取り除いた「残差」という位置づけである。「残差」としての不規則変動に積極的な意味を求めるとすれば，その中に他の規則的な要素が混在していないか，真に不規則な変動部分であるかをチェックすることを通じて，用いた分析手法の妥当性をチェックする1つの判断基準になる点という点にある。

では，「残差」がどういう挙動をすれば「真に不規則」とみなせるのだろうか。統計的分析では「不規則」ということを，確率の考え方を導入して明確に定義し，検定という統計手法によって不規則か否かの判定を下す。今後学習を進める「時系列分析」においては，時系列データが確率過程というしくみ（DGP : Data Generating Process）に基づいて出現しているという前提に立って分析を進めるが，そこでは不規則変動の確率的な表現であるホワイト・ノイズがきわめて重要な役割を演じる。いずれにしても，そうした分析手法を学ぶためには，確率・統計の基礎知識が必要である。次章以降では，本書で必要な範囲での確率・統計の知識を，RによるPCシミュレーションを主体に学習する。

練習問題

設備投資循環

内閣府経済社会総合研究所のHP（SNAのページの「旧基準計数」）から昭和30年以降の実質原系列のGDPと需要項目をダウンロードせよ。そして(1)民間設備投資の長期系列のTC系列を作り，(2)それから直線または指数関数トレンドを除去して C 系列を作れ。(3) できた系列に「設備投資循環」と呼べるような周期的な変動があるか検討せよ。

在庫循環の視覚化

本文で行った「在庫循環の視覚化」では，出荷指数の前年同期比と在庫指数の前年同期比を対応させた。同様の方法で，生産指数の前年同期比と在庫指数の前年同期比を対応させたグラフを作ってみよ。

先行指数，遅行指数

上記の R のプログラムを参考に，先行指数，遅行指数を作るプログラムを作れ。先行指数，遅行指数では，採用系列の中に「逆サイクル」のものがあることに留意せよ。

補論　ユーザー定義関数

ユーザー定義関数は，基本的には次の構造である。

```
関数名　<- function ( 引数 ) { 関数本体（多数行にわたってもよい）}
```

具体例で示す。次は，半径 r と中心角 theta（全円を 360 度とする度数表示）を引数で与えると，その扇方の面積（$S = (2\pi r^2) \times (theta/360)$）を返すユーザー定義関数 ogigata である。

```
# 扇形の面積を計算するユーザー定義関数
ogigata <- function(r,theta){
S <- (2*pi*r^2)*(theta/360)
return(S)
}
```

これを実行するには，引数に数字を入れた関数名を記述すればよい。実行結果は次の通り。

```
> ogigata( 10, 100)
[1] 174.5329
```

なお，ユーザー定義関数の中で使われた変数名は関数の中だけで有効であるので，たとえば，**r** を関数の外で呼び出しても，

```
> r
 エラー：  オブジェクト "r" は存在しません
```

というエラーが返される。

引数で与えるもの，関数が返すものは，単独の数値に限らない。ベクトルでも，リストでも，R のオブジェクトであればよい。次は，

- 時系列データオブジェクト *y* を与え，最小二乗法で指数関数トレンドを引き，
- それをグラフに描き，グラフに変数名をつけたオブジェクトとし，
- 原データ，トレンド系列，残差系列，グラフを要素とするリストとして帰す。

という内容のユーザー定義関数である。

```
# 指数トレンドを計算するユーザー定義関数
sisutrend <- function(y){
n <- length(y)
time <- 1:n
yy <- log(y)
kaiki1 <- lm(yy~time)
if(is.ts(y)){
n1 <-start(y)[1]
n2 <- start(y)[2]
n3 <-frequency(y)
}
ytrend <-ts( exp(kaiki1$fitted),start=c(n1,n2),frequency=n3)
yresid <- ts(exp(kaiki1$residuals),start=c(n1,n2),frequency=n3)
yl <-c(min(y,ytrend),max(y,ytrend))
plot(y,type="l",ylim=yl)
lines(ytrend,type="l",lty=2)
ygraph <-recordPlot()
```

```
ykekka <- list(y=y,ytrend=ytrend,yresid=yresid,ygraph=ygraph)
return(ykekka)
}
```

GDP のデータを引数に与え，返されるリストを kekka という変数に代入している。

```
# 実行例
SNA <- read.csv("GDP01980TABLE.csv",skip=2,header=TRUE)
GDP <- ts(SNA$GDP,start=c(1980,1),frequency=4)
kekka <- sisutrend(GDP)
```

kekka$ytrend でトレンド系列を取り出すことができ，kekka$ygraph で描いたグラフを呼び出し，表示できる。

第9章　確率とPCシミュレーション

以下6章にわたり，統計学の基礎的事項について学習する。統計学は初等的な学習でも通年講義を要する内容があり，本書では今後に展開する「時系列分析」に必要な範囲の事項をできるだけわかりやすく説明するにとどめる。以下の内容は，直感的な理解を優先し統計学本来の厳密さには欠けるものである。きちんとした説明を欲する場合は統計学の教科書を参照されたい。

統計学は数学の応用という面が強く，なかなか実感として理解しにくいということが学生に統計学を敬遠させる一因となっている。幸い，PCの発達した今日では確率事象を擬似乱数の発生に基づくPCシミュレーションによって「目に見える」形とすることが容易になった。本書においても，Rを使ったPCシミュレーションの実習で，確率・統計の世界を「体感」できるように努めた。

9.1　確　率

確率（provability）とは不確かな出来事（統計学では「事象（event）」と呼ぶ）の起きる「確からしさ」を数字で示したものである。テレビの天気予報では「雨の降る確率は50%」などと報じられるが，統計学ではパーセントではなく，0以上1以下の数値として示すことが普通である。つまり，ある事象Xの起きる確率 $Pr(X)$ は，

$$0 \leq Pr(X) \leq 1$$

$Pr(X) = 0$ はXが決して起こらないことを，$Pr(X) = 1$ はXが必ず起こることを意味している。

9.1.1 コイン投げ

確率事象で最もポピュラーなものは，サイコロやコインを投げて出る「目の数」や表（H），裏（T）の出る確率の話であろう。コインに偏りがなければ，H と T の出やすさは同じであるはずだから，

$$Pr(H) = Pr(T)$$

である（このように確率の等しい事象を「等確率事象」と呼ぶ）。また，「H と T が一緒に出る」ことはない。このとき H と T は互いに「排反事象」と呼ばれる（これを集合の記号を使って，$H \cap T = \phi$ と書く。ϕ は空集合を意味する）。排反事象が一緒に起こることはないので，その確率はゼロである。

$$H \cap T = \phi \ \rightarrow \ Pr(H \cap T) = 0$$

一方，「H と T のどちらかが出る」という事象 ($H \cup T$ と書く) は，必ず起こるからその確率は 1 である。

$$Pr(H \cup T) = 1$$

「H と T のどちらかが出る」というのは，「H が出る」と「T が出る」を合わせたもので，かつ，互いに排反で「H と T が一緒に出る」ことはないのであるから，「H と T のどちらかが出る」確率は，「H が出る」確率と「T が出る」確率を合わせたものになる。

$$Pr(H \cup T) = Pr(H) + Pr(T) = 1$$

したがって，

$$Pr(H) = Pr(T) = \frac{1}{2} = 0.5$$

である。これを一般化すれば，互いに排反な（つまり一緒に起こることはない）n 個の「等確率事象」ですべての場合が尽くされる（n 個のうちのどれか 1 つは必ず起こる）ならば，各事象 k の起こる確率は，

$$Pr(k) = \frac{1}{n}, \quad k = 1,\ 2,\ \cdots,\ n$$

サイコロを投げる場合は，ここで $n = 6$ とすれば，どの面（数字）の出る確率も等しく 1/6 である。

9.1.2　コインを 2 回投げる

互いに排反な事象を組み合わせることで，より複雑な事象の確率を求めることができる。たとえば，偏りのないコインを 2 回投げた場合に H の出る回数は 0 回，1 回，2 回のどれかである。実際の試行の結果としては HH，HT，TH，TT の 4 通りですべてを尽くしており，どの場合にも出やすさに違いはないので，

$$Pr(HH) = Pr(HT) = Pr(TH) = Pr(TT) = \frac{1}{4}$$

したがって，

- H が 2 回出る確率は $Pr(HH) = \frac{1}{4}$
- H が 1 回出る確率は，

$$Pr(HT) + Pr(TH) = \frac{1}{4} + \frac{1}{4} = \frac{1}{2}$$

- H が 0 回出る確率は $Pr(TT) = \frac{1}{4}$

以上の確率については次のように考えることもできる。

- 第 1 回目に H，T が出る確率は $Pr(H) = Pr(T) = 0.5$
- それぞれのもとで第 2 回目に H，T が出る確率も $Pr(H) = Pr(T) = 0.5$（つまり，第 1 回目に何が出たかの影響はない）。
- したがって，たとえば，2 回とも H が出る確率は，

$$Pr(HH) = Pr(H) \times Pr(H) = 0.25$$

- 他の場合も同様に考えればよい（下表参照）。

第 1 回目	第 2 回目	2 回の結果
H(0.5)	H(0.5)	HH(0.5 × 0.5)
	T(0.5)	HT(0.5 × 0.5)
T(0.5)	H(0.5)	TH(0.5 × 0.5)
	T(0.5)	TT(0.5 × 0.5)

9.1.3 偏りのあるコインを投げる

偏りのないコインの例はわかりやすいが面白みがない。では「偏りのあるコイン」はどうだろうか。偏りのあるコインというのはイメージしにくいので，その「モデル」として次のような「くじ」を考える。円盤を用意し，その中心角 θ の扇形に赤い色を塗ったものを回転させ，遠くから矢を射って赤い色にあたったら H，他の部分にあたったら T とする（矢が円盤の外に外れることはないとする）。このとき，赤い部分にあたる（H が出る）確率は，赤い部分の面積の全円の面積に対する比率（＝扇形の中心角の 360 度に対する比率）となることは直観にかなっているだろう。

$$Pr(H) = \frac{\theta(\text{扇形})}{360\,(\text{全円})}, \quad 0 \leq \theta \leq 360$$
$$Pr(T) = \frac{360 - \theta}{360} = 1 - Pr(H)$$

このくじを 2 回行った（つまり，「偏りのあるコイン」を 2 回投げた）場合の

- H が 2 回出る確率は，

$$Pr(HH) = Pr(H) \times Pr(H) = \left(\frac{\theta}{360}\right)^2$$

- H が 1 回出る確率は，

$$Pr(HT) + Pr(TH) = Pr(H) \times Pr(T) + Pr(T) \times Pr(H) = 2 \times \frac{\theta(1-\theta)}{360^2}$$

- H が 0 回出る確率は，

$$Pr(TT) = Pr(T) \times Pr(T) = \left(\frac{1-\theta}{360}\right)^2$$

たとえば，$\theta = 90$ であれば，$Pr(H) = 90/360 = 1/4$，$Pr(T) = 3/4$ であり，

$$Pr(HH) = \left(\frac{1}{4}\right)^2 = \frac{1}{16}$$
$$Pr(HT) + Pr(TH) = 2 \times \frac{1}{4} \times \frac{3}{4} = \frac{6}{16}$$

$$Pr(TT) = \left(\frac{3}{4}\right)^2 = \frac{9}{16}$$

で，すべての場合の確率を足し合わせれば，(1/16) + (6/16) + (9/16) = 1 となる。

9.1.4　sample( ) 関数によるシミュレーション

R には，n 個の事象の確率を与えて，そのしくみに従った「試行」を行った結果（標本）を発生させる sample( ) 関数がある。これを使って，上記の「偏りのあるコイン」を n 回投げた場合に，H の出る回数の n に対する割合を返すユーザー定義関数 coin を作ってみよう。

```
# 偏りのあるコインのシミュレーション
# ユーザー定義関数 coin
coin <- function(p,n){
mean( sample(c(1,0),size=n,replace=TRUE,prob=c(p,1-p)) )
}
```

関数の引数 p は H の出る確率 (= θ/360)，n は試行回数である。sample( ) 関数の最初の引数 c(1,0) は試行結果の値であり，ここでは H に 1，T に 0 の数字をあてている。size=は試行の回数，prob=c(p,1-p) は，H，T の出現確率を与えている。replace=TRUE は試行の 1 回ごとに「取り出した標本をもとに戻す」という指示である。この例では標本として取り出す候補は，最初の引数の 1 と 0 の 2 つである。この指示をしないと（デフォルトでは replace=FALSE)，1 回目の標本として 1 がとられれば，後には 0 しか残っていないので，2 回目の試行結果は必ず 0 となる。標本をとる size=n の n が 2 より大きければ，もう取り出すものがなくなってエラーとなる。毎回同じ条件で，1 と 0 から標本が取り出され，各試行が互いに影響を与えない（独立である）ためには replace=TRUE の指示が必要である。

以上の結果，1 と 0 だけからなる n 個の要素のベクトルができるので，その平均 mean( ) をとれば，H(=1) の出た回数の n に対する割合が計算される。この試行を，たとえば $p = 0.25$ としたうえで，$n = 10, 100, 1000, 10000$ で実行し，結果として得られる割合が真の確率（0.25）に近づくか確認せよ。

練習問題

「H の出る確率が p の偏ったコインを 2 回投げる」という試行を n 回行うとする。このとき各試行で，H が 2 回，1 回，0 回出た回数 n_2, n_1, n_0 の n に対する割合（結果はベクトルになる）を計算するユーザー定義関数 `coin2` を作り，試行回数 n が増えるにつれて，その割合が上記で述べた理論値に近づくか確認せよ。

9.1.5 偏りのあるコインの一般化

偏りのあるコインのモデルである「円盤のくじ」から，起こりうる事象が H と T という二通りだけでなく，n 通りある場合に一般化することは容易である。すなわち，円盤を n 個の扇形に分けて，各扇形に $1, 2, \cdots, n$ の番号をつける。第 i 番の扇形の中心角が θ_i であれば，その扇形に対応する事象 i が出現する確率は，

$$p_i = \frac{\theta_i}{360}, \quad i = 1, 2, \cdots, n$$

いうまでもなく，

$$\sum_{i=1}^{n} p_i = p_1 + p_2 + \cdots + p_n = 1$$

である。すなわち，互いに排反する n 個の事象があり，ありうるすべての事象がそれらで尽くされていれば，それらの事象の出現確率の和は 1 でなければならない。

9.2 確率分布

9.2.1 連続な値をとる場合の確率

今度は円盤を回すのではなく平面に置いた円盤の中心に時計の秒針のような針をつけ，これを自由に回転させてそれが止まった位置を文字盤の決まった位置（たとえば時計の 12 時の位置）からの中心角 θ で測るという「クジ」を考えよう。これは，円盤を n 個の等しい扇形に分けたもの（したがって，各扇形の中に針が止まる確率は $1/n$）で，$n \to \infty$ とした場合にあたるが，

このとき，$1/n \to 0$ であり，針が各点を指す確率がゼロとなる (＝どの点の値も「起こらない」) という「矛盾」が生じる。

そこで，$0 \leq \theta \leq 360$ のような「連続した値」をとる事象の場合は，ある1つの値 $\theta = \theta_0$ に対する確率ではなく，それが「ある範囲（区間）に入る確率」($Pr(\theta_1 \leq \theta \leq \theta_2)$) として定義する。

ある値をとる「確からしさ」をその値（θ）の関数 $f(\theta)$ で表したものを「確率密度関数」という。

$$f(\theta) \geq 0$$

このとき，$\theta_1 \leq \theta \leq \theta_2$ となる確率は，次の積分で定義される。

$$Pr(\theta_1 \leq \theta \leq \theta_2) = \int_{\theta_1}^{\theta_2} f(\theta)d\theta$$

確率密度関数をその変数 θ の定義域の小さいほうから θ まで積分した

$$F(\theta) \equiv \int_0^{\theta} f(\theta)d\theta$$

は，「確率分布関数」と呼ばれる。

このように確率事象は，「確率密度関数」「確率分布関数」がそれを生み出す「しくみ」を表していることから，ある特定の形の「確率密度 (分布) 関数」に基づいて事象が発生することを，その事象が当該「確率分布に従う」という言い方をする。

9.2.2　一様分布

先の円盤のクジのように，どの値（θ）をとる「確からしさ」も等しい確率分布を「一様分布」という。すなわち，確率密度関数は，

$$f(\theta) = c \quad \text{一定}$$

このとき，

$$Pr(0 \leq \theta \leq 360) = \int_0^{360} cd\theta = c \times 360 = 1$$

であるから，

$$f(\theta) = c = \frac{1}{360}$$

である。一般に，$x_1 \leq x \leq x_2$ を定義域とする一様分布の確率密度関数は，

$$f(x) = \frac{1}{(x_2 - x_1)}$$

確率分布関数は，

$$F(x) = \int_{x_1}^{x} \frac{1}{(x_2 - x_1)} dx = \frac{x - x_1}{(x_2 - x_1)}$$

となる。

練習問題

$x_1 = 2$, $x_2 = 3$ とした場合の一様関数の確率密度関数と確率分布関数のグラフを R を使って描け。

9.2.3　runif( ) 関数による一様分布のシミュレーション

R には，一様分布に従う試行結果（標本）を擬似乱数として発生させる関数 runif( ) がある。これを使って，上記の円盤のクジを n 回実行して，$\theta_1 \leq \theta \leq \theta_2$ に入る結果を得る割合を計算するユーザー定義関数 coin3 を作り，n を 10,100,1000,10000 回とした場合に，結果が理論値 $(\theta_2 - \theta_1)/360$ に近づくか試してみよう。

```
# 一様分布の乱数によるシミュレーション
coin3 <- function(theta1,theta2,n){
x <- runif(n)*360
sum((x>theta1)&(x<theta2))/n
}
# 10,100,1000,10000 回の試行
coin3(90,180,10)
coin3(90,180,100)
coin3(90,180,1000)
coin3(90,180,10000)
```

runif( ) 関数の引数は，発生させる乱数の個数だけを与えている。乱数は 0 以上 1 以下の数字を返す。min= と max= という引数で独自の最大値，最小値

を与えることもできる。ここでは乱数は 0 以上 1 以下の数字を発生させ，それに 360 を掛けている。その結果，n 個の要素のベクトルができ，それを変数 x に代入している。

次の行 `sum((x>theta1)&(x<theta2))/n` には，これまでに説明していない「論理演算」を使っている（「論理演算」については，補論で詳述する）。`(x>theta1)` でベクトル x の各要素を `theta1` と比較し，`theta1` より大きな要素には `TRUE` を，そうでないものには `FALSE` という論理値を返す操作が行われる。その結果，`TRUE` と `FALSE` からなる長さ n のベクトルができる。`(x<theta2)` でも同様の比較を行い，論理値を要素とする長さ n のベクトルができる。& は and という「論理演算」で 2 つのベクトルを比べて両方とも `TRUE` である要素には `TRUE` を，そうでない要素には `FALSE` を返す。したがって，結果として，$\theta_1 \leq \theta \leq \theta_2$ という条件を満たした要素のみに `TRUE` が入ったベクトルができ，関数 sum( ) で `TRUE` の個数を足し上げ，最後に n で割って，条件を満たした結果の割合を計算している。上記の設例では，90 度以上 180 度以下の範囲に針が止まる確率であるから，1/4=0.25 に近づけばよい。

9.2.4　連続分布と離散分布

上記のような x が連続した数値をとる場合の確率分布を連続分布という。これに対して，x がとる値が連続ではなく，先に「偏りのあるコインの一般化」で述べた整数（1, 2, ⋯ , n）のようなとびとびの値（「離散的」という）の場合の確率分布を離散分布という。離散分布で確率密度関数に対応するものは，x（$= 1, 2, \cdots, n$）にその確率（$p_1, p_2, \cdots, p_n$）を対応させた「確率関数」である。ここでは，確率 p_i が $x = i$ の関数 $f(x)$ である例を示さなかったが，二項分布，ポワソン分布など，関数の形で表されるのが普通である。離散型の場合にも x の値の小さいほうから順次対応する確率を足し上げた確率分布関数を定義することができるが，この場合の確率分布関数の形は，$x = i$ のところで p_i だけ値が増加する「階段型」の関数になる。

補論　R での論理演算

論理値

R には，数値（実数，複素数），文字列とは別に「論理値」というデータ型がある。その値は「真」を示す TRUE と「偽」を示す FALSE である。これらは「文字列」ではなく，以下に述べるように，比較演算の結果として返され，また，論理演算に従う。

比較演算

R における演算は数値の四則演算だけではない。以下のような大・小を比べたり，等・不等を判別したりする「比較演算」があり，その結果は TRUE と FALSE の論理値が返される。以下の例を参照せよ。

R での記号	==	!=	>=	>	<=	<
意味 (数学記号)	等しい (=)	等しくない (≠)	≥	>	≤	<

```
# 比較演算の例
> 3>2
[1] TRUE
> 3<2
[1] FALSE
> 4 == 8/2
[1] TRUE
> 5 != 10/2
[1] FALSE
```

比較演算はベクトルでも可能であり，要素ごとに比較して，論理値を要素とするベクトルを返す。

```
# ベクトルの比較演算
> x <- c(1,3,5,7); y <- c(2,1,3,8)
> x < y
```

```
[1]  TRUE FALSE FALSE  TRUE
```

次の例は，比較演算の有用な利用法の 1 つである。

```
> x <- c(1,3,5,7)
> x[x>=5]
[1] 5 7
```

x>=5 が実行されると，先の例のように FALSE FALSE TRUE TRUE という 4 つの要素のベクトルができる。そして x[FALSE, FALSE, TRUE, TRUE] と要素の位置に論理値が指定されると，論理値が TRUE である要素だけを抽出して返すのである。この「しくみ」を使って，ベクトルの要素から一定の条件を満たすものだけを抜き出すことができる。

論理演算子

論理演算とは，「記号論理学」に従った論理値間の演算である。記号論理学では，2 つの命題 A，B が真 (TRUE) または「偽」(FALSE) であるときに，「A かつ B」(A and B) という命題や「A または B」(A or B) という命題が真となるか偽となるかを表す「真理表」を定めている。

A	B	not A	A and B	A or B
T	T	F	T	T
T	F	F	F	T
F	T	T	F	T
F	F	T	F	F

- not A は A の否定であるから，A と真偽が逆になる。
- A and B は，A と B の両方ともが真（T）のときのみ真（T）となる。
- A or B は，A と B のうちどちらか一方（両方でもよい）が真（T）であれば真（T）となる。

こうした論理演算を R の論理値の間で行うための演算子が「論理演算子」であり，次の記号が用いられる。

R の論理演算子	!	&	|
意味	not	and	or

```
> # 論理演算の例
> !TRUE
[1] FALSE
> TRUE & FALSE
[1] FALSE
> TRUE | FALSE
[1] TRUE
```

これらの論理演算子もベクトルに対して適用可能であり，要素ごとに論理演算をした結果のベクトルを返す。

```
> c(TRUE, TRUE, FALSE) & c(TRUE, FALSE, TRUE)
[1]  TRUE FALSE FALSE
```

本文のユーザー定義関数 coin3 で使った (x>theta1)&(x<theta2) という部分は，(x>theta1) という比較演算で作った論理値ベクトルと (x<theta2) という比較演算で作った論理値ベクトルの間で，and（&）の論理演算を行っており，その結果，$x_i > \theta_1$ と $x_i < \theta_2$ という 2 つの条件をもとに満たした要素の位置に TRUE を，他の要素の位置には FALSE を入れた，ベクトル x と同じ長さの論理値ベクトルが返される。

論理値に対して加減乗除などの普通の数値演算を適用すると，TRUE は 1，FALSE は 0 とみなした結果を返してくる。

```
> TRUE + TRUE + FALSE + FALSE
[1] 2
> sum(c(TRUE, TRUE, FALSE, TRUE, FALSE, FALSE))
[1] 3
```

したがって，ユーザー定義関数 coin3 で，sum((x>theta1)&(x<theta2)) とした結果は，$x_i > \theta_1$ と $x_i < \theta_2$ という 2 つの条件をもとに満たした要素の数を返してくる。

第10章　正規分布

10.1　確率変数の平均と分散

x の値に対応して確率 p_x または確率密度 $f(x)$ が定義されている変数 x を「確率変数」と呼ぶ。多くの統計学の教科書で，どの数字になるか「わからない」ものとしての確率変数を大文字の X，具体的に現れた数値を小文字の x と，区別して記述することが慣例となっている。ここでも必要な場合はそれに従うが，混乱が生じない場合にはいずれも小文字で表す。

サイコロやくじのように，確率変数がどの値をとるかは試行ごとに異なり，事前にそれを知ることはできない。何回も試行を繰り返せば，いろいろな値が異なる頻度で出現するだろう。しかし，それらの値の出方は全くのデタラメではなく，各値の出やすさは背後にある確率分布（確率関数・確率密度関数）という規則に従っている。そうした値の出方の特徴を代表的な値で示すものが平均と分散である。まず，多数回繰り返し試行したときの X の「平均的な値」を，x をその出やすさの指標である確率（密度）で加重平均した値とすることは合理的であろう。こうした考え方から，確率変数の「平均」（「期待値」expectation ともいう）を次のように定義する。

- 離散分布の平均　$E(X) = \sum_{x} xf(x)$
- 連続分布の平均　$E(X) = \int_{-\infty}^{\infty} xf(x)dx$

「平均」はいわば「位置」の代表値である。X は様々な値をとりうるが，それらを中心となる1つの値で代表するとすれば，X の値のとる数直線上のどの点をとるべきかを示している。

X の値の現れ方の特徴として，「中心となる位置」という視点に加えて，その中心（＝平均）の近くに出やすい（＝確率（密度）の高い）x が集まっているのか，中心から遠い x も中心の近くの x と同等に出やすいのかという視点がある。別の言い方をすれば，多数回の試行を行った場合に，前者であれば出た値は平均の近くにまとまっており，後者であれば広い範囲に散らばることになる。こうした「散らばり（あるいは，ばらつき）」の程度を示す指標として次式の「分散」（variance）が定義される。

- 離散分布の分散　$V(X) = \sum_x (x - E(x))^2 f(x)$
- 連続分布の分散　$V(X) = \int_{-\infty}^{\infty} (x - E(x))^2 f(x)dx$

式からわかるように，分散は，X の平均からの偏差の二乗 $(x - E(X))^2$ を確率（密度）の重みで加重平均したものである。分散は x の二乗のオーダーとなるので，その平方根をとった標準偏差（standard deviation）

$$SD(X) = \sqrt{V(X)}$$

を「ちらばり」の指標とすることもある。

上では，$E(X)$ を平均の記号のように扱ったが，$E()$ を「確率変数 X の関数 $g(x)$ に確率密度関数 $f(x)$ を掛けて，定義域全体で積分する」，すなわち，

$$E(g(x)) \equiv \int_{-\infty}^{\infty} (g(x))\, f(x)dx$$

という操作をする「期待値をとる演算子」と一般化する。$g(x)$ を最も簡単な k 次の多項式

$$g(x) = a_k x^k + a_{k-1}x^{k-1} + \cdots + a_1 x + a_0$$

とすれば，

$$\begin{aligned}
E(g(x)) &= E\left(a_k x^k + a_{k-1}x^{k-1} + \cdots + a_1 x + a_0\right) \\
&= \int_{-\infty}^{\infty} \left(a_k x^k + a_{k-1}x^{k-1} + \cdots + a_1 x + a_0\right) f(x)dx \\
&= a_k \int_{-\infty}^{\infty} x^k f(x)dx + \cdots + a_1 \int_{-\infty}^{\infty} x f(x)dx + a_0 \underbrace{\int_{-\infty}^{\infty} f(x)dx}_{1} \\
&= a_k E(x^k) + a_{k-1}E(x^{k-1}) + \cdots + a_1 E(x) + a_0
\end{aligned}$$

ここで，$E(x^k)$ を「x の k 次のモーメント（積率）」という。分散は，

$$V(X) \equiv \int_{-\infty}^{\infty} (x - E(x))^2 f(x)dx$$

$$
\begin{aligned}
&= \int_{-\infty}^{\infty} \left(x^2 - 2E(x)x + (E(x))^2\right) f(x)dx \\
&= E(x^2) - 2E(x) \times E(x) + (E(x))^2 \\
&= E(x^2) - (E(x))^2
\end{aligned}
$$

と，2 次のモーメントから 1 次のモーメント（＝平均）の二乗を引いたものとなる（以上では，連続分布の場合について説明したが，離散分布の場合も同様である）。

$E()$ 演算子の操作は今後随所で使うことになるので，慣れておくことが必要である。

10.2　正規分布

以下では，連続分布の中で最もポピュラーな正規分布について学ぶ。

10.2.1　正規分布の確率密度関数

正規分布の確率密度関数は次式の通りである。

$$
f(x) = \frac{1}{\sqrt{2\pi} \times \sigma} \times \exp\left(-\frac{(x-\mu)^2}{2\sigma^2}\right)
$$

x の定義域は $(-\infty \leq x \leq \infty)$ である。右辺の式には，変数 x の他に μ と σ の 2 つのパラメータが入っているが，

$$
\begin{aligned}
E(X) &= \int_{-\infty}^{\infty} x \times \frac{1}{\sqrt{2\pi} \times \sigma} \times \exp\left(-\frac{(x-\mu)^2}{2\sigma^2}\right) dx = \mu \\
V(X) &= \int_{-\infty}^{\infty} (x - E(x))^2 \times \frac{1}{\sqrt{2\pi} \times \sigma} \times \exp\left(-\frac{(x-\mu)^2}{2\sigma^2}\right) dx = \sigma^2
\end{aligned}
$$

すなわち，μ がこの正規分布の「平均」，σ^2 が「分散」となる。

上記の式でわかるように，正規分布の確率密度関数は，平均 μ と標準偏差 σ（または，分散 σ^2）の 2 つのパラメータを定めれば特定される。そこで，確率変数 X が平均 μ と標準偏差 σ の正規分布に従う（＝その「しくみ」から出現する）ことを，

$$
X \sim N(\mu,\ \sigma^2)
$$

と記述する。N は normal distribution の頭文字である。

10.2.2 R で正規分布のグラフを描く

上記の $f(x)$ の式を，R のコードを使って，

```
seiki <- function(mu,sigma,x){
(1/(sqrt(pi)*sigma)*exp(-(1/2)*(x-mu)^2/sigma^2)
}
```

とユーザー関数に定義することもできるが，R は正規分布をはじめ，主要な確率分布の「確率（密度) 関数」「確率分布関数」「分位点」の値を与える関数，その確率分布に従う「擬似乱数」を発生させる関数を次のような統一した形式で用意している。

	関数名***	一様分布 unif	正規分布 norm
確率（密度）関数	d***(x)	dunif(x)	dnorm(x)
確率分布関数	p***(x)	punif(x)	pnorm(x)
分位点関数	q***(z)	qunif(z)	qnorm(z)
乱数発生関数	r***(n)	runif(n)	rnorm(n)

- d***(x) は $f(x)$ の値を返す。
- p***(x) は $\int_{-\infty}^{x} f(x)dx$ の値を返す。
- q***(z) は $\int_{-\infty}^{x} f(x)dx = z$ となる x の値を返す。(確率分布関数の逆関数である)
- r***(n) はこの確率分布に従う n 個の擬似乱数を返す。

では，dnorm( ) 関数を使って，平均 (μ) が 2，標準偏差 (σ) が 1.5 である正規分布の確率密度関数のグラフを描いてみよう。

```
# 正規分布の確率密度関数のグラフを描く
mu <- 2; sigma <-1.5
x1 <- mu - 4*sigma; x2 <- mu + 4*sigma
y1 <- (1/(sqrt(2*pi)*sigma))*1.05
x <- seq(x1,x2,length.out=400)
y <- dnorm(x,mean=mu,sd=sigma)
plot(x,y,type="l",xlim=c(x1,x2),ylim=c(0,y1))
```

```
lines(c(mu,mu),c(0,dnorm(mu,mean=mu,sd=sigma)),lty=2)
abline(h=0,lty=3); abline(v=0,lty=3)
```

dnorm( ) 関数の中で，平均は mean=，標準偏差は sd=という引数で与える。グラフは，

- $x1 = \mu - 4 \times \sigma$ と $x1 = \mu + 4 \times \sigma$ を x 軸の下限・上限として，
- その範囲を 400 等分した x の値を作り (`x <- seq(x1,x2,length.out=400)`)，
- これらの x に対応する $f(x)$ の値を計算 (`y <- dnorm(x,mean=mu,sd=sigma)`) して，
- その 400 点の (x, y) の座標を plot( ) 関数で線で結んで描いている。

x 軸の上限・下限を上記のようにしたのは，

$$f(\mu \pm 4\sigma) = \frac{1}{\sqrt{2\pi}\sigma} \times \underbrace{e^{-8}}_{\simeq 0.00034}$$

で，$1/(\sqrt{2\pi}\sigma)$ の大きさにもよるが，ほとんどの場合ゼロとみなせるからである。また，y 軸の上限は，$f(x)$ が最大値をとる

$$f(\mu) = \frac{1}{\sqrt{2\pi}\sigma}$$

の値を計算して，その 1.05 倍（つまり 5% 増し）とした。

描画結果からわかるように，

- 正規分布の確率密度関数は，平均（μ）を中心に左右対称の釣鐘型（あるいは富士山型）のきれいな形となり，平均の値がもっとも「出やすく」（＝確率密度が高い），平均から遠ざかるほど「出にくく」なるという性質を表している。
- 「山の高さ」は $f(\mu) = 1/(\sqrt{2\pi}\sigma)$ であるから，標準偏差 σ が大きいほど山の高さが低くなる。確率密度関数の山型の下の面積は全部で 1 になる $\int_{-\infty}^{\infty} f(x)dx = 1$ から，山の高さが低いほど裾野の厚い分布になる。

以下は，$N(0, 1)$，$N(2, 1)$，$N(0, 2)$ を 1 つのグラフに描いて比較したものである。

```
# 図 17
# 平均と分散の異なる正規分布を比較する。
mu0 <- 0; sigma0 <- 1
mu1 <- 2; sigma1 <- 2
x1 <- min(mu0-4*sigma1,mu1-4*sigma0)
x2 <-max(mu1+4*sigma0,mu0+4*sigma1)
yy <- max( (1/(sqrt(2*pi)*sigma0)), (1/(sqrt(2*pi)*sigma1)) )*
1.05
x <- seq(x1,x2,length.out=400)
y0 <- dnorm(x,mean=mu0,sd=sigma0)
y1 <- dnorm(x,mean=mu1,sd=sigma0)
y2 <- dnorm(x,mean=mu0,sd=sigma1)
ttl <- "平均と分散の異なる正規分布"
plot(x,y0,type="l",xlim=c(x1,x2),ylim=c(0,yy),main=ttl)
lines(x,y1,type="l",lty=2)
lines(x,y2,type="l",lty=3)
lines(c(mu0,mu0),c(0,dnorm(mu0,mean=mu0,sd=sigma0)),lty=1)
lines(c(mu1,mu1),c(0,dnorm(mu0,mean=mu0,sd=sigma0)),lty=1)
abline(h=0,lty=1)
z1 <- paste("平均：",mu0," 分散：",sigma0)
z2 <- paste("平均：",mu1," 分散：",sigma0)
z3 <- paste("平均：",mu0," 分散：",sigma1)
han <-c(z1,z2,z3)
legend(-8,0.4,legend=han,lty=c(1,2,3),box.lty=0)
```

10.2.3 標準正規分布

平均が 0, 分散が 1 の正規分布 $N(0,\ 1)$ を「標準正規分布」という。確率密度関数は,

$$f(z) = \frac{1}{\sqrt{2\pi}} \exp\left(-\frac{z^2}{2}\right)$$

図17

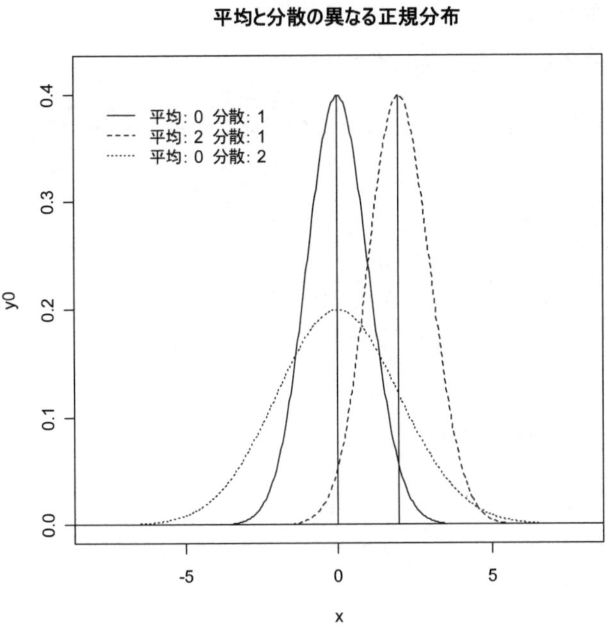

と，単純な形になる。R の dnorm( ) 関数では，`mean=0`，`sd=1` がデフォルトの値となっているので，これらの引数を指示しなければ，標準正規分布についての結果が返される。

正規確率変数 $X \sim N(\mu, \sigma)$ は，次の変数変換で標準正規分布に従う確率変数 Z に変換することができる。

$$z = \frac{x - \mu}{\sigma}$$

このことは，次のように示される。X の（x, $x + dx$）と Z の（z, $z + dz$）が対応しているとすると，上の式から

$$dz = \frac{1}{\sigma} dx \ \rightarrow \ dx = \sigma \times dz$$

dx が小さい値であれば，X が区間 $(x \leq X \leq x + dx)$ の値をとる確率は，次式で近似される。

$$Pr(x \leq X \leq x + dx) \simeq f(x)dx$$

同様に，Z の確率密度関数を $g(z)$ とすれば，Z が区間 $(z \le Z \le z + dz)$ の値をとる確率も，

$$Pr(z \le Z \le z + dz) \simeq g(z)dz$$

これらの区間は相互に対応しているのであるから，その出現確率も等しいので，

$$\begin{aligned} g(z)dz &= f(x)dx \\ &= \frac{1}{\sqrt{2\pi} \times \sigma} \times \exp\left(-\frac{(x-\mu)^2}{2\sigma^2}\right)dx \\ &= \frac{1}{\sqrt{2\pi} \times \sigma} \times \exp\left(-\frac{z^2}{2}\right) \times \sigma dz \\ &= \frac{1}{\sqrt{2\pi}} \times \exp\left(-\frac{z^2}{2}\right)dz \end{aligned}$$

すなわち，g(z) は標準正規分布の確率密度関数である。

以上からわかることは，正規分布の「位置」と「形」は，μ，σ の値によって様々に変わるが，

- x 軸方向に $-\mu$ だけ平行移動をする。
- x 軸の目盛を σ を単位とするものに縮尺する。

と，どの分布の形も標準正規分布と「同じ」となる，ということである。

上の式から，x の z の区間には次のような対応がある。

$\mu - \sigma \le x \le \mu + \sigma$	→	$-1 \le z \le 1$
$\mu - 2\sigma \le x \le \mu + 2\sigma$	→	$-2 \le z \le 2$
$\mu - 3\sigma \le x \le \mu + 3\sigma$	→	$-3 \le z \le 3$
$\mu - k\sigma \le x \le \mu + k\sigma$	→	$-k \le z \le k$

右の標準正規分布の確率は一定に定まるから，

$$Pr(\mu - k \times \sigma \le x \le \mu + k \times \sigma), \quad k = \text{任意の定数}$$

は，μ，σ によらずに同じである。

では，実際に $\mu - k\sigma \le X \le \mu + k\sigma$ は，（たとえば，$k = 1, 2, 3$ の場合どれくらいの大きさになるのか。R の pnorm( ) 関数を使えば，

$$Pr(X \le k \times \sigma) = \texttt{pnorm(k)}$$

であり，正規分布の確率密度関数が μ を中心に左右対称であることと，確率密度関数の下の面積は $1(Pr(-\infty \le X \le \infty) = 1)$ であることから，

$$Pr(\mu - k \times \sigma \le X \le \mu + k \times \sigma) = 1 - 2 \times \texttt{pnorm(-k)}$$

で求めることができる。実際に実行すると，

$$Pr(\mu - 1 \times \sigma \le x \le \mu + 1 \times \sigma) = 0.6826895$$
$$Pr(\mu - 2 \times \sigma \le x \le \mu + 2 \times \sigma) = 0.9544997$$
$$Pr(\mu - 3 \times \sigma \le x \le \mu + 3 \times \sigma) = 0.9973002$$

つまり，平均 μ から左右 $2 \times \sigma$ の範囲内におよそ 95%（0.95）が収まり，左右 $3 \times \sigma$ の範囲外の数値をとる確率は，0.3% 以下（「千に三つ」）となる。

次は，μ = mu, σ^2 = sig2 となる正規分布の x1 $\le x \le$ x2 の範囲に入る確率を計算し，その様子を正規分布のグラフとともに示すユーザー定義関数 zu1( ) を作り，これを使って $\mu = 10$, $\sigma^2 = 4$ の正規分布について，

$$\mu - k \times \sigma \le x \le \mu + k \times \sigma, \quad k = 1, 2, 3$$

の確率を図示する作業を行っている。上記の確率（0.6827, 0.9545, 0.9973）と一致しているか確認せよ。

```
# 図 18
# 正規分布の確率の図
# 区間 (x1<=x<=x2) の確率を図にするユーザー定義関数
zu1 <- function(x1,x2,mu,sig2){
sig <- sqrt(sig2); xmin <- mu-4*sig; xmax <- mu+4*sig
dx <-(xmax-xmin)/200; x <-seq(xmin,xmax,by=dx)
y <- dnorm(x,mean=mu,sd=sig)
xl <- c(xmin,xmax); yl <- c(0,max(y)*1.05)
k1 <- round((x1-mu)/sig,digits=2)
k2 <- round((x2-mu)/sig,digits=2)
sigma <- round(sig,digits=2)
ttl <- paste(mu,"+",k1,"*",sigma,"<= x <=",mu,"+",k2,"*",sigma)
plot(x,y,type="l",xlim=xl,ylim=yl,xlab="x",ylab="y",main=ttl)
pp <- pnorm(x2,mean=mu,sd=sig)-pnorm(x1,mean=mu,sd=sig)
```

図18

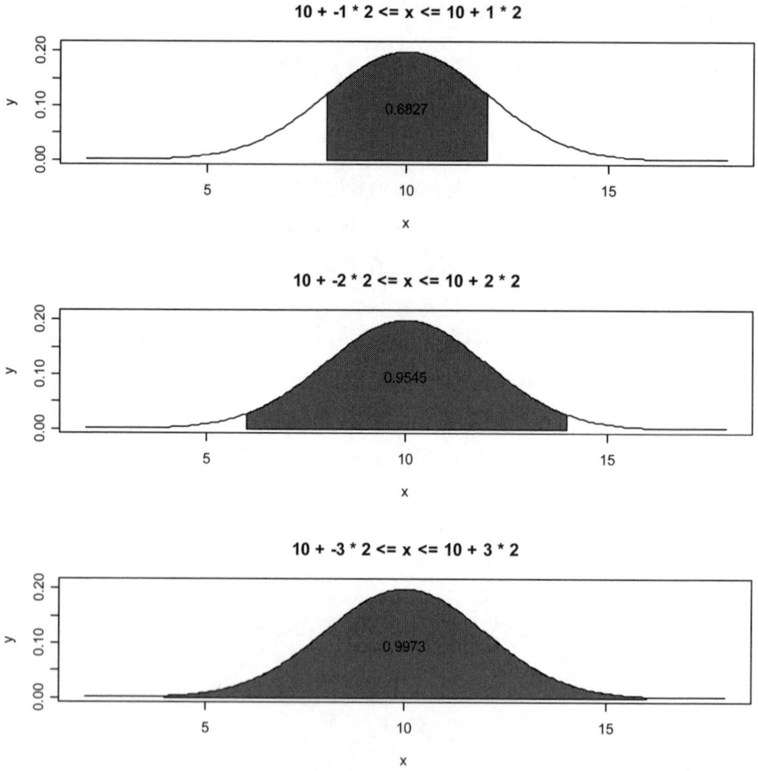


```
px <- round(pp,digits=4)
y1 <- 0; y2 <-0; x3 <-x2; x4 <- x1
y3 <- dnorm(x3,mean=mu,sd=sig)
y4 <- dnorm(x4,mean=mu,sd=sig)
xx  <- rev(seq(x4,x3,by=(x3-x4)/200))
yy <- dnorm(xx,mean=mu,sd=sig)
xx <-c(x1,x2,x3,xx,x4); yy <- c(y1,y2,y3,yy,y4)
polygon(xx,yy,col=gray(0.5))
x0 <-(x1+x2)/2; y0 <- max(yy)/2; text(x0,y0,px)
}
```

```
# ユーザー定義関数 zu1( ) の実行
par(mfrow=c(3,1))
x1 <- 8; x2 <- 12; mu <-10; sig2 <- 4
zu1(x1,x2,mu,sig2)
x1 <- 6; x2 <- 14; mu <- 10; sig2 <- 4
zu1(x1,x2,mu,sig2)
x1 <- 4; x2 <- 16; mu <- 10; sig2 <- 4
zu1(x1,x2,mu,sig2)
par(mfrow=c(1,1))
```

練習問題

pnorm( ) 関数，qnorm( ) 関数を用いて，平均 $\mu = 5$，分散 $\sigma^2 = 4$ の正規分布に従う確率変数 x ついて，次の数値を求めよ。

1. $Pr(x \geq 7)$ の値
2. $Pr(x \geq x_0) = 0.3$ となる x_0 の値

10.2.4　標準正規分布表

ほとんどの統計学の教科書の巻末には「標準正規分布表」という数表が掲載されている。これは，標準正規分布の $Pr(X \geq x) = y$（上側確率）の x と y を対応させた表であり，表頭と表側の数字を組み合わせて，たとえば $0 \leq x \leq 4.99$ の少数点以下 2 桁の x を作り，それに対応する y を表にしたものである。こうした上側確率は，次章以下に述べる推定・検定に必要な数字であるが，正規分布の確率分布関数（＝確率密度関数の積分）が簡単な式で表せないために，数値計算（近似計算）をした表が用意されているのである。しかし，PC 時代の今日では上記の x と y の対応関係は，PC ソフトの組み込み関数を使って容易に計算できる。R では，

```
y <- 1 - pnorm(x),   x <- -1*qnorm(y)
```

として，対応した x と y の値が，どちらからでも求められる。

これから，いくつかの上側確率（y）に対応した x を求めると，

y（上側確率）	x
0.1	1.28
0.05	1.64
0.025	1.96
0.01	2.33
0.005	2.58

$y = 0.025$ は，両側確率（$Pr(X \le -x) + Pr(X \ge x)$）が 0.05（5%）ということで，対応する $x = 1.96$ はよく使われる数値である。

10.2.5　正規乱数の発生とヒストグラム

本書では，「実験（シミュレーション）」によって確率事象を「目に見える形」で理解するために，正規分布に従う擬似乱数（正規乱数）を多用する。R では，正規乱数は rnorm( ) 関数によって発生させることができる。

```
rnorm(n, mean= 0, sd=1)
```

最初の引数 n は発生させる乱数の個数を指示する。平均は mean=で，標準偏差は sd=で与える。デフォルト値がそれぞれ 0 と 1 になっているので，mean=と sd=の引数を与えず，rnorm(n) とすれば，標準正規分布 $N(0,\ 1)$ からの n 個の乱数を発生させる。

発生させた乱数が確かに設定した正規分布に従うものであるかを確認する方法の 1 つは，それを「ヒストグラム」に描いてみることである。R ではヒストグラムは hist( ) 関数によって容易に作成することができる（hist( ) 関数の詳細は，補論で再説する）。次のプログラムは，発生させる乱数の個数 n を 100，500，1000，10000 とした場合についてのヒストグラムの比較である。数が大きくなるほど，正規分布の確率密度関数の形に近づいてくることがわかる。

```
# 図 19
# 正規乱数のヒストグラム
par(mfrow=c(2,2))
x <- seq(-4,4,by=0.05)
y <- dnorm(x)
```

図19

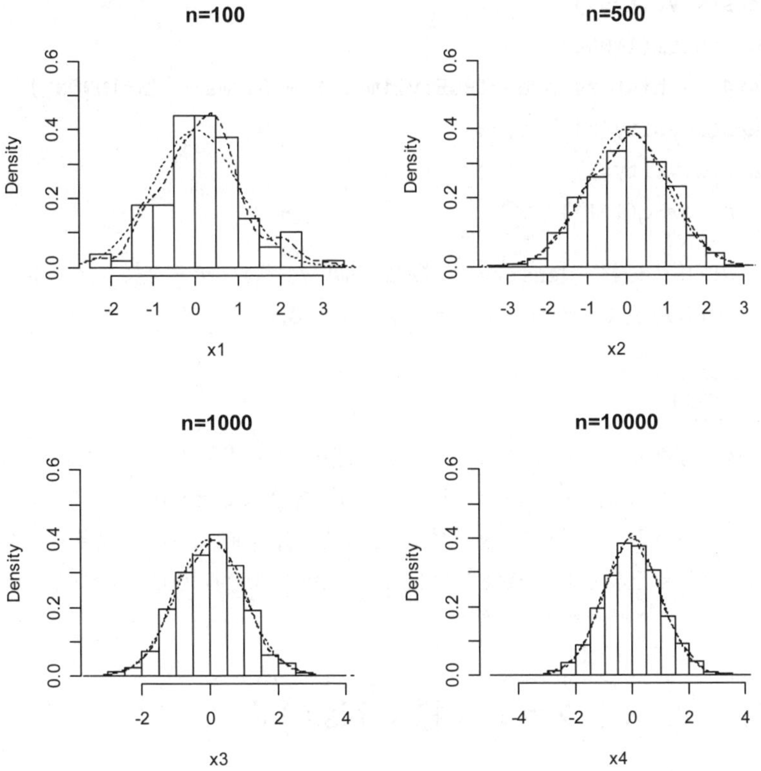


```
x1 <- rnorm(100)
hist1 <- hist(x1,prob=TRUE,ylim=c(0,0.6),main="n=100")
lines(density(x1),lty=2)
lines(x,y,lty=3)
x2<- rnorm(500)
hist2 <- hist(x2,prob=TRUE,ylim=c(0,0.6),main="n=500")
lines(density(x2),lty=2)
lines(x,y,lty=3)
x3<- rnorm(1000)
hist3 <- hist(x3,prob=TRUE,ylim=c(0,0.6),main="n=1000")
```

```
lines(density(x3),lty=2)
lines(x,y,lty=3)
x4<- rnorm(10000)
hist4 <- hist(x4,prob=TRUE,ylim=c(0,0.6),main="n=10000")
lines(density(x4),lty=2)
lines(x,y,lty=3)
par(mfrow=c(1,1))
```

グラフ中の破線（density( ) 関数で描いた）は，データにフィットする近似的な確率密度（＝カーネルデンシティ）である。

練習問題

n 個の標準正規乱数を発生させ，その値が $-k < X < k$ となる乱数の個数 m の n に対する割合を計算して返すユーザー定義関数 rate（引数を，n と k とする）を作れ。$k = 1, 2, 3$ に対して，n を 10，100，1000 と大きくした場合に，結果が上に示した 0.6826895，0.9544997，0.9973002 に近づくか確認せよ。

補論　ヒストグラムを描く hist( ) 関数

ヒストグラムは，データの分布を視覚化する統計学の基本的なツールである。ヒストグラムを描くには，

- n 個の区間 $(a_j < x \leq a_{j+1},\ j = 1, 2, \cdots, n)$ を設定し，
- 各区間に入るデータの個数を数えた「度数分布表」を作成し，
- それを（各「棒」の幅を，区間の幅に比例させた）棒グラフに描く。

という作業をしなければならないので，データの個数が多いと手作業ではかなりな手間がかかるが，R では hist( ) 関数で簡単に描くことができる。

以下は，200 名の学生のテストの点数のデータを読み込み，4 種類のヒストグラムを描くプログラムである。

- データのベクトル名（TENSU）を引数に与えるだけ（hist(TENSU)）でヒストグラムが得られる。特別の引数を与えない場合（デフォルト）の区間

は次のスタージェスの公式から計算される区関数 n の等しい幅の区間を設定している。スタージェスの公式は，データの総個数（N）から設定すべき区間の個数 n を求める次の式である。

$$n \simeq 1 + \log_2 N = 1 + \frac{\log_{10} N}{\log_{10} 2}$$

- prob=TRUE という引数を指示すると，縦軸が各区間に入るデータの個数（度数）ではなく，それをデータの総個数で割った相対頻度で示される。理論的な確率分布と比較するときには相対頻度にする。
- 区間は，(1) breaks=4 など，n の数字を指定する（この場合はデータの最小値，最大値が入るような n 個の等区間になる），(2) 引数 breaks= に区間の境の数字（上記の a_j，$j = 1, 2, \cdots, n+1$）をベクトルで与える，などの方法で指定することができる。
- hist( ) 関数の実行結果は，グラフを描くだけではなく，関連データ（区間の境界値，度数分布表，階級中央値など）をリストの形で保持しているので，変数名（hist_1 など）に代入しておけば，それを取り出すことができる。

```
# 図 20
#4 種類のヒストグラムを描く
TENSU <- scan("TENSU.txt")
TENSU
par(mfrow=c(2,2))
hist_1 <- hist(TENSU,main="引数を与えない (デフォルト)")
hist_2 <- hist(TENSU,prob=TRUE,main="縦軸が相対頻度")
hist_3 <- hist(TENSU,breaks=4,main="区間を 4 個に指定")
title <-"区間をベクトルで与える"
kukan <- c(0,30,40,60,80,90,100)
hist_4 <- hist(TENSU,breaks=kukan,right=TRUE,main=title )
par(mfrow=c(1,1))
hist_1
# 度数分布表の取り出し
hist_1$counts
```

図20

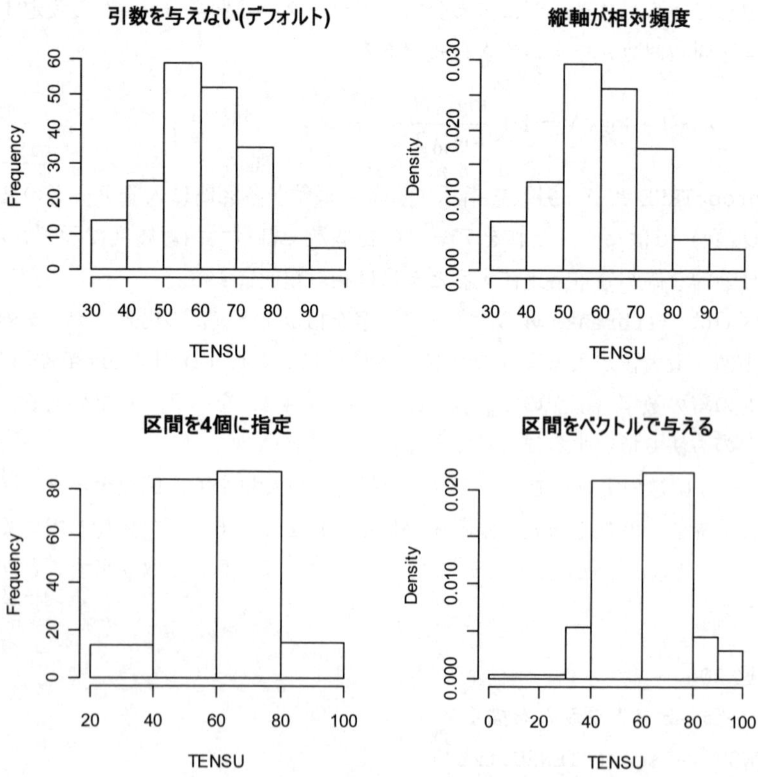

これまでの例では，データはEXCELの表のような形に用意し，それをread.csv( )関数でデータフレームに読み込むという手続きをとってきたが，ここでは，データファイル“TENSU.txt”を読み込むのにscan( )関数を用いた。データフレームとして読み込むためには，（1系列のデータは1列に並んでいなければならないなど）定まった書式が必要であるが，（電子媒体で）利用可能なデータをいつもその形式に整形して用意するのはかなり面倒である。この“TENSU.txt”は200名の学生のテストの点数という1系列のデータが，下記のように縦横に並んでいる。scan( )関数はこうしたデータを1行ずつ，左から右の順で読込み，ベクトル（またはリスト）としてくれる。なお，読み込む際のデータの「区切り記号（separator)」として何が使われているかを，引数 sep= によって scan( ) 関数に指示しなければならない。デ

フォルトでは空白（sep=""）であるので，csv 形式のファイルのようにコンマで区切られたデータであれば，sep="," としなければならない。

```
69 85 56 77 62
68 73 86 35 71
--- 中略 ---
43 57 78 68 51
54 49 58 36 81
```

第11章　推　定

11.1　推　定

11.1.1　母集団と標本

数理統計学には「部分から全体を推し量る技術」という側面があり，推測統計学と呼ばれることがある。選挙速報でまだ開票率が数 % なのに「当確」がついたり，1 万世帯弱の調査である「家計調査」の結果をあたかも全国民の消費動向のように使うなど，われわれはその例を日常頻繁に目にしている。もちろん，こうしたことが意味を持つためには，部分が全体の姿を適切に反映するよう，標本調査法に基づくきちんとした調査の設計がなされていなければならない。ここでは調査設計の話は行わず，以下ではデータは適切な調査から得られたものと仮定する。

統計学では，得られたデータはデータとしては得られなかった部分をも含めた「全体」の中から無作為に抽出されたものということを仮定している。このとき全体を「母集団」，得られたデータを全体の 1 つの見本という意味で「標本 (サンプル)」という。母集団は家計調査における「日本の全ての世帯における今月の消費」のように有限で確定したものばかりではない。「本日正午における校庭の温度の測定結果」のように，理論的には不確定で無数の場合もある。こうした場合も含めて考えるとき母集団とは，その言葉からイメージされるような「個体の集まり」というよりは，むしろ確率事象を生み出す規則としての確率分布であると考えるほうがわかりやすい。そうした規則に従って偶々出現したいくつかの事例の測定結果が標本である。

11.1.2　パラメータの推定

このように統計学では，得られたデータが「ある確率分布に従って出現したもの」との前提に立って，様々な主張・判断を行う。そのために，手にしているデータが，どのような確率分布から発生したのかをデータから「推し量る」ことが必要である。より具体的には，正規分布等の確率分布の形を仮定したうえで，平均 μ，分散 σ^2 等，確率分布の関数形を確定させるパラメータをデータ（標本）から推定するのである。

確率分布のパラメータの推定方法には大きく 2 つの考え方がある。

積率（モーメント）法

データ $x_1, x_2, \cdots, x_n$ が，どれも同じ正規分布 $X \sim N(\mu, \sigma^2)$ から出現したものであるとすれば，

$$E(x_1) = E(x_2) = \cdots = E(x_n) = \mu$$

であるから，

$$E\left(\frac{\sum_{j=1}^{n} x_j}{n}\right) = \frac{\sum_{j=1}^{n} E(x_j)}{n} = E(X) = \mu$$

そこで，

$$\widehat{\mu} = \widehat{E(x)} \equiv \frac{\sum_{j=1}^{n} x_j}{n}$$

を平均の推定量 (estimator) とする。これは，すべてのデータを足してデータの個数 n で割ったものであるから，データの「平均値」である。同じ「平均」という言葉が出てきて混乱をする場合には，μ のほうを確率分布の「母平均」，データの平均値のほうを「標本平均」と呼んで区別する。なお，「推定量 (estimator)」というのは，個々には値が具体的に確定していない確率変数による（足し算・引き算などの）計算方式という点を強調した言い方であり，それに具体的なデータ（数値）を入れて計算された数値を「推定値」(estimates) と呼んで区別している（ちょうど，確率変数を大文字 X で，その具体的な出現値を小文字 x で表記する区別と同じである)。

上は，1 次の積率（$E(x)$）の推定量をデータ $x_1, x_2, \cdots, x_n$ の 1 次式の「平均値」とした，という見方もできるが，これを自然に拡張すれば，2 次の積率 $E(x^2)$ の推定量は，

$$\widehat{E(x^2)} \equiv \frac{\sum_{j=1}^{n} x_j^2}{n}$$

同様に，第 k 次のモーメントの推定量は，

$$\widehat{E(x^k)} \equiv \frac{\sum_{j=1}^{n} x_j^k}{n}$$

とすることが考えられる。

前に述べたように，

$$V(X) = E(x^2) - (E(x))^2$$

であるから，分散の推定量は，上式の 1 次，2 次の積率をその推定量で置き換えて，

$$\begin{aligned}\widehat{V(X)} &= \widehat{E(x^2)} - \left(\widehat{E(x)}\right)^2 \\ &= \frac{\sum_{j=1}^{n} x_j^2}{n} - \left(\frac{\sum_{j=1}^{n} x_j}{n}\right)^2 \\ &= \frac{\sum_{j=1}^{n} \left(x_j - \widehat{E(x)}\right)^2}{n}\end{aligned}$$

この推定量を「標本分散」と呼んでいる（パラメータ σ^2 は区別する必要があれば，母分散と呼ぶ)。

なお，$\overline{x}$ と x にオーバーバーをつけたもので標本平均を表記することも，統計学では一般に行われている。

最尤法

データ x_1，x_2，$\cdots$，x_n の各々が同じ確率分布から出現したものであるならば，その n 個の値が出る確率は，（コインを 2 回投げたときの確率と同様に）

$$Pr(x_1) \times Pr(x_2) \times \cdots \times Pr(x_n)$$

となるが，x が連続分布である正規分布 $X \sim N(\mu, \sigma^2)$ に従うならば $Pr(x)$ は定義できない。それを確率密度関数で置き換えた

$$L \equiv f(x_1) \times f(x_2) \times \cdots f(x_n) = \Pi_{j=1}^{n} f(x_j)$$

を確からしさの指標である「尤度（ゆうど）」という。正規分布 $N(\mu, \sigma^2)$ の確率密度関数を代入すれば，

$$L = \left(\frac{1}{\sqrt{2\pi}\sigma}\right)^n \times \Pi_{j=1}^{n} \exp\left(-\frac{1}{2}\frac{(x_j-\mu)^2}{\sigma^2}\right)$$

$$= \left(\frac{1}{\sqrt{2\pi}}\right)^n \times \left(\sigma^2\right)^{-n/2} \times \exp\left(-\frac{1}{2\sigma^2} \times \sum_{j=1}^{n}(x_j - \mu)^2\right)$$

これをパラメータ μ, σ^2 の関数と考えて，データ x_1, x_2, $\cdots$, x_n が与えられたもとで尤度を最大にする μ, σ^2 の値をそのパラメータの推定量とするのである。L よりもその対数をとった $\log L$（対数尤度）のほうが扱いやすいので，普通は対数尤度を最大にする。この例では，

$$\log L = -\frac{n}{2}\log(2\pi) - \frac{n}{2}\log\sigma^2 - \frac{1}{2\sigma^2} \times \sum_{j=1}^{n}(x_j - \mu)^2$$

これを，μ, σ^2 について偏微分したものをゼロと置いた式から，

$$\widehat{\mu} = \frac{\sum_{j=1}^{n} x_j}{n}$$

$$\widehat{\sigma^2} = \frac{\sum_{j=1}^{n}(x_j - \widehat{\mu})^2}{n}$$

と，この場合には積率法による推定量と同じものになる。

11.1.3　標本分布

われわれがその真の値を知りえないとしても，μ, σ^2 などのパラメータの値は確率分布の形を決める「確定した数値」である。一方，上記のようにして作成するパラーメータの推定量 $(\widehat{\mu}, \widehat{\sigma^2})$ は確率変数 X_j から計算するものであるから，$\widehat{\mu}$, $\widehat{\sigma^2}$ 自身も確率変数である。しかし，その確率分布は一般には，X_j のものとは異なる。

標本平均の確率分布

$$\widehat{\mu} \equiv \frac{\sum_{j=1}^{n} x_j}{n} \sim N(\mu,\ \frac{\sigma^2}{n})$$

平均が μ，分散が σ^2/n となることは，期待値演算子 $E()$ を使って確認できる。

$$E\left(\frac{\sum_{j=1}^{n} x_j}{n}\right) = \frac{1}{n} \times \sum_{j=1}^{n} E(x_j) = \frac{1}{n} \times (n \times \mu) = \mu$$

$$V\left(\frac{\sum_{j=1}^{n} x_j}{n}\right) = E\left(\frac{\sum_{j=1}^{n} x_j}{n} - \mu\right)^2$$

$$= E\left(\frac{\sum_{j=1}^{n} (x_j - \mu)}{n}\right)^2$$

$$= \frac{1}{n^2} \times \sum_{j=1}^{n} E(x_j - \mu)^2 = \frac{1}{n^2} \times \left(n \times \sigma^2\right) = \frac{\sigma^2}{n}$$

その分布形が正規分布となることは，「X，Y が正規分布のときに，$X+Y$ も正規分布になる」という性質（正規分布の再生性）によっている。

標本分散の確率分布

標本分散は，それを含む次の式が，「自由度 $n-1$ の χ^2(カイ二乗) 分布」に従う。

$$\frac{n}{\sigma^2} \times \widehat{\sigma^2} = \frac{n}{\sigma^2} \times \frac{\sum_{j=1}^{n} (x_j - \bar{x})^2}{n} = \frac{\sum_{j=1}^{n} (x_j - \bar{x})^2}{\sigma^2} \sim \chi^2(n-1)$$

カイ二乗分布

- 自由度 n の χ^2（カイ二乗）分布の確率密度関数は，

$$f_n(x) = \begin{cases} \dfrac{1}{2^{(n/2)}\Gamma(n/2)} \times x^{(n/2)-1} e^{-x/2}, & (x > 0) \\ 0, & (x \leq 0) \end{cases}$$

ここで，$\Gamma(t)$ は次で定義されるガンマ関数である。

$$\Gamma(t) = \int_0^{\infty} x^{t-1} e^{-x} dx$$

- カイ二乗分布の平均と分散は次のように簡単なものである。

$$E(X) = n, \quad V(X) = 2n$$

- カイ二乗分布の形を決めているパラメータは自由度 n である。
- カイ二乗分布は，標準正規分布から導かれる。n 個の互いに独立な標準正規分布に従う確率変数 x_1，x_2，$\cdots$，x_n の二乗和は，自由度 n のカイ二乗分布に従う。

$$x_j \sim N(0,\ 1) \quad j = 1, 2, \cdots, n \ \rightarrow\ \sum_{j=1}^{n} x_j^2 \sim \chi^2(n)$$

- したがって，

$$x_j \sim N(\mu,\ \sigma^2) \quad j = 1, 2, \cdots, n \ \rightarrow \ \sum_{j=1}^{n} \left(\frac{x_j - \mu}{\sigma} \right)^2 \sim \chi^2(n)$$

R には，カイ二乗分布の確率密度関数等の組み込み関数（dchisq( ), pchisq( ), qchisq( ), rchisq( )）がある。自由度によってカイ二乗分布の確率密度関数の形がどう変わるか，次のプログラムによって確認せよ。

```
# カイ二乗分布の確率密度関数
x <-seq(0,10,by=0.02)
y1 <- dchisq(x,df=1); y2 <- dchisq(x,df=2);y3 <- dchisq(x,df
=3)
y5 <- dchisq(x,df=5); y8 <- dchisq(x,df=8)
ttl <- "カイ二乗分布の確率密度"
plot(x,y1,type="l",xlim=c(0,10),ylim=c(0,1),main=ttl)
lines(x,y2,lty=2); lines(x,y3,lty=3); lines(x,y5,lty=4);
lines(x,y8,lty=5)
han <-c("自由度 1","自由度 2","自由度 3","自由度 5","自由度 8")
legend(4,1,legend=han,lty=1:5,box.lty=0)
```

11.1.4　推定量の持つべき性質

データ x_1, x_2, $\cdots$, x_n からパラメータの推定量を作る方法として積率法と最尤法を説明したが，推定量を作る方法はこれに限られるわけではない。たとえば，正規分布の平均 μ の推定量として，算術平均ではなくデータの「中位値」（＝データを大きさの順に並べたときの真ん中の数字）を採用することもありえよう。様々な推定量の中でどの推定量が「良い」推定量なのかの判断基準として次のようなものが提案されている。なお，以下で θ を推定すべきパラメータ，$\hat{\theta}$ をその推定量とする。

不偏性

推定量（これは確率変数である）の期待値がパラメータの真の値に一致する。数式で表現すれば次の通りである。

$$E(\hat{\theta}) = \theta$$

正規分布の平均 μ の 1 次積率による推定量は $E(\hat{\mu}) \sim N(\mu, \sigma^2/n)$ であるから，不偏推定量である。不偏性の意味するところは，（多数回データを得てパラメータの推定を何回も行った場合に）「平均的には真の値をあてている」というイメージである。

一致性

データ $x_1, x_2, \cdots, x_n$ の個数 n を増やした場合に，推定量 $\hat{\theta}_n$ が次第に真の値 θ に近づき，$n \to \infty$ では真の値に一致する。数式による定義は，

$$n \to \infty \text{ のとき } \quad Pr(|\hat{\theta}_n - \theta| > \epsilon) \to 0 \quad for\ \forall \epsilon > 0$$

正規分布の平均 μ の 1 次積率による推定量は $E(\hat{\mu}) \sim N(\mu, \sigma^2/n)$ であるから，$n \to \infty$ で，分散がゼロに収束する（確率分布が「退化する」という）ので，確実に $\hat{\theta}_n \to \theta$ であり，一致性を満たしている。

有効性

不偏推定量のうち，分散を最小にする推定量を有効推定量という。

$$\min\ E(\hat{\theta} - \theta)^2$$

不偏推定量も様々なものが考えられるので，不偏推定量一般の中から分散が最小のものを見つけることは困難が大きい。そこで，たとえば，データの加重平均 $\sum_{j=1}^{n} c_j \times x_j$ で作られる「線形推定量」の中で一番分散が小さいものを選ぶなど，範囲を限定することが多い。

11.1.5　分散の不偏推定量

正規分布 $N(\mu, \sigma^2)$ からのデータ $x_1, x_2, \cdots, x_n$ に対して積率法や最尤法で求められる分散 σ^2 の推定量（標本分散）$\sum(x_j - \overline{x})^2/n$ は不偏性を満たさない。

$$\frac{n}{\sigma^2} \times \widehat{\sigma^2} \sim \chi^2(n-1)$$

で，自由度 $n-1$ のカイ二乗分布の平均は $n-1$ であるから

$$E\left(\frac{n}{\sigma^2}\times\widehat{\sigma^2}\right)=\frac{n}{\sigma^2}\times E\left(\widehat{\sigma^2}\right)=n-1$$

したがって，

$$E\left(\widehat{\sigma^2}\right)=E\left(\frac{\sum(x_j-\overline{x})^2}{n}\right)=\sigma^2\times\frac{n-1}{n}\neq\sigma^2$$

以上から，分散の不偏推定量は，$\sum(x_j-\overline{x})^2$ を n ではなく $n-1$ で割ったものであり，これを「不偏分散」と呼んでいる。

$$E\left(\frac{\sum_{j=1}^{n}(x_j-\overline{x})^2}{n-1}\right)=\sigma^2$$

R で標本平均を計算する関数は mean( ) である。標本分散を計算する関数 var( ) は上記の（$n-1$ で割った）不偏分散を返すので，通常の（n で割った）標本分散を得るには，$(n-1)/n$ を掛けなければならない。

11.1.6　R による練習

標本平均

「rnorm( ) 関数で n 個の標準正規乱数を発生させ，その標本平均を計算する」という試行を 1000 回繰り返して得た 1000 個の標本平均のデータの分布をヒストグラムに描き，$N(0,\ 1/n)$ の確率密度関数と比較する。これを $n=5,\ 10,\ 50,\ 100$ の 4 ケースについて行い，分散の変化を確認する。

```
# 図 21
# 標本平均の確率分布を比較する
# 「n 個のデータの標本平均」のヒストグラムを作るユーザー定義関数
heikin <- function(n){
x0 <- seq(-2,2,by=0.02); y0 <-dnorm(x0,sd=1/sqrt(n))
x <- numeric(1000)
for (j in 1:1000){
x[j] <- mean( rnorm(n))
}
m <-round( mean(x), digits=4); v <-round( var(x),digite=4)
```

図21

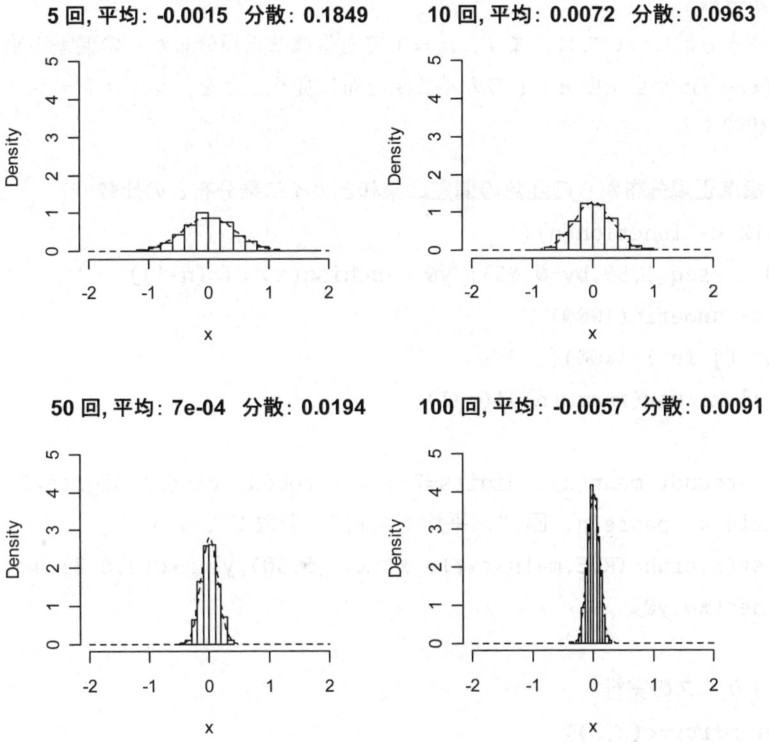


```
title <- paste(n,"回,","平均：",m,"　分散：", v )
hist(x,prob=TRUE,main=title,xlim=c(-2,2),ylim=c(0,5) )
lines(x0,y0,col=4)
}
# 4ケースの実行
par(mfrow=c(2,2))
heikin(5); heikin(10); heikin(50); heikin(100)
par(mfrow=c(1,1))
```

標本分散

標本分散については，まず，$\sigma = 1$ である標準正規分布からの偏差二乗和 $\sum(x_j - \bar{x})^2$ が自由度 $n - 1$ のカイ二乗分布に従うことを，シミュレーションで確認する。

```
# 標準正規分布からの乱数の偏差二乗和とカイ二乗分布との比較
kai2 <- function(n){
x0 <- seq(1,50,by=0.05); y0 <-dchisq(x0,df=(n-1))
x <- numeric(1000)
for (j in 1:1000){
x[j] <- var(rnorm(n))*(n-1)
}
m <-round( mean(x), digits=2); v <-round( var(x),digite=2)
title <- paste(n,"回,","平均：",m,"  分散：", v )
hist(x,prob=TRUE,main=title,xlim=c(0,50),ylim=c(0,0.2) )
lines(x0,y0)
}
# 4 ケースの実行
par(mfrow=c(2,2))
kai2(5); kai2(10); kai2(20); kai2(30)
par(mfrow=c(1,1))
```

次に，標準正規分布からの標本の「不偏分散」は，自由度 $n - 1$ のカイ二乗分布に従う確率変数を $n - 1$ で割ったものになるから，その平均は 1，分散は $2/(n - 1)$ となる。一方，偏差二乗和を n で割った「標本分散」の平均は $(n - 1)/n$，分散は $2(n - 1)/n^2$ となる。$n = 5, 10, 50, 100$ について計算すると，

n	$2/(n-1)$	$(n-1)/n$	$2(n-1)/n^2$
5	0.5	0.8	0.32
10	0.222	0.90	0.180
50	0.041	0.98	0.040
100	0.020	0.99	0.020

次のシミュレーションで，これを確認せよ。

```
# 標本分散の分布
bunsan <- function(n){
x <- numeric(1000)
for (j in 1:1000){
x[j] <- var(rnorm(n))
}
m <-round( mean(x), digits=4); v <-round( var(x),digite=4)
title <- paste(n,"回,","平均：",m,"  分散：", v )
hist(x,prob=TRUE,main=title,xlim=c(0,4),ylim=c(0,3) )
}
#4 ケースの実行
par(mfrow=c(2,2))
bunsan(5); bunsan(10); bunsan(50); bunsan(100)
par(mfrow=c(1,1))
```

11.2　区間推定

（5.2, 5.1, 4.8, 4.7, 5.2）というデータでも，（5.0, 6.5, 4.0, 6.0, 3.5）というデータでも標本平均を推定量とすれば，$\hat{\mu}$ はともに 5 である。しかし，前者のほうが，後者よりも $\mu = 5$ であることが「確からしい」と考えるのは常識にかなっている。この「確からしさ」を反映させるために，パラメータの値を 1 つの数字として推定するのではなく，一定の確率（たとえば，0.95（= 95%））でパラメータが存在する範囲（区間）で示すのが，「区間推定」である。

11.2.1　正規分布の平均の区間推定

データ $x_1, x_2, \cdots, x_n$ が同じ正規分布 $N(\mu, \sigma^2)$ に従うものとすれば，その標本平均 $\overline{x}$ は $N(\mu, \sigma^2/n)$ に従い，

$$z \equiv \frac{\overline{x} - \mu}{\sigma/\sqrt{n}} \sim N(0,\ 1)$$

標準正規分布 $z \sim N(0,\ 1)$ の上側確率 0.025（2.5%）となる z の値は 1.96 であるから，

$$Pr(-1.96 \leq z \leq 1.96) = 0.95$$

z に上の式を代入すれば，

$$-1.96 \leq \frac{\bar{x}-\mu}{\sigma/\sqrt{n}} \leq 1.96 \ \rightarrow \ \bar{x} - 1.96 \times \frac{\sigma}{\sqrt{n}} \leq \mu \leq \bar{x} + 1.96 \times \frac{\sigma}{\sqrt{n}}$$

と，確率 0.95 でパラメータ μ の存在する区間を示すことができる。これを「95% の信頼区間」と呼ぶ。

データからこの信頼区間を求めようとするときの困難は，真の分散 σ がわからないことである。そこで便宜的な方法として，式の σ を不偏分散 $\widehat{\sigma^2}$ の平方根で代用することが考えられる。しかし，このとき

$$t \equiv \frac{\bar{x}-\mu}{\sqrt{\widehat{\sigma^2}}/\sqrt{n}}$$

は，もはや正確には標準正規分布には従わず，「自由度 $n-1$ の t-分布」という別な分布となる。下に述べるように t-分布の確率密度関数は標準正規分布にきわめて似た形であり，平均 0 を軸に左右対称の釣鐘型である。「自由度 $n-1$ の t-分布」の上側確率 0.025（2.5%）となる t の値を $t_{0.025}$ とすれば，「95% の信頼区間」は次のようになる。

$$\bar{x} - t_{0.025} \times \frac{\widehat{\sigma}}{\sqrt{n}} \leq \mu \leq \bar{x} + t_{0.025} \times \frac{\widehat{\sigma}}{\sqrt{n}}$$

ただし，ここでは，

$$\widehat{\sigma} \equiv \sqrt{\frac{\sum_{j=1}^{n}(x_j - \bar{x})^2}{n-1}}$$

11.2.2 t-分布

t-分布（自由度 n）の確率密度関数はきわめて複雑な式である。

$$f_n(x) = \frac{\Gamma\left(\dfrac{n+1}{2}\right)}{\sqrt{n\pi}\,\Gamma\left(\dfrac{n}{2}\right)}\left(1 + \frac{x^2}{n}\right)^{-\frac{n+1}{2}}, \quad -\infty < x < \infty$$

$$平均\quad E(X)=0,\quad 分散\quad V(X)=\frac{n}{n-2},\quad (n \geq 3)$$

- 確率変数 x が標準正規分布に従い，y がこれと独立に自由度 n のカイ二乗分布に従うとき，

$$\frac{x}{\sqrt{y/n}}$$

が自由度 n の t-分布に従うことが知られている。

- 上の t も，次に示すように分子が標準正規分布，分母が自由度 $n-1$ のカイ二乗分布に従うものを $n-1$ で割ったものからできているとみることができるので，自由度 $n-1$ の t-分布に従うのである。

$$t=\frac{\bar{x}-\mu}{\sqrt{\dfrac{\sum(x_j-\bar{x})^2}{n-1}}\Big/\sqrt{n}}=\left(\frac{\bar{x}-\mu}{\sigma/\sqrt{n}}\right)\Bigg/\sqrt{\sum\left(\frac{x_j-\bar{x}}{\sigma}\right)^2\Big/(n-1)}$$

- t-分布の分散は

$$V(X)=\frac{n}{n-2}=\frac{1}{1-\dfrac{2}{n}} \rightarrow 1 \quad (n \rightarrow \infty)$$

であり，自由度 ∞ で t-分布は標準正規分布に一致する。

R で t-分布は，dt( )，pt( )，qt( )，rt( ) 等の関数で扱われる。自由度 (df) が 1，5，10 の t-分布と標準正規分布の確率密度関数を比較してみよう。

```
# t-分布の確率密度関数
x <-seq(-4,4,by=0.05)
y1 <- dt(x,df=1); y5 <- dt(x,df=5); y10 <- dt(x,df=10)
yinf <- dnorm(x)
ttl <- "t-分布と標準正規分布"
plot(x,y1,type="l",xlim=c(-4,4),ylim=c(0,0.5),main=ttl )
lines(x,y5,col=3); lines(x,y10,col=4); lines(x,yinf,col=2)
hanrei <-c("自由度 1","自由度 5","自由度 10","標準正規")
abline(v=0,lty=3)
legend(-4,0.5,legend=hanrei,lty=c(1,1,1,1),col=c(1,3,4,2))
```

自由度が小さいほど，$x = 0$ での「山」が低く，裾野の厚い分布になっていることが確認されよう。

自由度 n の t-分布の $x = 0$ における値（つまり「山」の頂上の値）は，

$$f_n(0) = \frac{\Gamma\left(\frac{n+1}{2}\right)}{\sqrt{n\pi}\,\Gamma(n/2)}$$

一方，正規分布 $y \sim N(0, \sigma^2)$ の $y = 0$ における値は，

$$f(0) = \frac{1}{\sqrt{2\pi}\sigma}$$

である。そこで，自由度 n の t-分布と「山」の高さが等しい正規分布の σ を求めれば，

$$\sigma = \sqrt{n/2} \times \frac{\Gamma(n/2)}{\Gamma(n+1/2)}$$

$n = 5$ のときの t-分布と「山」の高さの等しい正規分布の確率密度関数を比較すると，t-分布のほうが「裾野の厚い」分布になっていることがわかる。

11.2.3 *t*-分布表

$p \times 100\%$ の信頼区間で区間推定をするには，上側確率 $\alpha = (1 - p)/2$ に対応した t-分布の x 軸の値 t_α を求める必要がある。統計学の教科書の巻末には，標準正規分布表と同様の t-分布表があり，自由度 n ごとにこの上側確率 α とそれに対応した t_α とを示している（表側に自由度，表頭に上側確率 α があり，対応した表の位置に t_α が記されている）。

標準正規分布のところで示したように，R の関数を使えば t-分布表によらずに，上側確率 α と t_α の対応が得られる。

t_α = qt($1 - \alpha$, df=n),　$\alpha = 1 -$ pt(t_α,df=n)

11.2.4 R による区間推定

まず，正規分布からのデータベクトル x と確率 p を引数として与えた場合に，$p \times 100\%$ の信頼区間の下限値（tL），標本平均（mu），上限値（tU）の 3 要素からなるベクトルを返すユーザー定義関数 **kukan** を作る。

```
# 図22
# 区間推定のユーザー定義関数
# データベクトルxと確率pを与え，p×100%の信頼区間を返す
kukan <- function(x,p){
n <- length(x); alpha <- (1-p)/2
# 自由度n-1のt-分布の上側確率alpha点を求める
ta <- qt((1-alpha),df=(n-1))
# xの標本平均と標本標準偏差を求める
mu <- mean(x); s <- sd(x)
# 信頼区間の下限・上限を計算する
tL <- mu - ta*(s/sqrt(n))
tU <- mu + ta*(s/sqrt(n))
# 要素が3のベクトルとして返す
return(c(tL,mu,tU))
}
```

このユーザー定義関数 **kukan** を用い，(1) $p = 0.9$ に固定し，(2) 標本の大きさ（＝ベクトル x の要素の数）を，10, 30, 50, $\cdots$, 490 まで（20 おきに）増加させた場合の信頼区間を計算し，それをグラフに描いて，標本の大きさによる信頼区間の変化を観察してみよう。

```
# 要素数nnの標準正規乱数を発生させ，p=0.9の信頼区間を返す
m <- seq(10,500,by=20); nn <- length(m)
xL <- numeric(nn); mu <- numeric(nn); xU <- numeric(nn)
for (j in 1:nn){
x <- rnorm(m[j])
y <- kukan(x,0.9)
xL[j] <- y[1]; mu[j] <- y[2]; xU[j] <- y[3]
}
(kekka <- cbind(m,xL,mu,xU) )
y1 <- min(xL); y2 <- max(xU)
ttl <-"90 %の信頼区間：標本数nによる変化"
xlb <-"標本数n"
```

図22

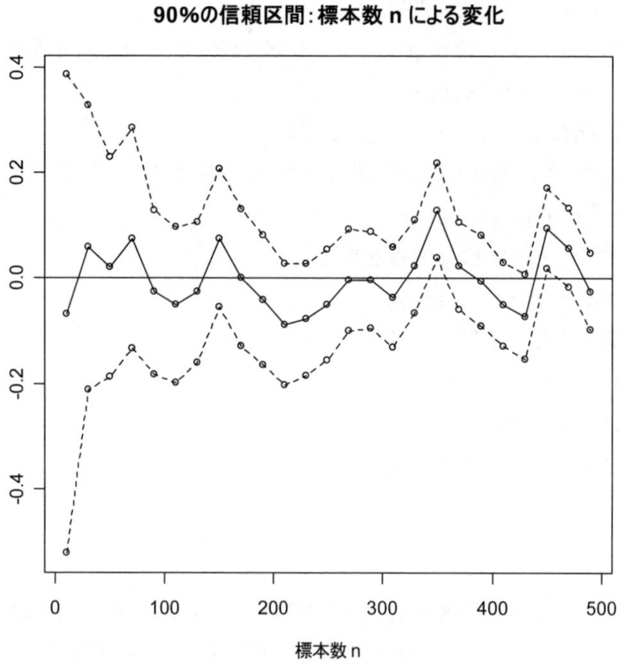


```
plot(m,xU,type="o",col=2,ylim=c(y1,y2),main=ttl,xlab=xlb,
ylab="")
lines(m,mu,type="o",col=4);lines(m,xL,type="o",col=2)
abline(h=0)
```

結果のグラフから，n が増加するにつれて信頼区間の幅が小さくなり，真の平均 0 をはさんだものに「落ち着いて」いく様子がわかるが，それとともに，いくつかの信頼区間は真の平均 0 をはさまず，外側となってしまっていることも見られるだろう。「90% の信頼区間」というものは，「真の平均が確率 0.9 でその区間に入る」というのではなく，真の平均（それは確率変数ではなく未知の定数である）をはさむ区間を作成（＝推定）する試行を n 回繰り返せば，$n \times 0.9$ 回は真の平均をはさんでいるということである（より正確にいえば，「確率変数である信頼区間の下限値（tL）が真の平均 μ 以下である」という事象と「確率変数である信頼区間の上限値（tU）が真の平均 μ 以上である」という事象がともに「真」となる確率が 0.9 ということである)。

練習問題

上のユーザー定義関数 **kukan** を活用し,「要素数 20 の標準正規乱数で, $p = 0.9$ の信頼区間を計算する」という試行を 100 回行い, 信頼区間の中に「真の平均=0」が入っている試行の回数の全試行回数 100 に対する割合を計算する R のプログラムを作り, その答えが $p = 0.9$ に近いか確認せよ。試行回数を 500 回, 1000 回に増やしたらどうか。

第 12 章　仮説検定

12.1　仮説検定の考え方

仮説検定は，確率事象に関してわれわれが持っている「仮説」をデータに照らし，正しいとして受け入れるか，誤りであるとして棄て去るかのテストを行うことである。たとえば，コイン投げの例で，「このコインには偏りがある（H のほうが出やすい）」という仮説を持っていたところ，10 回投げて，8 回が H，2 回が T という結果を得たとする。この結果から「コインに偏りがある」と判断し，仮説を正しいとして受け入れるべきなのか，それともたまたまそういう結果になっただけで「コインには偏りがない」と判断するべきなのだろうか。仮説検定はそれ判断する手だてを提供する。

12.1.1　背理法との類似

仮説検定は，慣れないものにとっては「論理の運び」に違和感があるかもしれない。そのロジックは，数学で用いられる背理法（帰謬法ともいう）とよく似ている。背理法は，命題 A が正しいと主張したい場合に，

1. 命題 A の否定（not A）を仮定する。
2. not A を前提にして，演繹論理を展開すると「矛盾」が生じる。
3. したがって，not A という仮定が誤りであり，A であると結論する。

という論理構成をとる。背理法の典型的な適用例の 1 つは，「$\sqrt{2}$ は無理数である」ことの証明である。具体的には

1. 無理数でない（＝有理数であり，既約分数 p/q として表せる）と仮定する。
2. $p/q = \sqrt{2}$ からの式の変形で，p, q がともに偶数でなければならず，既約分数で表したことと「矛盾」が生じる。
3. したがって，有理数という仮定が誤りであり，$\sqrt{2}$ は無理数であると結論

する。

という論理で証明するのである。これに対して仮説検定では，

1. 仮説 A を主張したいときに，まず，not A を仮定する。
2. not A を前提に，データを生み出す「しくみ」である確率分布が，そのデータを出現させる確率を計算する。その結果，矛盾とまではいえないが，通常は起こりそうもないきわめて確率の低いことが起こったことになる。
3. きわめて確率の低いことが起こったのではなく，not A という前提が間違っていたと判断し，したがって，A が正しいと判断する。

という論理構成をとる。先のコイン投げの例にあてはめれば，

1. 「このコインは H のほうが出やすい」（命題 A）を主張したいが，まず，「コインに偏りがない」（$Pr(H) = Pr(T) = 0.5$）（not A）を仮定する。
2. not A（＝コインに偏りがない）のもとで，「H が 8 回，T が 2 回」という結果を得る確率は，0.044（4.4%）と計算される。
3. これを「きわめて確率の低いこと」と判断するならば，not A が誤りであり，主張したい命題 A（「このコインは H のほうが出やすい」）が正しいと判断する。

もちろん，常に「主張したい命題 A の否定を仮定する」とは限らない。

1. A を仮定する。
2. A のもとでデータの結果をうる確率が十分に大きい（きわめて低い確率とはいえない）。
3. したがって，とりあえず命題 A は否定されない。

という論理の運びをする場合もある。

12.1.2　仮説検定の用語

上記のような「論理の運び」の特殊さに加えて，使われる用語が特殊であることが仮説検定をなじみにくいものにしている。以下に主要な用語を解説する。

帰無仮説と対立仮説

上記で最初に立てられる命題（仮説）not A は，それを棄て去ることによって本来主張したい仮説 A が受け入れられる，いわば「あてうま」的な役割を演じている。これを「帰無（きむ）仮説」と呼んで，H_0 などと表記する（H は hypothesis の頭文字）。これに対して，本来主張したい A のほうを「対立仮説」(H_1 などと表記) と呼ぶ。コイン投げの例でいうと，帰無仮説 H_0 は $Pr(H) = 0.5$ であるが，対立仮説 H_1 は $Pr(H) \neq 0.5$ ではなくて，$Pr(H) > 0.5$ としている。このように何を主張するかに応じて対立仮説が設定されており，必ずしも帰無仮説の「否定」とは限らない。

$$H_0 : Pr(H) = 0.5$$
$$H_1 : Pr(H) > 0.5$$

有意水準と第 1 種の過誤

「背理法との類似」の項で，データの計算した確率を「きわめて確率の低いこと」と判断するならば，命題 not A（＝帰無仮説）を棄てるとしたが，「きわめて低い」か否かの判断基準については言及しなかった。それが「有意水準」であり，0.05（5%），0.01（1%）などで予め設定し，計算した確率がこれを下回れば「きわめて低い」として帰無仮説を棄てるというルールを決めておくのである（なお，統計学では，帰無仮説を「棄てる」ことも「棄却（ききゃく）する」というむずかしい言葉が使われている）。

上のコインの例でいえば，帰無仮説（＝コインに偏りがない）が正しい場合でも，「H が 8 回，T が 2 回」という結果は，4.4% では生じえるわけである。したがって，それが予め定めた有意水準（たとえば 5%）以下であるとして帰無仮説を棄てることは，正しい仮説を棄てる危険を冒すことを意味する。つまり，有意水準とは「帰無仮説が正しいのにそれを棄却する」という誤りを甘受する「リスク・テイク」の水準と理解することもできる。有意水準を何 % にするかの客観的な基準はなく，事例ごとのリスクの深刻度に応じて判断される。経済学などの論文では，上記の，0.05（5%），0.01（1%）とする例がほとんどである。

なお，「帰無仮説が正しいのにそれを棄却する」という誤りは，「第 1 種の過誤（かご）」と呼ばれる。これと対称的な「帰無仮説が誤りなのにそれを棄却しない」誤りを「第 2 種の過誤」と呼んでいる。

	帰無仮説が真	帰無仮説が偽
帰無仮説を棄却する	第 1 種の過誤	正しい判断
帰無仮説を棄却しない	正しい判断	第 2 種の過誤

棄却域

帰無仮説を棄却するか否かは，（上記のコインの例のように）有意水準の確率（たとえば 0.05）とデータから帰無仮説を前提に計算される確率（上記では 0.044）を比較して判断する場合もあるが，正規分布など連続分布を扱う場合には，データから計算されるものは確率ではなく確率密度 $f(x)$ あるいはそれに対応する確率密度関数の横軸の x の値 x_0 である場合が多い。その場合には，ありえない事象（正規分布では対立仮説に応じて $+\infty$ か，$-\infty$）を起点に測って有意水準の確率（α）に対応する x の値 x_α までの範囲（たとえば，$x_\alpha \leq x$）を「棄却域」と呼び，x_0 がこの範囲に入った場合に帰無仮説を棄却する。つまり，

$$Pr(x_\alpha \leq X) = \alpha \text{ (有意水準)}, \quad x_\alpha \leq x_0 \ \rightarrow \ H_0 \text{ を棄却}$$

p-値

上の棄却域では，確率密度関数 $f(x)$ の横軸の数字 (x_α, x_0) の大小を比べたが，

$$p \equiv Pr(X > x_0) = 1 - \int_{-\infty}^{x_0} f(x)dx$$

として，

$$p \leq \alpha \ \rightarrow \ H_0 \text{ を棄却}$$

と確率の比較で帰無仮説の棄却を判断することのほうが直接的である。この p を「p-値」と呼ぶ（provability の頭文字）。p-値は上記のようにデータから計算される様々な値に積分を行わなければならないので，PC の発達していなかった時代には実用的でなかったが，今日では簡単に計算できるので，有意水準 α に対応した x_α を標準正規分布表などから読み取るという作業の意義は小さくなっている。

以下は，有意水準，棄却域，p-値の関係を図で示すプログラムである。

```
# 棄却域の図
par(mfrow=c(1,2))
x <-seq(-0.5,4,by=0.02); y <-dnorm(x)
xl <-c(-0.5,4); yl <-c(0,max(y)*1.05)
alpha <- 0.05; xa <- qnorm((1-alpha))
x1 <- seq(xa,4,by=0.02); m <-length(x1)
x2 <-rev(x1); xx <-c(x1,x2); yy <-c( rep(0,m),dnorm(x2))
ttl <- "有意水準と棄却域"
plot(x,y,type="l",xlim=xl,ylim=yl,main=ttl,xlab="",ylab="")
polygon(xx,yy,col=3) ; segments(2,0.03,2.5,0.2)
text(2.5,0.2,"α（有意水準）",adj=c(NA,0))
text(xa,0,"xa",adj=c(1,0))
arrows(xa,0.01,4,0.01); text(3,0.03,"棄却域")
#p-値との関係
x3 <-seq(2.3,4,by=0.02); m3 <-length(x3)
x4 <-rev(x3); xxx <- c(x3,x4); yyy <-c(rep(0,m3),dnorm(x4))
ttl <- "有意水準と p-値"
plot(x,y,type="l",xlim=xl,ylim=yl,main=ttl,xlab="",ylab="")
polygon(xx,yy,col=3) ; segments(2,0.03,2.5,0.2)
text(2.5,0.2,"α（有意水準）",adj=c(NA,0))
text(xa,0,"xa",adj=c(1,0))
polygon(xxx,yyy,col=6) ; segments(2.5,0.01,3,0.05)
text(3,0.05," p ",adj=c(0,0),cex=1.5)
text(2.3,0,"x0",adj=c(1,0))
par(mfrow=c(1,1))
```

12.2　仮説検定の例

12.2.1　正規分布の平均の検定

たとえば，精密なネジの生産で設計上の「真の長さ」を μ_0 とする。しかし，様々なノイズによって現実の計測値（x）にはズレが生じる。この状態は，観測値 x が平均 μ_0，分散 σ^2 の正規分布からの出現値であるとモデル化できる。

$$x \sim N(\mu_0,\ \sigma^2)$$

さて，ある日，製造装置の調整が悪く「長め」のものが多くできているように疑われる。製造装置を止めて調整をするにはコストがかかるから，まず計測データ $x_1,\ x_2,\ \cdots,\ x_n$ から，単なるノイズではない恒常的なズレが生じている（つまり $\mu > \mu_0$）という疑いを「仮説検定」したい。この場合，

$$H_0 : \mu = \mu_0$$
$$H_1 : \mu > \mu_0$$

として，H_0 が棄却されたならば，$\mu > \mu_0$ と判断し製造装置を止めて調整する。

帰無仮説のもとでは $x_j \sim N(\mu_0,\ \sigma^2)$ であるから，測定データの標本平均 $\bar{x}$ は，

$$\bar{x} \sim N(\mu_0,\ \sigma^2/n) \quad \rightarrow \quad z \equiv \frac{\bar{x} - \mu_0}{\sigma/\sqrt{n}} \sim N(0,\ 1)$$

(σ が既知の場合)

σ の値がわかっているとすれば，上記の z の値 z_0 は，データの標本平均 $\bar{x}$ と帰無仮説 μ_0 から計算ができる。そして，有意水準 α に対応する標準正規分布の x_α の値を，R の関数であれば，

z_α <- `qnorm`$((1-\alpha))$

として求め，

$$z_\alpha \leq z_0 \ \rightarrow \ H_0 \text{ を棄却}$$

を判断する。または，

$p = 1 -$ `pnorm`(z_0)

で計算した p-値を用いて，

$$p \leq \alpha \ \rightarrow \ H_0 \text{ を棄却}$$

を判断する。

(σ が未知の場合)

σ の値が未知であれば（区間推定で説明したように）標本標準偏差 $\hat{\sigma}$ で置き換えたものが，自由度 $n-1$ の t-分布に従う。

$$t \equiv \frac{\bar{x}-\mu_0}{\hat{\sigma}/\sqrt{n}} \sim t(n-1)$$

データから計算した t の値 t_0 と，有意水準 α に対応する自由度 $n-1$ の t-分布の上側確率 α に対応する t の値

t_α <- `qt(`$(1-\alpha)$`, df=n-1)`

により，

$t_\alpha \le t_0 \;\rightarrow\; H_0$ を棄却

を判断する。または，

$p = 1 -$ `pt(`t_0`,df=n-1)`

で計算した p-値を用いて，

$p \le \alpha \;\rightarrow\; H_0$ を棄却

を判断する。

R によるプログラム

上記の t-分布による検定を行うユーザー定義関数 `kentei1` を作成する。

```
# 仮説検定
# データベクトル x，平均の帰無仮説 mu，有意水準 alpha
# を与えて，分散を未知として t-分布で検定する。
# ユーザー定義関数　kentei1
kentei1 <- function(x,mu,alpha){
n <- length(x); mm <- mean(x); s <-sd(x)
t0 <- (mm-mu)/(s/sqrt(n))
ta <- qt((1-alpha),df=(n-1))
p <- 1- pt(t0,df=(n-1))
```

```
# グラフに表示する
tt0 <- round(t0,digits=4); tta <-round(ta,digits=4)
pp <- round(p,digits=4)
if(p<alpha){hantei<-"棄却"} else hantei <- "棄却せず"
title <-paste("t0：",tt0,"  ta：",tta,"  p：",pp,hantei)
xx <- seq(-4,4,by=0.05); yy <- dnorm(xx)
plot(xx,yy,type="l",xlim=c(-4,4),ylim=c(0,0.5),main=title)
lines(c(t0,t0),c(0,dnorm(t0)),lty=1,col=2)
lines(c(ta,ta),c(0,dnorm(ta)),lty=2,col=4)
abline(h=0,col=3)
legend(-4,0.5,legend=c("t0","ta"),lty=c(1,2),col=c(2,4))
return(list(t0=t0,ta=ta,p=p))
}
```

これを用いて，$N(2.5,\ 2)$ に従う正規乱数 20 個を発生させて，平均の帰無仮説 $\mu = 2$，対立仮説 $\mu > 2$ の検定を行う。

```
n <- 20; m <-2.5; v <-2
x <- rnorm(n,mean=m,sd=sqrt(v))
kentei1(x,2,0.05)
```

12.2.2 正規分布の分散の検定

先の精密なネジの生産の例でいえば，製品サンプルの測定値の平均にはズレはないが，そのバラツキが想定した許容水準 σ_0^2 を超えている疑いがある場合であり，

$$H_0 : \sigma^2 = \sigma_0^2$$
$$H_1 : \sigma^2 > \sigma_0^2$$

の検定を行いたい。正規分布の標本分散 $\widehat{\sigma^2} = \sum(x_j - \bar{x})^2/(n-1)$ の分布については，

$$X \equiv \frac{n-1}{\sigma^2} \times \widehat{\sigma^2} \ \sim \ \chi^2(n-1)$$

であったから，σ^2 に帰無仮説 σ_0^2 を代入して計算した X_0 を，

X_α < −qchisq(($1-\alpha$), df = n-1)

と比較して，

$$X_\alpha \leq X_0 \ \rightarrow\ H_0 \text{ を棄却}$$

を判断する。または，

$p = 1 -$ pchisq(X_0,df = n-1)

で計算した p-値を用いて，

$$p \leq \alpha \ \rightarrow\ H_0 \text{ を棄却}$$

を判断する。

練習問題

先の平均についての t-分布による検定のユーザー関数 kentei1 を参考にして，正規分布の分散について，カイ二乗分布で検定するユーザー定義関数 kentei2 を作れ。それを使って，$N(2, 2.5)$ に従う正規乱数 20 個を発生させ，帰無仮説 $\sigma^2 = 2$，対立仮説 $\sigma^2 > 2$ の検定を行え。

12.2.3　2 つの平均の差の検定

たとえば，新薬の効果を調べるときには，薬を投与したグループ（A）と，投与しないグループ（B）の間の試験結果に有意な差異があるかを検定することが必要になる。A，B がそれぞれ $N(\mu_A,\ \sigma^2)$，$N(\mu_B,\ \sigma^2)$ に従うとして，たとえば，

$$H_0 : \mu_A = \mu_B$$
$$H_1 : \mu_A > \mu_B$$

の検定を行うとする。A グループのデータを $x_1, x_2, \cdots, x_m$，B グループのデータを $y_1, y_2, \cdots, y_n$ としたとき，帰無仮説のもとで，

$$t \equiv \frac{\bar{x} - \bar{y}}{s\sqrt{\frac{1}{m} + \frac{1}{n}}} \ \sim\ t(m + n - 2)$$

ただし,

$$s^2 \equiv \frac{\sum_{j=1}^{m}(x_j - \bar{x})^2 + \sum_{j=1}^{n}(y_j - \bar{y})^2}{m+n-2} = \frac{(m-1)\widehat{\sigma_A^2} + (n-1)\widehat{\sigma_B^2}}{m+n-2}$$

であることが知られている（$\widehat{\sigma_A^2}$ は，A グループのデータの標本分散）。したがって，データからこの t を計算して，t-分布による検定を行えばよい。

なお，上記では 2 つのグループの分散が同じ σ^2 であることを仮定した。これが異なる場合には，「ウェルチの検定」というややむずかしい検定法が必要である。

R の t.test( ) 関数による検定

R には t 分布による検定を行う t.test( ) 関数が用意されている。これを使うと平均の差の検定は容易に行える。例として，x が $N(2.5, 2)$ からの 20 個の標本，y が $N(2, 2)$ からの 30 個の標本として，x の平均が y の平均より大きいこと $\mu_A > \mu_B$ を対立仮説とする検定を行う。

```
# t.test( ) 関数による平均の差の検定
x <- rnorm(20,mean=2.5,sd=sqrt(2));y <- rnorm(30,mean=2,sd=
sqrt(2))
t.test(x, y, alternative="greater",var.equal=TRUE)
```

alternative= は，対立仮説の置き方により，$\mu_A < \mu_B$ ならば"less"を，$\mu_A \neq \mu_B$(＝両側検定) ならば"two.sided"を指定する。結果は，次のように表示される。

```
        Two Sample t-test


data:  x and y
t = 0.4642, df = 48, p-value = 0.3223
alternative hypothesis: true difference in means is greater
than 0
95 percent confidence interval:
 -0.5102728        Inf
sample estimates:
```

```
mean of x mean of y
 2.329962  2.134694
```

p-value = 0.3223 であるから，有意水準 $\alpha = 0.05$ として帰無仮説 H_0: $\mu_A = \mu_B$ を棄却できない。

引数 var.equal=TRUE を記述しないと，デフォルトでは FALSE であり，分散が異なる場合のウェルチ検定を行う。また，最初の引数としてデータ系列を 1 つしか記述せず，引数 mu=で平均値の帰無仮説 μ_0 を与えれば，通常の平均値の t-分布による検定を行う。次は，$N(20, 2)$ からの 20 個の標本 x を作り，帰無仮説を $\mu = 19$，対立仮説を $\mu > 19$ として検定を行ったものであるが，p-value = 0.2289 と示されるように，有意水準 $\alpha = 0.05$ で帰無仮説が棄却されない。

```
> x <-rnorm(20,mean=20,sd=2)
> t.test(x,mu=19,alternative="greater")

        One Sample t-test

data:  x
t = 0.7579, df = 19, p-value = 0.2289
alternative hypothesis: true mean is greater than 19
95 percent confidence interval:
 18.52563      Inf
sample estimates:
mean of x
 19.37021
```

12.2.4　2 つの分散の比の検定

2 つのグループ A（標本は $x_1, x_2, \cdots, x_m$），B（標本は $y_1, y_2, \cdots, y_n$）で分散が等しいか否か，たとえば，

$$H_0 : \sigma_A^2 = \sigma_B^2$$
$$H_1 : \sigma_A^2 > \sigma_B^2$$

の検定を行うとする。H_0 のもとで, 2 つの標本分散の比が自由度 $(m-1,\ n-1)$ の F-分布に従うことが知られている。

$$F \equiv \frac{\widehat{\sigma_A^2}}{\widehat{\sigma_B^2}} \sim F(m-1,\ n-1)$$

ただし，$\widehat{\sigma_A^2} = \sum_{j=1}^{m}(x_j - \bar{x})^2/(m-1)$，$\widehat{\sigma_B^2} = \sum_{j=1}^{m}(y_j - \bar{y})^2/(n-1)$

F-分布については下で解説するが，R では他の分布同様，df( )，pf( )，qf( )，rf( ) の関数があり，上記の F に対応する p-値を，

```
p <- 1- pf(F,df1 = (m - 1), df2 = (n - 1))
```

で求め，有意水準 α と比べて

$$p \leq \alpha \ \rightarrow \ H_0 \text{ を棄却}$$

と判断すればよい。

12.2.5 F-分布

F-分布は，

- $x \sim \chi^2(k_x)$
- $y \sim \chi^2(k_y)$
- x と y が独立

のとき，これらの比

$$F \equiv \frac{x/k_x}{y/k_y}$$

が従う確率分布である（自由度は $(k_x,\ k_y)$）。確率密度関数の式はきわめて複雑であるので省略する。

正規分布に従う $x_1,\ x_2,\ \cdots,\ x_m$ の標本分散 $\widehat{\sigma_A^2}$ について，

$$\frac{(m-1)\widehat{\sigma_A^2}}{\sigma_A^2} \sim \chi^2(m-1)$$

同様に，

$$\frac{(n-1)\widehat{\sigma_B^2}}{\sigma_B^2} \sim \chi^2(n-1)$$

だから，

$$\frac{\frac{(m-1)\widehat{\sigma_A^2}}{\sigma_A^2}/(m-1)}{\frac{(n-1)\widehat{\sigma_B^2}}{\sigma_B^2}/(n-1)} = \left(\frac{\sigma_B^2}{\sigma_A^2}\right)\left(\frac{\widehat{\sigma_A^2}}{\widehat{\sigma_B^2}}\right)$$

が，$F(m-1,\ n-1)$ に従う。したがって，帰無仮説 $\sigma_A^2 = \sigma_B^2$ のもとでは，

$$F \equiv \frac{\widehat{\sigma_A^2}}{\widehat{\sigma_B^2}} \sim F(m-1,\ n-1)$$

である。

R の関数 df( ) によって，いくつかの自由度の F-分布の確率密度関数を描いてみよう。

```
# F 分布の確率密度関数
x <- seq(0,5,by=0.2); d1 <-c(1,3,8,8); d2 <- c(10,10,10,30)
xx <-c(0,5); yy <- c(0,1.5)
par(mfrow=c(2,2))
for ( j in 1:4){
y <- df(x,df1=d1[j],df2=d2[j])
title <-paste("F(",d1[j],",",d2[j],")")
plot(x,y,type="l",xlim=xx,ylim=yy,main=title)
}
par(mfrow=c(1,1))
```

12.2.6　R による分散の比の F 検定

2 つのグループ A（標本は $x_1,\ x_2,\ \cdots,\ x_m$），B（標本は $y_1,\ y_2,\ \cdots,\ y_n$）で分散が等しいか否かの F 検定をするためには，データ・ベクトル x と y それぞれの不偏分散を var(x), var(y) で求め，その比である検定統計量 F を自由度（$m-1,\ n-1$）の F 分布の上側 $\alpha \times 100\%$ 点と比較すればよい（ただし，α は有意水準）。しかし，R には分散比を検定する関数 var.test( ) が用意されている。この関数は，引数にデータ・ベクトル x と y を与えれば検定結果を表示する。

以下は，平均 5，標準偏差 1.5 の 20 個の正規乱数（*x*）と平均 5，標準偏差 1.2 の 30 個の正規乱数（*y*）を発生させて，var( ) 関数によって得た不偏分散の比 *FF* と var.test( ) による結果を示したものである。

```
> # 分散が等しいことの F 検定
> x <- rnorm(20,mean=5,sd=1.5); y <- rnorm(30,mean=5,sd=1.2)
> vx <- var(x); vy <- var(y)
> (FF <- vx/vy)
[1] 1.358833
> ( pp <- 1 - pf(FF,df1=19,df2=29) )
[1] 0.2229132
> # var.test( ) 関数による場合
> var.test(x,y)

        F test to compare two variances

data:  x and y
F = 1.3588, num df = 19, denom df = 29, p-value = 0.4458
alternative hypothesis: true ratio of variances is not equal
to 1
95 percent confidence interval:
 0.6089941 3.2638380
sample estimates:
ratio of variances
          1.358833
```

FF と var.test( ) 関数の結果の F 値とが 1.3588 で一致しているのを確認せよ。対応する *p* 値（*pp*）が 0.2229 で 2 つのグループの分散が等しいという帰無仮説は棄却されない（var.test( ) 関数の `p-value = 0.4458` は「両側検定」に対応した値なので，*pp* の 2 倍になっている）。

第 13 章　回帰分析

13.1　単回帰分析

13.1.1　単回帰モデル

「トレンドを抽出する」で，時系列データに直線をあてはめる技術として最小二乗法を用いた。ここでは，これまでに学んだ確率・統計の知識を活用して，直線のあてはめを「確率モデル」として再構築する。

決定論的モデルと確率モデル

自然現象にせよ，社会現象にせよ，それを数量的に分析する際に有効な方法は，その現象の「しくみ」を関数や数式で表す「モデル」を構築することである。この「モデル」には「決定論的なモデル」と「確率モデル」がある。決定論的なモデルは，原因となる変数 x を与えれば，結果となる変数 y が確定するようなモデルである。たとえば，ニュートン力学を用いて砲弾の軌跡をモデル化すれば，（空気の抵抗等を無視できる場合）砲弾の質量，打ち出し角度，打ち出し時に加わる力を与えれば，運動方程式に従って，発射後の時間 t における砲弾の位置や着弾点は確定する。

これに対して，確率モデルとは，

- 入力 x が同じでも 出力 y がいつも同じにはならない。
- しかし，入力 x が同じである試行を何回も繰り返すと，出力 y の値の分布には一定の規則性が見られる。

ような現象について，y をある確率分布に従う確率変数としてモデル化するものである。たとえば，経済学では家計の消費支出 y は所得 x によって決まるとする理論がある。この場合，所得の同じ家計がすべて同じだけ消費するわけではないが，所得 x が同じ家計について大量観察をすると，消費支出 y はある値 y_x をとるものが最も多く，それ以上消費する家計も，それより少なく消費する家計も，y_x からの隔たりが大きくなるほど頻度が減少するという傾向が見出される。この場合に入力 x が与えられたときの出力 y を平均を y_x とする正規分布に従う確率変数としてモデル化するのである。

直線的関係の確率モデル

以上の考えに立って，y と x との間に $y = \alpha + \beta \times x$ という直線的な関係が想定されるが，それが確定的ではなく，同じ x の値に対して異なる y が観察されうる場合を次のようにモデル化したものが「単回帰モデル」である。

$$y_j = \alpha + \beta \times x_j + u_j, \quad u_j \sim N(0,\ \sigma^2), \quad j = 1, 2, \cdots, n$$

ここでは，簡単のために，x_1，x_2，$\cdots, x_n$ は確率変数ではない確定した値であると考える。同じ x の値に対して y の値が確定しない部分を，正規分布に従う「かく乱項」u_j で表している。上に述べたように x が与えられた場合の y は平均的には直線上の値 $\alpha + \beta \times x$ になり，それからのズレは大量観察すればプラスとマイナスが相殺すると考えられるから，u_j の平均が 0 であると仮定している。

13.1.2　パラメータの推定——最小二乗推定量

x と y のペアの観察データ $(x_1,\ y_1)$, $(x_2,\ y_2)$, $\cdots$, $(x_n,\ y_n)$ が上の単回帰モデルからの出現値であると考えて，観察データからモデルの未知のパラメータを推定することを考えよう。このモデルにおける未知のパラメータは，直線の係数 α, β とかく乱項 u_j の従う正規分布の分散 σ^2 である。

直線の係数 α, β の推定量としては，最小二乗法で求まる $\hat{\alpha}, \hat{\beta}$ を使えばよい。

$$\hat{\beta} = \frac{\sum_{j=1}^{n}(y_j - \bar{y})(x_j - \bar{x})}{\sum_{j=1}^{n}(x_j - \bar{x})^2}, \quad \hat{\alpha} = \bar{y} - \hat{\beta} \times \bar{x}$$

最小二乗法は，誤差 $e_j \equiv y_j - (\alpha + \beta x_j)$ として，その二乗和 $\sum_j^n e_j^2$ を最小にするものであったが，$u_j = y_j - (\alpha + \beta x_j)$ であるから，確率変数 u_j の 2 次のモーメント $E(u_t)^2$ を標本積率で置き換えた

$$\frac{1}{n}\sum_{j=1}^{n}(y_j - (\alpha + \beta x_j))^2$$

を最小にするパラメータを求めていることになる。したがって，u_j の分散 σ^2 の推定量は，積率法の考え方に従えば，上の式から

$$\hat{\sigma}^2 = \frac{1}{n}\sum_{j=1}^{n}(y_j - (\hat{\alpha} + \hat{\beta}x_j))^2 = \frac{1}{n}\sum_{j=1}^{n} e_j^2$$

となるが，不偏推定量とするために，

$$\hat{\sigma}^2 = \frac{1}{n-2}\sum_{j=1}^{n} e_j^2$$

としている。この平方根 $\hat{\sigma}$ を回帰の標準誤差（s.e. standard error）と呼ぶ。

13.1.3　最尤推定量

$u_j = y_j - (\alpha + \beta x_j) \sim N(0, \sigma^2)$ であるから，その確率密度関数は，

$$f(u_j) = \frac{1}{\sqrt{2\pi\sigma^2}} \exp\left(-\frac{1}{2}\frac{u_j^2}{\sigma^2}\right) = \frac{1}{\sqrt{2\pi\sigma^2}} \exp\left(-\frac{1}{2}\frac{(y_j - (\alpha + \beta x_j))^2}{\sigma^2}\right)$$

したがって，対数尤度は，

$$\log L = -\frac{n}{2}\log(2\pi) - \frac{n}{2}\log(\sigma^2) - \frac{1}{2}\sum_{j=1}^{n}\left(\frac{(y_j - (\alpha + \beta x_j))^2}{\sigma^2}\right)$$

したがって，対数尤度を最大にすることは $\sum(y_j - (\alpha + \beta x_j))^2$ を最小にすることだから，α, β の最尤推定量は最小二乗推定量と同じになる。分散の推定量 $\hat{\sigma}^2$ は，σ^2 について偏微分したものをゼロと置いた式から次の式となる。

$$\hat{\sigma}^2 = \frac{\sum(y_j - (\hat{\alpha} + \hat{\beta}x_j))^2}{n}$$

以下では，最小二乗推定量を用いる。

13.1.4　パラメータ推定量の確率分布

$\hat{\alpha}, \hat{\beta}$ は次の正規分布に従う（その導出は，統計学，計量経済学の教科書を参照せよ）。

$$\hat{\alpha} \sim N\left(\alpha,\ \frac{\sigma^2 \sum x_j^2}{n\sum(x_j - \overline{x})^2}\right)$$

$$\hat{\beta} \sim N\left(\beta,\ \frac{\sigma^2}{\sum(x_j - \overline{x})^2}\right)$$

$E(\hat{\alpha}) = \alpha$, $E(\hat{\beta}) = \beta$ であり，つまり，$\hat{\alpha}$, $\hat{\beta}$ は不偏推定量である。

これらの正規分布の標準偏差（＝分散の平方根）の σ を $\hat{\sigma}$ で置き換えたものを「回帰係数の標準誤差」と呼んでいる。先に $\hat{\sigma}$ を標準誤差と呼んだが,「回帰係数の標準誤差」と区別する必要があるときは「回帰の標準誤差」という。

$$s.e.(\hat{\alpha}) = \frac{\hat{\sigma}\sqrt{\sum x_j^2}}{\sqrt{n\sum(x_j - \overline{x})^2}}$$

$$s.e.(\hat{\beta}) = \frac{\hat{\sigma}}{\sqrt{\sum(x_j - \overline{x})^2}}$$

u_j の分散の推定量，$\hat{\sigma}^2 = \sum e_j^2/(n-2)$ については,

$$\frac{\hat{\sigma}^2}{\sigma^2} \times (n-2) = \frac{\sum e_j^2}{\sigma} \sim \chi^2(n-2)$$

となる。自由度 $n-2$ のカイ二乗分布の平均は $n-2$ であるから,

$$E\left(\frac{\hat{\sigma}^2}{\sigma^2} \times (n-2)\right) = n-2 \ \rightarrow\ E\left(\hat{\sigma}^2\right) = \sigma^2$$

つまり，$\hat{\sigma}^2$ も不偏推定量である。

13.1.5 回帰係数の t-検定

最小二乗法使えば，どのようなデータの組 (x_1, y_1), (x_2, y_2), $\cdots$, (x_n, y_n) に対しても，1 本の直線をあてはめることができる。その結果，回帰係数の推定値 $\hat{\beta}$ として正の値を得たとしても，データの直線への適合度が良くない場合,「x が増加すれば y が増加する」と主張できるのだろうか。それを，先に学習した t-分布による検定でチェックする。帰無仮説は「x が増加しても y は増加しない」であるから,

$$H_0 : \beta = 0$$
$$H_1 : \beta > 0$$

とする。上記のように，$\hat{\beta} \sim N(\beta, \sigma^2/\sum(x_j-\overline{x})^2)$ であるから，

$$t \equiv \frac{\hat{\beta}-\beta}{\hat{\sigma}/\sqrt{\sum(x_j-\overline{x})^2}} \sim t(n-2)$$

したがって，有意水準 k で帰無仮説 $\beta=0$ を検定するには，

$$t_0 \equiv \frac{\hat{\beta}}{\hat{\sigma}/\sqrt{\sum(x_j-\overline{x})^2}}$$

の値に対して，自由度 $n-2$ の上側確率 k に対応する t の値 t_k を t-分布表（R では qt(1 − k,df=(n − 1))）から求めて

$$t_k \le t_0 \ \rightarrow\ H_0 \text{ を棄却}$$

とすればよい。または，t_0 に対応する p-値を計算（R では，p <- 1 - pt(t_0,df=(n − 1))）して，

$$p \le k \ \rightarrow\ H_0 \text{ を棄却}$$

とする。帰無仮説が棄却されれば，「回帰係数 $\hat{\beta}$ は有意」であり，「x が増加すれば y が増加する」と主張できる。回帰係数 α についても同様である。

13.1.6　R による単回帰モデルの例

次のデータは，「家計調査」・全国勤労者世帯（二人以上世帯）の 2000 年から 2006 年の 1 月当たりの消費支出（y）と可処分所得（x）である（単位：万円）。これから消費関数 $y=\alpha+\beta x$ を推定する。

	2000	2001	2002	2003	2004	2005	2006
y	34.2	33.6	33.1	32.7	33.2	32.9	32.0
x	47.4	46.6	45.4	44.1	44.6	44.1	44.1

```
# 単回帰分析
y <- c(34.2,33.6,33.1,32.7,33.2,32.9,32.0)
x <- c(47.4,46.6,45.4,44.1,44.6,44.1,44.1)
kaiki1 <- lm(y~x)
kekka1 <- summary(kaiki1)
```

```
kekka1
plot(x,y,xlim=c(40,50),ylim=c(30,40))
abline(kaiki1,col=2)
```

`kekka1 <- summary(kaiki1)` で回帰分析の結果(リスト)を変数 `kekka1` に代入している。その内容を表示すると，次の結果が得られる。

```
> kekka1
Call:
lm(formula = y ~ x)

Residuals:
       1        2        3        4        5        6        7
 0.09189 -0.14389 -0.09756  0.09430  0.36666  0.29430 -0.60570

Coefficients:
            Estimate Std. Error t value Pr(>|t|)
(Intercept)  12.5280     4.8972   2.558  0.05076 .
x             0.4553     0.1083   4.202  0.00847 **
---
Signif. codes:  0 '***' 0.001 '**' 0.01 '*' 0.05 '.' 0.1 ' '
1

Residual standard error: 0.3565 on 5 degrees of freedom
Multiple R-Squared: 0.7793,     Adjusted R-squared: 0.7352
F-statistic: 17.66 on 1 and 5 DF,  p-value: 0.00847
```

`Coefficients:` 欄に推定結果が整理されており，

- `Estimate` はパラメータの推定値（$\hat{\alpha} = 12.5280, \hat{\beta} = 0.4553$）
- `Std. Error` は「回帰係数の標準誤差」
- `t value` は t_0（t-値）
- `Pr(>|t|)` は t_0 に対応した p-値である。ただし，両側確率 $Pr(t < -t_0) + Pr(t > t_0)$ が示されており，対立仮説 $\hat{\beta} > 0$ に対応した片側確率 $Pr(t > t_0)$

はこの値の半分（0.00847/2 = 0.00424）である。

- 有意水準 k に対応した t_k は示されていないが，$t_{0.005} < t_0$ の場合には，** など，マークが付されている。

`Residual standard error: 0.3565` が $\hat{\sigma}$ であり，`Multiple R-Squared: 0.7793` は直線のあてはまりの良さの指標「決定係数」R^2 である。

13.1.7　予測値の区間推定

単回帰モデル $y_j = \hat{\alpha} + \hat{\beta}x_j$ が推定されたならば，それを用いて x_a に対するyの予測値は，

$$\hat{y}_a = \hat{\alpha} + \hat{\beta}x_a$$

とする。$\hat{\alpha}, \hat{\beta}$ は正規分布に従う確率変数であるから，$\hat{y}_a$ も確率変数である。$y_a = \alpha + \beta x_a + u_a,\ u_a \sim N(0,\ \sigma^2)$ から，

$$E(y_a) = \alpha + \beta x_a, \quad E(\hat{y}_a) = E(\hat{\alpha}) + E(\hat{\beta})x_a = \alpha + \beta x_a$$

つまり，$\hat{y}_a$ は不偏推定量である。一方，推定誤差 $(e_a \equiv \hat{y}_a - y_a)$ は，

$$e_a \sim N\left(0,\ \sigma^2 \times m^2\right), \quad m = \sqrt{\left(1 + \frac{1}{n} + \frac{(x_a - \overline{x})^2}{\sum(x_j - \overline{x})^2}\right)}$$

となるから，

$$\frac{\hat{y}_a - y_a}{\hat{\sigma} \times m} \sim t(n-2)$$

これを用いて y_a の予測値の $p \times 100\%$ の信頼区間の区間推定を行う。$k \equiv (1-p)/2$ とし，自由度 $n-2$ の t-分布の上側確率 k に対応する t の値を t_k とすると，

$$\hat{y}_a - t_k(\hat{\sigma} \times m) \le y_a \le \hat{y}_a + t_k(\hat{\sigma} \times m)$$

この式から，信頼区間の幅は，

- 回帰の標準誤差 $\hat{\sigma}$ が大きいほど大きい。
- 確率 p が大きいほど（t_k が大きくなるので）大きい。

- 予測値の x_a が回帰に使ったデータ x_j, $(j = 1, 2, \cdots, n)$ の標本平均（$\overline{x}$）から離れるほど（m のなかの $(x_a - \overline{x})^2$ が大きくなるので）大きい

R で lm( ) 関数で $p \times 100\%$ の信頼区間の区間推定を行うユーザー定義関数 YOSOKU を作る。引数は次の 3 つである。

- mdl は推定した結果を入れた変数名（上の例では kaiki1）
- xh は x_a をベクトルで与える。
- p は信頼区間の確率

```
# 図 23
# 単回帰による予測・区間推定のユーザー定義関数
YOSOKU <- function(mdl,xh,p){
x <- mdl$model[,2]; y <- mdl$model[,1]; e <- mdl$resid; n <-
length(x)
a <- mdl$coef[1]; b <- mdl$coef[2]
yh <- a + b*xh
sgm <- sqrt(sum(e*e)/(n-2)); sx <- var(x)*(n-1)
ms <- sqrt( 1+(1/n)+(xh-mean(x))^2/sx )*sgm
k <- (1-p)/2; tk <- qt((1-k),df=(n-2))
yL <- yh - tk*ms; yU <- yh + tk*ms
xmin <-min(xh,x);xmax <-max(xh,x)
ymin <-min(yL,y); ymax <- max(yU,y)
title <- paste("単回帰：信頼区間  ",p)
plot(x, y,xlim=c(xmin,xmax),ylim=c(ymin,ymax),main=title)
lines(xh,yh,lty=1); lines(xh,yL,lty=2)
lines(xh,yU,lty=2)
return(list(xh=xh,yL=yL,yh=yh,yU=yU))
}
```

40 から 50 までに 0.5 ごとの x の値 xh を作り，$p = 0.9$ の信頼区間で予測の区間推定を行う。

```
xh <- seq(40,50,by=0.5)
YOSOKU(kaiki1,xh,0.9)
```

図23

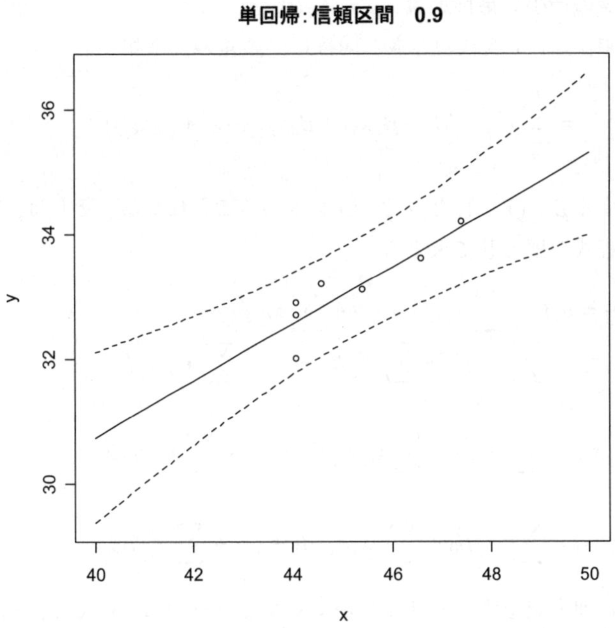

13.2　重回帰分析

13.2.1　説明変数が 2 以上の回帰式

回帰モデルは，y の変動を説明する要因が x_1, x_2 など 2 つ以上である場合に拡張できる。

$$y_j = \beta_0 + \beta_1 x_{1j} + \beta_2 x_{2j} + \cdots + \beta_k x_{kj} + u_j, \quad u_j \sim N(0,\ \sigma^2)$$

1 変数の場合は，データに直線をあてはめることであった。説明変数が 2 つの場合には，データは $(x_1,\ x_2,\ y)$ の 3 次元の座標空間に分布する点であり，

$$y = \beta_0 + \beta_1 x_1 + \beta_2 x_2$$

は，平面の方程式であるから，データに平面をあてはめることと考えることができる。$k \geq 3$ の場合は幾何学的イメージを作ることはできない。

パラメータの最小二乗推定量

最小二乗法は，1 変数のときと同様に，誤差の二乗和

$$\sum_{j}^{n} e_j^2 \quad = \sum_{j=1}^{n} \Big(y_j - (\beta_0 + \beta_1 x_{1j} + \beta_2 x_{2j} + \cdots + \beta_k x_{kj}) \Big)^2$$

を最小にする β_j, $(j = 1, 2, \cdots, k)$ を求めることになる。それは，次の $k+1$ 元連立方程式の解として求まる。

$$\begin{aligned}
\sum y_j &= n\hat{\beta}_0 + \sum x_{1j}\hat{\beta}_1 + \cdots + \sum x_{kj}\hat{\beta}_k \\
\sum y_j x_{1j} &= \sum x_{1j}\hat{\beta}_0 + \sum x_{1j}^2\hat{\beta}_1 + \cdots + \sum x_{1j}x_{kj}\hat{\beta}_k \\
&\cdots \\
\sum y_j x_{ij} &= \sum x_{ij}\hat{\beta}_0 + \sum x_{ij}x_{1j}\hat{\beta}_1 + \cdots + \sum x_{ij}x_{kj}\hat{\beta}_k \\
&\cdots \\
\sum y_j x_{kj} &= \sum x_{kj}\hat{\beta}_0 + \sum x_{kj}x_{1j}\hat{\beta}_1 + \cdots + \sum x_{kj}^2\hat{\beta}_k
\end{aligned}$$

これは，行列表記をすると見通しがよくなる（行列については，補論参照)。

$$y \equiv \begin{pmatrix} y_1 \\ y_2 \\ \vdots \\ y_n \end{pmatrix}, \quad X \equiv \begin{pmatrix} 1 & x_{11} & x_{21} & \cdots & x_{k1} \\ 1 & x_{12} & x_{22} & \cdots & x_{k2} \\ \vdots & \vdots & \vdots & \vdots & \vdots \\ 1 & x_{1n} & x_{2n} & \cdots & x_{kn} \end{pmatrix}, \quad \hat{\beta} \equiv \begin{pmatrix} \hat{\beta}_0 \\ \hat{\beta}_1 \\ \vdots \\ \hat{\beta}_k \end{pmatrix}$$

とすると，先の連立方程式（正規方程式と呼ばれる）は，

$$X'y = X'X\hat{\beta}$$

と簡単に表記され，$\hat{\beta}$ は次の式で求まる。

$$\hat{\beta} = (X'X)^{-1}\, X'y$$

また，もとの回帰モデルも，

$$u \equiv \begin{pmatrix} u_1 \\ u_2 \\ \vdots \\ u_n \end{pmatrix}$$

として,

$$y = X\beta + u$$

と表記できる。これを上記の $\hat{\beta}$ の式に代入すれば,

$$\begin{aligned}\hat{\beta} &= (X'X)^{-1} X' (X\beta + u) \\ &= \beta + (X'X)^{-1} X'u\end{aligned}$$

したがって,

$$E(\hat{\beta}) = \beta$$

であり, $\hat{\beta}$ は不偏推定量である。また, $\hat{\beta}$ の分散共分散行列[1]は

$$V(\hat{\beta}) = E((\hat{\beta})(\hat{\beta})') = \sigma^2 (X'X)^{-1}$$

回帰係数の推定量 $\hat{\beta}_i, (i = 1, 2, \cdots, k)$ は次の正規分布に従う。

$$\hat{\beta}_i \sim N(\beta_i, \sigma^2 \times V_{ii}), \quad (i = 1, 2, \cdots, k)$$

ただし, V_{ii} は, 行列 $(X'X)^{-1}$ の i 番目の対角成分である。

一方, 誤差 $e \equiv y - X\hat{\beta}$ について,

$$\frac{e'e}{\sigma^2} \sim \chi^2(n-k-1)$$

であることがわかっているので, σ^2 の不偏推定量として,

$$\hat{\sigma}^2 \equiv \frac{e'e}{n-k-1} = \frac{\sum_{j=1}^{n} e_j^2}{n-k-1}$$

が使われる。

$\hat{\sigma}$ を「回帰の標準誤差」, $\hat{\beta}_i$ の標準偏差 $\sigma\sqrt{V_{ii}}$ の σ を推定量で置き換えた $\hat{\sigma}\sqrt{V_{ii}}$ を回帰係数の標準誤差ということも単回帰の場合と同じである。

$$\frac{\hat{\beta}_i - \beta_i}{\hat{\sigma} \times \sqrt{V_{ii}}} \sim t(n-k-1)$$

であり, 回帰係数の推定値 $\hat{\beta}_i$ の t-値は,

$$\frac{\hat{\beta}_i}{\hat{\sigma} \times \sqrt{V_{ii}}}$$

で与えられる。

---

[1] 共分散については, 次章（2 次元正規分布）で説明する。

13.2.2 R による重回帰分析

消費関数の例

重回帰モデルも単回帰モデル同様，lm( ) 関数で推計できる。次は，家計調査の 1990 年から 2006 年の年平均データで消費関数を推計するものである。まず，消費支出（*y*）を可処分所得（*x*1）で説明する簡単な単回帰モデルを推計すると，期間の前半では推計値が実績値を下回る「過小推計」となり，後半では逆に「過大推計」となる。つまり，同じ所得に対して，後半は前半に比べ少ない消費をしている。これは，1997 年の金融不況を境に人々の「先行き」，とりわけ雇用の安定に対する不安が深刻化したことに一因があると考えられる。この仮説を検証するために，雇用の「先行き不安」の代理指標として，それまで雇用が安定していた 40 歳から 59 歳の年齢層の失業率（*x*2）を説明変数に加えて，重回帰モデルを推計した。

```
# 図 24
# 重回帰分析
xdata <- read.csv("Cons.csv",skip=2,header=TRUE)
y <-xdata$Cons; x1 <- xdata$Yd; x2 <- xdata$Urate
# 単回帰の結果
kaiki2 <- lm(y~x1)
( kekka2 <- summary(kaiki2) )
plot(x1,y,type="o",main="単回帰の結果")
abline(kaiki2,col=2)
names(kaiki2)
plot(kaiki2$resid,type="o",main="残差系列"))
# 重回帰にする
kaiki3 <- lm(y~x1+x2)
( kekka3 <- summary(kaiki3) )
plot(x1,y,type="o",main="重回帰の結果")
lines(x1,kaiki3$fitted,type="o",lty=2)
lines(x1,kaiki2$fitted,type="o",lty=3)
hanrei <- c("実績","重回帰","単回帰")
```

図24

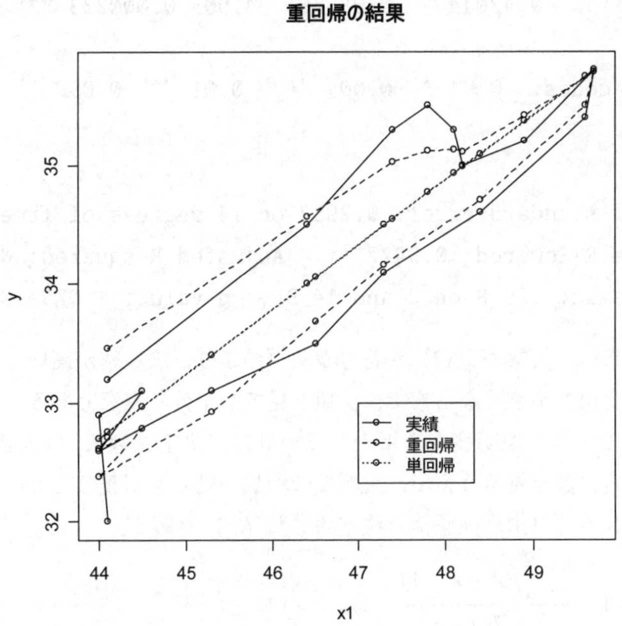


```
legend(47,33,legend=hanrei,lty=c(1,2,3),pch=1)
```

$y_j = \beta_0 + \beta_1 x1_j + \beta_2 x2_j + u_j$ の推計は，lm( ) 関数では，`lm(y~x1+x2)` と説明変数名を + でつないで並べればよい。

```
Call:
lm(formula = y ~ x1 + x2)

Residuals:
     Min       1Q   Median       3Q      Max
-0.71013 -0.11470 -0.06284  0.21893  0.37717

Coefficients:
            Estimate Std. Error t value Pr(>|t|)
(Intercept) 13.16206    1.91133   6.886 7.49e-06 ***
```

```
x1            0.47368    0.03881  12.205 7.52e-09 ***
x2           -0.42044    0.08576  -4.903 0.000233 ***
---
Signif. codes:  0 '***' 0.001 '**' 0.01 '*' 0.05 '.' 0.1 ' '
1

Residual standard error: 0.2932 on 14 degrees of freedom
Multiple R-Squared: 0.9477,     Adjusted R-squared: 0.9402
F-statistic: 126.8 on 2 and 14 DF,  p-value: 1.075e-09
```

推計結果は，失業率（$x2$）が符号が負（つまり，失業率が高いと同じ所得でも消費支出が小さくなる）で，p-値を見ても十分に有意である。

重回帰モデルで説明変数を増やしていけば，決定係数 R^2 は大きくなる。そこで決定係数を見るうえで，説明変数増加の効果を調整したものが次の式で定義される「自由度調整済み決定係数」（$\overline{R}^2$）である。

$$\begin{aligned}\overline{R}^2 &= 1 - \frac{\sum e_j^2/(n-k-1)}{\sum y_j^2/(n-1)} \\ &= 1 - \left(\frac{\sum e_j^2}{\sum y_j^2}\right)\left(\frac{n-1}{n-k-1}\right) \\ &= 1 - (1-R^2)\left(\frac{n-1}{n-k-1}\right)\end{aligned}$$

R の出力では，`Adjusted R-squared:`として示される。

ダミー変数を使ったトレンドの変化の抽出

先に鉱工業生産指数 IIP のトレンドの変化を，データを 2 つに分けてそれぞれの期間に最小二乗法で直線をあてはめることで求めたが，重回帰モデルでダミー変数を使うことで 1 つの回帰式で求めることができる。`IIPO1978.csv`（1978 年 1 月から 2007 年 10 月までのデータ IIP の月次データ）に 1990 年末（前期）までと 1991 年以降（後期）の 2 つの時期に別々のトレンド直線を引くために，前期には 0，後期には 1 を入れたダミー変数 `dum` を作って，

$$y_j = \beta_0 + \beta_1 \times dum_j + \beta_2 \times time_j + \beta_3 \times (time_j \times dum_j) + u_j$$

という重回帰モデルを推計する。この結果得られる前期のトレンドは,

$$y = \hat{\beta}_0 + \hat{\beta}_2 time$$

後期のトレンドは,

$$y = (\hat{\beta}_0 + \hat{\beta}_1) + (\hat{\beta}_2 + \hat{\beta}_3) \times time$$

となる。

```
# ダミー変数によるトレンド変化の測定
xdata <- read.csv("IIP01978.csv",skip=2,header=TRUE)
IIP <- ts(xdata$IIP,start=c(1978,1),frequency=12)
# IP を二つの時期 (1978 年-1990 年と 1991 年以降) に分けて
# ダミー変数を用いてトレンド線を引く。
time <- seq(1:length(IIP))
d1 <- rep(0,(1990-1977)*12)
d2 <- rep(1, (length(IIP)-length(d1)))
dum <- c(d1,d2)
time3 <- time*dum
kaiki4 <- lm(IIP~dum+time+time3)
trend4 <-ts(kaiki4$fitted,start=c(1978,1),frequency=12)
ttl <-"ダミー変数によるトレンドの変化の測定"
sb <- "鉱工業生産指数・月次原系列"
ts.plot(IIP,trend4,type="l",main=ttl,sub=sb)
```

練習問題

以上の方法では，2 つのトレンド線は「不連続」(区間の境で「切れている」) で，区間の境でトレンド値にギャップが生じる。区間の境で「折れ曲がってはいるが，つながっている」トレンド線を求める方法を考えよ。

13.2.3　*F*-検定

重回帰モデルにおいても，1 つ 1 つの回帰係数 $\hat{\beta}_i$ が統計的に有意である ($\beta_i = 0$ という帰無仮説が棄却される) かどうかは，lm( ) 関数の推計結果に

表示される t-値（あるいは p-値）によって検定できる。それに加えて重回帰モデルでは，2 つ以上の回帰係数が同時に有意であるかという「複合仮説」（$\beta_i = \beta_k = 0$）を検定したい場合がある。たとえば，上のダミー変数によるトレンドの変化の例では，もし $\beta_1 = \beta_3 = 0$ という帰無仮説が棄却されなければ，計測したトレンドの変化を否定しなければならない。そうした複合仮説を検定するものが，F-検定である。

いま，k 個の説明変数 $x_i, (i = 1,2,\cdots,k)$ をグループ A（$x_1, x_2, \cdots, x_m$ の m 個）とグループ B（$x_{m+1}, x_{m+2}, \cdots, x_k$ の $k-m$ 個）2 つに分けて，B グループの変数の回帰係数がすべてゼロという帰無仮説を検定することを考える。

$$H_0 : \beta_{m+1} = \beta_{m+2} = \cdots = \beta_k = 0$$

帰無仮説が正しいとすれば，重回帰モデルは A グループの変数だけで行った回帰モデル (a)

$$y_j = \beta_0 + \beta_1 x_{1j} + \cdots + \beta_m x_{mj} + u_j$$

の誤差の二乗和 RSS_R と，k 個の変数全部で行った回帰モデル (b) の誤差の二乗和 RSS_{UR} に大きな差がないはずである。F 検定は，帰無仮説 H_0 のもとで，次の統計量 F が自由度 $(k-m,\ n-k-1)$ の F-分布をすることから，有意水準 α に対して，

$$Pr(x \geq F) = 1 - \mathtt{df}(F,\ \mathtt{df1=k-m},\ \mathtt{df2=(n-k-1)}) \leq \alpha$$

であれば，帰無仮説を棄却するのである

$$F \equiv \frac{(RSS_R - RSS_{UR})/(k-m)}{RSS_{UR}/(n-k-1)}$$

RSS_R は，回帰係数に（$\beta_{m+i} = 0$ のような）制約を置いた（restricted）場合，RSS_{UR} は制約のない（unrestricted）場合の誤差の二乗和（residual sum of squares）の意味である。$(k-m)$ は制約（$\beta_{m+i} = 0,\ i = 1,2,\cdots,k-m$）の個数であり，$(n-k-1)$ は制約のない場合の自由度である。

R における例

先のトレンドの変化の例では (a) にあたる回帰式として，トレンドの変化がない場合，つまり，全期間を通して 1 本のトレンド線を引く回帰式を推計

し，その誤差の二乗和を RSS_R とする。そして，ダミー変数を用いてトレンドの変化を抽出した場合（(b) にあたる）の誤差の二乗和を RSS_{UR} とする。

```
# トレンド変化の F 検定
# 前期，後期のトレンド変化がない場合の推定
kaiki0 <- lm(IIP~time)
#2 つのケースの誤差の二乗和と F の計算
RSS_R <- sum(kaiki0$resid^2); RSS_UR <- sum(kaiki4$resid^2)
m  <- 2; k <- 3; n <- length(IIP)
( F <- ((RSS_R-RSS_UR)/m)/(RSS_UR/(n-k-1)) )
( 1- pf(F,df1=m,df2=(n-k-1)) )
```

この例では，制約の個数を m と置いていることに留意せよ。

補論　行列演算

行列についてきちんとした知識を得るためには，「線形代数」の学習が必要である。ここでは，回帰モデルの行列表記等を理解するうえで必要な範囲での事項のみを簡単に説明する。(行列の掛け算がなぜそのような定義となるかなど）より深い理解を得たい場合は，線形代数の教科書を学習せよ。

行　列

行列は，数字を縦（行）横（列）に配列したものであり，m 個の行，n 個の列の行列を $(m \times n)$ 行列という。

$$A \equiv \begin{pmatrix} a_{11} & a_{12} & \cdots & a_{1n} \\ a_{21} & a_{22} & \cdots & a_{2n} \\ \vdots & \vdots & \cdots & \vdots \\ a_{m1} & a_{m2} & \cdots & a_{mn} \end{pmatrix}$$

行列は大文字の英文字で表すことが多く，その第 i 行，第 j 列の要素を下付添え字をつけて，a_{ij} と記す。要素数 m の列ベクトルは（$m \times 1$）行列，要素数 n の行ベクトルは（$1 \times n$）行列と，行列の特殊な場合とみなすことができる。

行列の和・差，スカラー倍

行列の和と差は，同じ形（行数 m，列数 n が等しい）の行列の間だけで定義され，対応する要素同士の和，差を行う。

$$A+B=\begin{pmatrix} a_{11}+b_{11} & a_{12}+b_{12} & \cdots & a_{1n}+b_{1n} \\ a_{21}+b_{21} & a_{22}+b_{12} & \cdots & a_{2n}+b_{1n} \\ \vdots & \vdots & \cdots & \vdots \\ a_{m1}+b_{m1} & a_{m2}+b_{m2} & \cdots & a_{mn}+b_{mn} \end{pmatrix}$$

行列に普通の数（スカラー）k を掛ける演算は，各要素に k を掛ける。

$$k\times A=\begin{pmatrix} ka_{11} & ka_{12} & \cdots & ka_{1n} \\ ka_{21} & ka_{22} & \cdots & ka_{2n} \\ \vdots & \vdots & \cdots & \vdots \\ ka_{m1} & ka_{m2} & \cdots & ka_{mn} \end{pmatrix}$$

行列同士の積

行列同士の積は特殊である。A（$m\times n$）と B（$n\times k$）の積は，A の列数と B の行数が等しいときにのみ次によって定義される。

$$AB=\begin{pmatrix} \sum_{j=1}^{n} a_{1j}b_{j1} & \sum_{j=1}^{n} a_{1j}b_{j2} & \cdots & \sum_{j=1}^{n} a_{1j}b_{jk} \\ \sum_{j=1}^{n} a_{2j}b_{j1} & \sum_{j=1}^{n} a_{2j}b_{j2} & \cdots & \sum_{j=1}^{n} a_{jk}b_{jk} \\ \vdots & \vdots & \cdots & \vdots \\ \sum_{j=1}^{n} a_{mj}b_{j1} & \sum_{j=1}^{n} a_{mj}b_{j2} & \cdots & \sum_{j=1}^{n} a_{mj}b_{jk} \end{pmatrix}$$

次数（n, m, k）を小さくした場合の数値例で示す。

$$\begin{pmatrix} 1 & 3 \\ 2 & 4 \end{pmatrix}\begin{pmatrix} 1 & 2 & 3 \\ 4 & 5 & 6 \end{pmatrix}=\begin{pmatrix} 1\times1+3\times4 & 1\times2+3\times5 & 1\times3+3\times6 \\ 2\times1+4\times4 & 2\times2+4\times5 & 2\times3+4\times6 \end{pmatrix}$$

- （$m\times n$）行列 A と（$n\times k$）行列 B の積 AB は（$m\times k$）行列になる。
- 積 AB が定義されても，BA が定義されるとは限らない。また，BA が定義されても，特別な場合を除けば $AB\neq BA$ である。

（$m\times n$）行列 A を m 個の要素数 n の行ベクトルの集まり，（$n\times k$）行列 B を k 個の要素数 n の列ベクトルの集まりとみたとき，行列の積 AB はこれらのベクトルの間の内積 (a_i, b_j) を第 i, j 要素とする行列になる。

$$A = \begin{pmatrix} a_1 \\ a_2 \\ \vdots \\ a_m \end{pmatrix} \qquad B = \begin{pmatrix} b_1 & b_2 & \cdots & b_k \end{pmatrix}$$

$$AB = \begin{pmatrix} (a_1, b_1) & (a_1, b_2) & \cdots & (a_1, b_k) \\ (a_2, b_1) & (a_2, b_2) & \cdots & (a_2, b_k) \\ \vdots & \vdots & \cdots & \vdots \\ (a_m, b_1) & (a_m, b_2) & \cdots & (a_m, b_k) \end{pmatrix}$$

こんどは，$(m \times n)$ 行列 A を要素数 m の n 個の列ベクトルの集まりとし，これに要素数 n のベクトル b を右から掛けると，A の各列ベクトルを b の要素を重みとして加重平均した要素数 m のベクトルとなる。

$$Ab = \begin{pmatrix} a_1 & a_2 & \cdots & a_n \end{pmatrix} \begin{pmatrix} b_1 \\ b_2 \\ \vdots \\ b_n \end{pmatrix} = b_1 a_1 + b_2 a_2 + \cdots + b_n a_n$$

行列 A が $(1 \times n)$ 行列，つまり要素数 n の行ベクトルであれば，上の結果は内積に他ならない。一方，行列 A が要素数 m の列ベクトル a，行列 B が要素数 k の行ベクトル b であれば，行列の積 ab が定義でき，結果は $(m \times k)$ 行列となる。

$$ab = \begin{pmatrix} a_1 \\ a_2 \\ \vdots \\ a_m \end{pmatrix} \begin{pmatrix} b_1 & b_2 & \cdots & b_k \end{pmatrix} = \begin{pmatrix} a_1 b_1 & a_1 b_2 & \cdots & a_1 b_k \\ a_2 b_1 & a_2 b_2 & \cdots & a_2 b_k \\ \vdots & \vdots & \cdots & \vdots \\ a_m b_1 & a_m b_2 & \cdots & a_m b_k \end{pmatrix}$$

転置行列

$(m \times n)$ 行列 A の行と列を入れ替える，つまり i, j 要素を a_{ji} とした $(n \times m)$ 行列を A の転置行列と呼び，A' などで表す。

$$A' = \begin{pmatrix} a_{11} & a_{21} & \cdots & a_{m1} \\ a_{12} & a_{22} & \cdots & a_{m2} \\ \vdots & \vdots & \cdots & \vdots \\ a_{1n} & a_{2n} & \cdots & a_{mn} \end{pmatrix}$$

正方行列，単位行列

行数と列数とが等しいものを「正方行列」という。同じ次数（n）の正方行列の間では常に積が定義できる（もちろん，一般には $AB \neq BA$ である）。

どの正方行列 A に掛けても結果が変わらず A となる，普通の数で 1 にあたる役割をする正方行列を「単位行列」（I）という。単位行列は対角線の要素が 1 で他の要素はゼロである行列である。

$$I \equiv \begin{pmatrix} 1 & 0 & \cdots & 0 \\ 0 & 1 & \cdots & 0 \\ \vdots & \vdots & \cdots & \vdots \\ 0 & 0 & \cdots & 1 \end{pmatrix}, \quad AI = I, \quad IA = A$$

単位行列のように正方行列で対角線の要素 a_{ii} $(i = 1, 2, \cdots n)$ 以外の要素はすべてゼロである行列を「対角行列」と呼ぶ。

逆行列

正方行列 A に掛けると単位行列 I を得るような行列を A の逆行列 A^{-1} という（普通の数で，$a \times a^{-1} = 1$ となる a^{-1} を a の逆数というのに対応している）。

$$AA^{-1} = A^{-1}A = I$$

逆行列はすべての正方行列 A に対して存在するわけではない。逆行列が存在する条件等については，ここでは取り上げないので，線形代数の教科書を参照せよ。

連立方程式は，行列の表現に直すことができる。

$$\begin{aligned} a_{11}x_1 + a_{12}x_2 + \cdots + a_{1n}x_n &= b_1 \\ a_{21}x_1 + a_{22}x_2 + \cdots + a_{2n}x_n &= b_2 \\ &\cdots \\ a_{n1}x_1 + a_{n2}x_2 + \cdots + a_{nn}x_n &= b_n \end{aligned}$$

は,

$$\begin{pmatrix} a_{11} & a_{12} & \cdots & a_{1n} \\ a_{21} & a_{22} & \cdots & a_{2n} \\ \vdots & \vdots & \cdots & \vdots \\ a_{n1} & a_{m2} & \cdots & a_{nn} \end{pmatrix} \begin{pmatrix} x_1 \\ x_2 \\ \vdots \\ x_n \end{pmatrix} = \begin{pmatrix} b_1 \\ b_2 \\ \vdots \\ b_n \end{pmatrix} \quad \rightarrow \quad Ax = b$$

したがって, A に逆行列が存在すれば, 連立方程式の解は,

$$x = A^{-1}b$$

である。

R における行列演算

行列オブジェクトの生成

R において, 行列はベクトル, データフレームなどと並ぶ, 1 つのオブジェクトである。行列を作成するのは matrix( ) 関数が基本である。

```
# 行列の作成 (1)　matrix( ) 関数
( A <- matrix(c(1,2,3,4,5,6),nrow=3) )
( A <- matrix(c(1,2,3,4,5,6),ncol=3) )
( A <- matrix(c(1,2,3,4,5,6),3,2) )
( A <- matrix(c(1,2,3,4,5,6),3) )
( A <- matrix(c(1,2,3,4,5,6),,3) )
( A <- matrix(c(1,2,3,4,5,6),ncol=3 ,byrow=TRUE) )
```

- matrix( ) の最初の引数は, 行列の成分をベクトルで与える。次に, 行数 (nrow=) か列数 (ncol=) を指示する。単に行数, 列数の順に数字を並べてもよいし, どちらかを省略することも可能である。
- ベクトルで与えた行列の要素は, 列ごと ($(1,1), (2,1), \cdots, (m,1), (1,2), (2,2), \cdots$) にあてはめられる。
- byrow=TRUE の引数を指定すると, 行ごと ($(1,1), (1,2), \cdots, (1,n), (2,1), (2,2), \cdots$) にあてはめる。

次のように, 行列の列になる複数のベクトルを合わせる (cbind( ) 関数), または行となるベクトルを合わせる (rbind( ) 関数関数) ことで行列とすることもできる。

```
# 行列の作成 (2)   cbind( ) rbind( ) 関数
a1 <- c(1,2,3); a2 <- c(4,5,6)
( A <- cbind(a1,a2) )
( A <- rbind(a1,a2) )
```

行列の和，差，スカラー倍

```
# 行列の和，差，スカラー倍
( A <- matrix(c(1,2,3,4,5,6),nrow=3) )
( B <- matrix(c(1,1,1,1,1,1),nrow=3) )
A + B
A - B
k <- 2; k*B
```

これは解説が不要であろう。

行列の積

```
# 行列の積 (1) * 要素ごとの積
( A <-matrix(c(1,2,3,4),2,2) )
( B <-matrix(c(1,2,3,4),2,2) )
A*B
# 行列の積 (2) %*% 数学の定義による積
A%*%B
```

による積は，数学の「行列の積」の定義による演算ではなく，行列の対応する要素ごとの積（$a_{ij} \times b_{ij}$）を行う。数学の定義による積は %% を使う。

行列とベクトルの積

```
# 行列とベクトルの積 %*%
a <-c(1,2)
( b1 <- A%*%a )
( b2 <- a%*%A )
# 行列をベクトルにする
c(b1)
```

Aa は，$(n \times 1)$ の行列，aA は $(1 \times n)$ の行列として返される。行列オブジェクトをベクトルにしたい場合は，c( ) に入れてベクトルに定義し直す。

その他の行列の生成

```
# 対角行列を作る　diag( )
a1 <-c(1,2,3)
diag(a1,3,3)
# 単位行列を作る
e1 <- c(1,1)
( I2 <- diag(e1,2,2) )
# 逆行列を作る　solve( )
( A <- matrix(c(1,2,3,5),2,2) )
( B <- solve(A) )
A%*%B
B%*%A
# 転置行列を作る t( )
t(A)
```

逆行列を作る関数 solve( ) は連立方程式を解く関数でもある。

$$a_{11}x_1 + a_{12}x_2 = b_1$$
$$a_{21}x_1 + a_{22}x_2 = b_2$$

は，行列表示で，

$$A \equiv \begin{pmatrix} a_{11} & a_{12} \\ a_{21} & a_{22} \end{pmatrix}, \quad b \equiv \begin{pmatrix} b_1 \\ b_2 \end{pmatrix}, \quad \rightarrow Ax = b$$

である。solve(A,b) で連立方程式の解が得られる。

```
# solve( ) で連立方程式を解く。
b <- c(1,3)
solve(A,b)
```

ベクトルの内積

```
# ベクトルの内積
```

```
a1 <- c(1,2,3); a2 <- c(4,5,6)
crossprod(a1,a2)
a1%*%a2
sum(a1*a2)
# 列ベクトル a1 と行ベクトル a2 の積
a1%*%(t(a2))
a1%o%a2
outer(a1,a2)
```

- 内積を計算する関数 crossprod( ) は，行列の掛け算 $A'B$ を行うものであるから，結果は行列オブジェクトとなる（%*% で掛け算を行った場合も同じ）。「ベクトルの要素ごとを掛けて，その和をとる」という定義に戻り，sum(a1*a2) とすれば，帰り値はスカラー（要素が 1 つのベクトル）となる。
- 列ベクトル（a1）に行ベクトル（t(a2)）を掛けた場合には，行列になる。これは「外積」と呼ばれ，%o% という演算子あるいは outer( ) という関数で作成することもできる。

```
行列の要素の取り出し
( A <- matrix(c(1,2,3,5),2,2) )
# 1 行 2 列目の要素を取り出す
A[1,2]
# 1 行目のベクトルを取り出す
A[1,]
# 2 列目のベクトルを取り出す
A[,2]
```

A の (i, j) 要素 a_{ij} は，A[i,j] で取り出す。第 i 行は，A[i,] と，列の指定を外し，第 j 列は，A[,j] と，行の指定を外したものを指示する。

第 14 章　2 次元正規分布

14.1　2 次元確率分布

化学実験による生成物の成分 A と B の含有量，あるいは，学生の数学と英語の試験結果など，2 つの変数を「組」(X, Y) で考え，その「組」の出現しやすさの規則性を考えるのが，2 次元確率分布である。1 変数の場合と同様，ここでも連続確率分布を考え，その具体例として 2 次元正規分布を学ぶ。

14.1.1　同時分布

確率変数 X，Y の定義域（動く範囲）は，$-\infty < X < +\infty$，$-\infty < Y < +\infty$ とする。このとき，(X, Y) の出現しやすさの規則性は，1 変数の場合と同様，「分布関数」で定義される。

$$Pr(X \leq x,\ Y \leq y) = F(x,\ y)$$
$$F(-\infty,\ -\infty) = 0, \quad F(+\infty,\ +\infty) = 1$$

また，確率密度関数 $f(x, y)$ も次のように定義される。

$$F(x,\ y) = \int_{-\infty}^{y}\int_{-\infty}^{x} f(x,\ y)dxdy \quad \Leftrightarrow \quad f(x,\ y) = \frac{\partial^2 F}{\partial x \partial y}$$
$$f(x,\ y) \geq 0, \qquad \int_{-\infty}^{+\infty}\int_{-\infty}^{+\infty} f(x,\ y)dxdy = 1$$

つまり，$z = f(x, y)$ という確率密度関数のグラフは，(X, Y) 平面の上方にあって，普通は山（あるいは丘）の形をした立体となり，そのグラフと (X, Y) 平面の間に挟まれた体積の総和が 1 となる。確率は X，Y それぞれの範囲（区間）の「組」に対して定義される。

$$Pr(x_1 \leq X \leq x_2,\ y_1 \leq Y \leq y_2) = \int_{y_1}^{y_2}\int_{x_1}^{x_2} f(x,\ y)dxdy$$

X, Y それぞれについての平均（期待値），分散の定義も，積分が二重になることを除けば，1 変数のときと同様である。

$$E(X) = \int_{-\infty}^{+\infty}\int_{-\infty}^{+\infty} x \times f(x,\ y)dxdy$$
$$E(Y) = \int_{-\infty}^{+\infty}\int_{-\infty}^{+\infty} y \times f(x,\ y)dxdy$$
$$V(X) = \int_{-\infty}^{+\infty}\int_{-\infty}^{+\infty} (x - E(X))^2 \times f(x,\ y)dxdy$$
$$V(Y) = \int_{-\infty}^{+\infty}\int_{-\infty}^{+\infty} (y - E(Y))^2 \times f(x,\ y)dxdy$$

2 変数確率分布では，以下のような 1 変数の確率分布ではなかった概念が必要になる。

14.1.2　共分散と相関係数

X, Y がともに大きい組み合わせのほうが，X の値が大きく Y の値が小さいという組み合わせより出現しやすいかなど，ペアとしての出やすさの傾向を示す指標として，次に定義される X と Y の「共分散」がある。

$$\begin{aligned} Cov(X,\ Y) &\equiv E\left[(X - E(X)) \times (Y - E(Y))\right] \\ &= \int_{-\infty}^{+\infty}\int_{-\infty}^{+\infty} (x - E(X))(y - E(Y)) \times f(x,\ y)dxdy \end{aligned}$$

共分散は，X, Y の値の大きさ（単位）に依存する量なので，単位によらない比較可能な量としてこれを標準化した X と Y の「相関係数」が次のように定義される。

$$\rho \equiv \frac{Cov(X,\ Y)}{\sqrt{V(X)} \times \sqrt{V(Y)}}$$

証明は省くが,

$$-1 \leq \rho \leq 1$$

であり，1 に近いほど「正の相関」（＝「X の値が大きいほど，Y の値も大きい」という傾向）があり，−1 に近いほど,「負の相関」（＝「X の値が大きいほど，Y の値が小さい」という傾向）があるという。$\rho = 0$ の場合は「無相関」で，X と Y の出方の間に関連性が見られない。

14.1.3　周辺分布

(X, Y) の組のデータ（N 個）を次のような 2 次元の度数分布表にまとめたとしよう。

		X の階級				
Y の階級		第 1 階級	第 2 階級	$\cdots$	第 k 階級	
	第 1 階級	N_{11}	N_{12}	$\cdots$	N_{1k}	$N_{1.}$
	第 2 階級	N_{21}			N_{2k}	$N_{2.}$
	$\cdots$	$\cdots$			$\cdots$	$\cdots$
	第 m 階級	N_{m1}	N_{m2}	$\cdots$	N_{mk}	$N_{m.}$
		$N_{.1}$	$N_{.2}$	$\cdots$	$N_{.k}$	N

ここで,

$$\sum_{i=1}^{m}\sum_{j=1}^{k} N_{i,\,j} = N, \quad \sum_{j=1}^{k} N_{i,\,j} = N_{i.}, \quad \sum_{i=1}^{m} N_{i,\,j} = N_{.j}$$

この表で，最下列は Y の値の変化については消去した（足し合わせてしまった）場合の X の値の出方の散らばり方になっている。これと同等の考え方に立って，確率密度分布を一方の変数について積分し，残りの変数のみの関数にしたものが,「周辺分布」である。Y で積分した場合の「X の周辺分布」と X で積分した「Y の周辺分布」が定義できる。

- X の周辺分布

$$f_X(x) = \int_{-\infty}^{+\infty} f(x,\ y)dy$$

- Y の周辺分布

$$f_Y(y) = \int_{-\infty}^{+\infty} f(x,\ y)dx$$

$$\int_{-\infty}^{+\infty} f_X(x)dx = \int_{-\infty}^{+\infty}\left(\int_{-\infty}^{+\infty} f(x,\ y)dy\right)dx = 1$$

であるから，X の周辺分布は確率密度関数の要件を満たしている（Y の周辺分布についても同じ）。X の周辺分布は，Y の出方で重み付け（加重平均）をした場合の X の各値の出方の分布と考えることができる。

14.1.4　条件付き分布

周辺分布のように，Y がすべての値をとることを考慮したときの X の分布ではなく，Y が特定の値 y_0 をとった場合の X の出方の規則性を示すものが「条件付き分布」である。「$Y = y_0$ の場合の X の条件付き分布」，「$X = x_0$ をとった場合の Y の条件付き分布」の双方が定義される。

- $Y = y_0$ の場合の X の条件付き分布

$$f(x|y = y_0) = \frac{f(x,\ y_0)}{f_Y(y_0)}$$

- $X = x_0$ の場合の Y の条件付き分布

$$f(y|x = x_0) = \frac{f(x_0,\ y)}{f_X(x_0)}$$

分母に周辺分布を持ってきているのは，次のように条件付き分布が（積分して 1 になるという）確率密度関数の要件を満たすためである。

$$\begin{aligned}\int_{-\infty}^{+\infty} f(x|y = y_0)dx &= \int_{-\infty}^{+\infty} \frac{f(x,\ y_0)}{f_Y(y_0)}dx \\ &= \frac{1}{f_Y(y_0)} \times \int_{-\infty}^{+\infty} f(x,\ y_0)dx \\ &= \frac{1}{f_Y(y_0)} \times f_Y(y_0) = 1\end{aligned}$$

$Y = y_0$ という特定の値を明示しないで，次のように標記する場合もある。

$$f(x|y) = \frac{f(x,\ y)}{f_Y(y)}$$

14.1.5　独立性

確率変数 X，Y に関する 2 変数確率密度関数が，次のように変数 X に関する関数と変数 Y に関する関数の積の形に書ける場合，この確率分布は X，Y

について「独立」であるという。

$$f(x, y) = g(x) \times h(y)$$

このとき，

$$f(x, y) = f_X(x) \times f_Y(y)$$

と，同時分布の確率密度関数が周辺分布の積の形になる。

簡単な証明をあげる。

$$f_X(x) = \int_{-\infty}^{\infty} f(x, y)dy = g(x) \times \underbrace{\int_{-\infty}^{\infty} h(y)dy}_{=k:\ \mathrm{const}} = g(x) \times k$$

$$g(x) = \frac{1}{k} \times f_X(x) \quad \Rightarrow \quad f(x, y) = \frac{1}{k} \times f_X(x) \times h(y)$$

同様にして，

$$\begin{aligned} f_Y(y) &= h(y) \times \int_{-\infty}^{\infty} g(x)dx \\ &= h(y) \times \frac{1}{k} \times \int_{-\infty}^{\infty} f_X(x)dx \\ &= \frac{h(y)}{k} \quad \Rightarrow \quad h(y) = k \times f_Y(y) \end{aligned}$$

したがって，

$$f(x, y) = g(x) \times h(y) = \frac{f_X(x)}{k} \times (k \times f_Y(y)) = f_X(x) \times f_Y(y)$$

この性質から，X，Y が「独立」であるときには「条件付き分布が周辺分布に一致する」という顕著な結果が得られる。

$$f(x|y) = \frac{f(x, y)}{f_Y(y)} = \frac{f_X(x) \times f_Y(y)}{f_Y(y)} = f_X(x)$$

同様に，

$$f(y|x) = f_Y(y)$$

これは，「条件付き分布が条件となる変数に依存しない」ということであり，たとえば，$X = x_0$ という値をとる確からしさが，Y がいくつをとるかということに影響されないということである。

X, Y が独立である場合，共分散（および相関係数）はゼロとなる。

$$\begin{aligned}
Cov(x, y) &= \int_{-\infty}^{\infty}\int_{-\infty}^{\infty}(x - E(X))(y - E(Y))f(x, y)dxdy \\
&= \int_{-\infty}^{\infty}\int_{-\infty}^{\infty}(x - E(X))(y - E(Y))f_X(x) \times f_Y(y)dxdy \\
&= \left(\int_{-\infty}^{\infty}(x - E(X))f_X(x)dx\right) \times \left(\int_{-\infty}^{\infty}(y - E(Y))f_Y(y)dy\right) \\
&= (E(X) - E(X)) \times (E(Y) - E(Y)) = 0
\end{aligned}$$

したがって，定義から

$$\rho = \frac{Cov(X, Y)}{\sqrt{V(X)} \times \sqrt{V(Y)}} = 0$$

つまり，共分散（あるいは相関係数）は 2 つの変数 X, Y が相互に影響を与える程度を表しているので，独立（相互に影響を与えない）であれば，共分散（あるいは相関係数）はゼロということになる。しかし，反対は正しくなく，共分散（あるいは相関係数）がゼロであっても，独立とならないケースが存在する。

14.1.6　2 変数分布の変数変換

確率変数 (X, Y) から (U, V) への変数変換によって，確率密度関数がどう変わるかをみよう。確率変数 (X, Y) の確率密度関数を $f(x, y)$ とし，確率変数 (U, V) の確率密度関数を $g(u, v)$ とする。(U, V) は (X, Y) の関数で次のように書けるとする。

$$U = h_1(X, Y), \quad V = h_2(X, Y)$$

この関数によって，(X, Y) の座標 (x, y), $(x + dx, y + dy)$ に (U, V) の座標 (u, v), $(u + du, v + dv)$ が対応しているとする。すなわち，

$$g(u, v)dudv = f(x, y)dxdy$$

である。$U = h_1(X, Y)$,　$V = h_2(X, Y)$ を逆に X, Y について解くことができるとし，

$$X = k_1(U, V), \quad Y = k_2(U, V)$$

とする。多変数積分の変数変換の公式から

$$dxdy = \mathrm{mod}\begin{vmatrix} \dfrac{\partial k_1}{\partial u} & \dfrac{\partial k_1}{\partial v} \\ \dfrac{\partial k_2}{\partial u} & \dfrac{\partial k_2}{\partial v} \end{vmatrix} dudv$$

であり，確率変数 (U, V) の確率密度関数は，

$$g(u, v) = f(k_1(u, v),\ k_2(u, v)) \times \mathrm{mod}\begin{vmatrix} \dfrac{\partial k_1}{\partial u} & \dfrac{\partial k_1}{\partial v} \\ \dfrac{\partial k_2}{\partial u} & \dfrac{\partial k_2}{\partial v} \end{vmatrix}$$

となる。mod は絶対値（modulus）の意味である。

$|A|$ は正方行列 A に対してスカラーを対応させる「行列式」と呼ばれる行列関数であり，2 次元正方行列の場合には，

$$|A| = \begin{vmatrix} a_{11} & a_{12} \\ a_{21} & a_{22} \end{vmatrix} = a_{11}a_{22} - a_{12}a_{21}$$

である。

変数変換が線形変換である場合，

$$u = Ax, \quad u = \begin{pmatrix} u_1 \\ u_2 \end{pmatrix},\ x = \begin{pmatrix} x_1 \\ x_2 \end{pmatrix},\ A = \begin{pmatrix} a_{11} & a_{12} \\ a_{21} & a_{22} \end{pmatrix}$$

$$g(u) = f(A^{-1}u)\ \mathrm{mod}\ |A|^{-1}$$

ただし，

$$|A|^{-1} = \frac{1}{a_{11}a_{22} - a_{12}a_{21}}$$

$$A^{-1}u = \frac{1}{a_{11}a_{22} - a_{12}a_{21}} \begin{pmatrix} a_{22}u_1 - a_{12}u_2 \\ -a_{21}u_1 + a_{11}u_2 \end{pmatrix}$$

14.2　2 次元正規分布

14.2.1　2 次元正規分布の確率密度

1 変数の正規分布の拡張である 2 次元正規分布の確率密度関数は，次のように定義される。

$$f(x,\ y) = C \times e^{-\frac{1}{2}Q}$$

$$Q = \frac{1}{1-\rho^2} \times \left[\frac{(x-\mu_X)^2}{\sigma_X^2} - 2\rho \frac{(x-\mu_X)(y-\mu_Y)}{\sigma_X \times \sigma_Y} + \frac{(y-\mu_Y)^2}{\sigma_Y^2} \right]$$

$$C = \frac{1}{2\pi \times \sigma_X \sigma_Y \sqrt{1-\rho^2}}$$

パラメータは μ_X, μ_Y, σ_X^2, σ_Y^2, $\rho \equiv \sigma_{XY}/(\sigma_X \times \sigma_Y)$ の 5 つ。ただし，

$$E(X) = \mu_X, \quad E(Y) = \mu_Y, \quad V(X) = \sigma_X^2, \quad V(Y) = \sigma_Y^2, \quad Cov(X, Y) = \sigma_{XY}$$

対応する 1 変数の正規分布は次の式であった。

$$f(x) = C \times e^{-\frac{1}{2}Q}, \quad Q = \frac{(x-\mu)^2}{\sigma^2}, \quad C = \frac{1}{\sqrt{2\pi} \times \sigma}$$

2 次元正規分布を行列表示すると，

$$u = \begin{pmatrix} x-\mu_X \\ y-\mu_Y \end{pmatrix}, \quad \Omega = \begin{pmatrix} \sigma_X^2 & \sigma_{XY} \\ \sigma_{XY} & \sigma_Y^2 \end{pmatrix}$$

として，

$$f(u) = C \times e^{-\frac{1}{2}Q}, \quad Q = u'\Omega^{-1}u, \quad C = \frac{1}{(\sqrt{2\pi})^2 \times |\Omega|^{1/2}}$$

と，1 次元分布との対応関係が見やすくなる。

14.2.2 確率密度関数の形

2 次元正規分布の確率密度関数の形は，

- 座標 (μ_X, μ_Y) の真上を頂点（頂上）とする立体の富士山型となる。
- X, Y 座標が (μ_X, μ_Y) のとき Q がゼロとなり，確率密度 $f(x, y) = C \times e^{-\frac{1}{2}Q}$ が最大値 C をとる。
- 富士山の形は，分散と共分散（相関係数）によって変わる。
- 分散が大きければ，1 変数正規分布と同様に頂点の高さが低く，裾野の厚い分布となる。
- Q が一定となる (X, Y) の軌跡は山の「等高線」（＝確率密度が等しい点）であるが，これは 2 次元正規分布では楕円となる。
- 共分散（相関係数）はこの楕円の向きとつぶれ方（扁平さ）を決定しており，正の相関が強ければ，XY 平面で右上がりの方向につぶれた楕円の等

高線ができ，負の相関が強ければ，右下がりの方向につぶれた楕円の等高線となる。相関がない場合には，等高線は (μ_X, μ_Y) を中心にした円となる。

14.2.3　R で 2 次元正規分布のグラフを描く

2 次元正規分布の確率密度関数を 3D グラフィックス（鳥瞰図）で書いてみよう。

簡単のために，平均はゼロ（$\mu_X = 0, \mu_Y = 0$），分散は 1（$\sigma_X^2 = 1, \sigma_Y^2 = 1$）として，相関係数 ρ のみを可変なパラメータとし，ρ の変化で確率密度関数の姿がどう変わるかを調べる。この場合の確率密度関数は次式である。

$$f(x, y) = \frac{1}{2\pi \times \sqrt{1-\rho^2}} \times \exp\left(-\frac{1}{2 \times (1-\rho^2)} \times \left(x^2 - 2\rho xy + y^2\right)\right)$$

```
# 図 25
# 確率密度関数のユーザー定義関数を作成
nordens1 <- function(x, y, r=0.8){
det <- 1-r^2
return( 1/(2*pi * sqrt(det)) * exp((x^2 - 2*r*x*y + y^2)/
(-2*det)) )
}
# 作図のためのデータを作る
x <- seq( -4, 4, length=100)
y <- x
z <- outer(x, y, nordens1)
# 鳥瞰図を描く
persp(x, y, z, theta=30, phi=30)
```

- 相関係数 ρ にある値（$-1 \leq \rho \leq 1$）を与えたうえで，X, Y 座標の値 x, y に対応する $f(x, y)$ の値を返す関数 `nordest1` を定義する。
- 3D-グラフィックス（3 次元プロット）は persp( ) という関数で行う。2 次元のプロット（plot( )）と同様に，様々な x, y の値とそれに対応した $z = f(x, y)$ の値を用意してこれを図にする。準備としてそれらの値を

図25

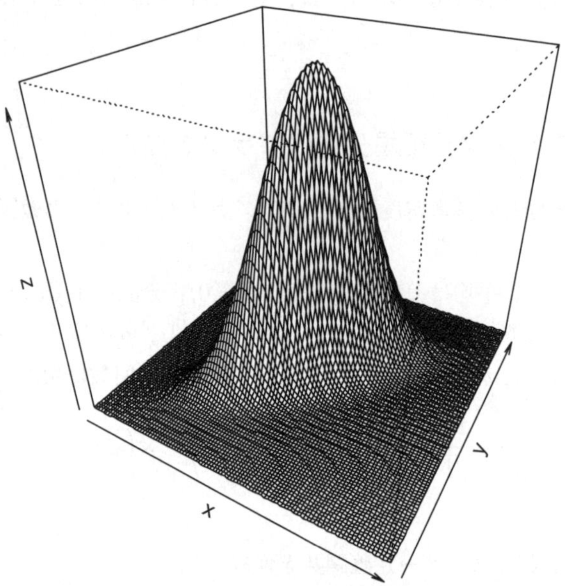

作る。

- seq( ) 関数で，変数（ベクトル）x, y に $-4 \leq x \leq 4$, $-4 \leq y \leq 4$ の範囲で等間隔な 100 個のデータを作る。

```
x <- seq( -4, 4, length=100)
y <- x
```

- これら x, y の 100 ずつのデータの組（$100 \times 100 = 10000$）について，対応する $z = f(x, y)$ を計算する。これには，outer( ) 関数に上記で定義した確率密度関数，nordens1 を持ち込んで計算する。

```
z <- outer(x, y, nordens1)
```

計算結果である z は，100×100 のマトリックス（行列）になっている。

- 以上の準備のもとに，3D グラフィックスで確率密度関数を描く。

```
persp(x, y, z, theta=30, phi=30)
```

theta と phi は，立体を見る視点の方位と高さを角度で指定するものである（いろいろと変えてどのような図形になるか試してみよ）。R のヘルプで，persp( ) 関数にこれ以外にも多数のパラメータを設定できることを確認せよ。

以上では，相関係数 ρ（R の関数ではパラメータ r とした）を 0.8 に固定した。これは，outer( ) 関数の引数として渡す関数 nordens1 としては，x, y 以外のパラメータを設定することができないためである。したがって，相関係数を，たとえば –0.8 にして確率密度関数の 3D グラフィックスを描くには，確率密度関数のユーザー定義関数を定義し直し，z を再計算して（zz とする），グラフを描かなければならない。

```
nordens2 <- function(x, y, r=-0.8){
det <- 1-r^2
return( 1/(2*pi * sqrt(det)) * exp((x^2 - 2*r*x*y + y^2)/
(-2*det)) )
}
zz <- outer(x, y, nordens2); persp(x, y, zz, theta=30, phi=30)
```

outer( ) 関数

outer( ) は，“array の外積 (outer product)” と呼ばれる関数で，ベクトル $x = (x_1, x_2, \cdots, x_n), y = (y_1, y_2, \cdots, y_m)$ に対して，

```
z <- outer(x,y)
```

とすると，z は $n \times m$ 行列で，各要素は次のようになる。

$$z_{i,j} = x_i \times y_j, \quad (1 \leq x \leq n,\ 1 \leq y \leq m)$$

outer( ) の 3 つ目の引数として，関数を与えることができ，

```
z <- outer(x, y, nordens1)
```

の結果，z の各要素は次のようになる。

$$z_{i,j} = \mathrm{nordens1}(x_i, y_j) \quad (1 \leq x \leq 100,\ 1 \leq y \leq 100)$$

outer( ) 関数を用いない方法

outer( ) 関数を用いず，for ループを使えば，（プログラムは少し長くなるが）ユーザー定義関数を書き直さずに，相関係数 r と鳥瞰図の視点の方位と高さの角度 theta1 と phi1 を与えて図を描くプログラムを作れる。

```
chokanzu <- function(r=0.8, theta1=30, phi1=30){
det <- 1-r^2; x <- seq( -4, 4, length=100); y <- x
z <- matrix(rep(0,length(x)*length(y)),nrow=length(x))
for (i in 1:length(x)) {
for (j in 1:length(y)) {
xx <- x[i]; yy <- y[j]
z[i,j]  <-  1/(2*pi * sqrt(det)) * exp((xx^2 - 2*r*xx*yy +
yy^2)/(-2*det))
}
}
persp(x,y,z,theta=theta1,phi=phi1)
}
chokanzu(0.8,30,30)
```

練習問題

$\rho = -0.8, 0.5, 0$ としたときの確率密度関数の鳥瞰図（3D グラフィックス）を描け。

練習問題

μ_X, μ_Y, σ_X^2, σ_Y^2, $\rho \equiv \sigma_{XY}/(\sigma_X \times \sigma_Y)$ の 5 つのパラメータを自由に与えて，2 次元正規分布の確率密度関数の鳥瞰図を描くプログラムを作成せよ。

注意: 上記の例では，平均をゼロ，分散を 1 にしたので $-4 \le x \le 4$, $-4 \le y \le 4$ の範囲に確率密度関数の（富士山型の）主要部分が収まった。平均や分散を変えると，富士山型の主要部分の収まる位置，範囲が変わるから，x, y のデータを作った次の文を適宜変更しないと，確率密度関数の主要部分を描くことができない。

図26

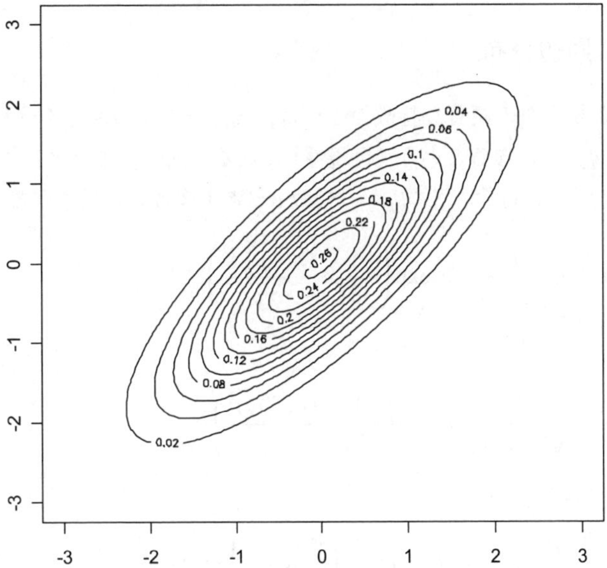


```
x <- seq( -4, 4, length=100)
y <- x
```

14.2.4　等高線の作図 contour( ) 関数

2 次元正規分布の確率密度関数の富士山型のような立体の様子を（地図と同様に）等高線で示す関数として contour( ) がある。

上記例（相関係数 0.8）で作ったデータ（x, y, z）を次の文で等高線に描いてみる。

```
# 図 26
contour(x, y, z)
```

練習問題

上記確認作業で作った $\rho = -0.8,\ 0.5,\ 0$ としたときの確率密度関数についても，等高線を描け。

14.2.5 周辺分布

2 次元正規分布の顕著な特徴の 1 つは，周辺分布や条件付き分布が再び 1 変数の正規分布になるという「再現性」である。同時分布を Y について積分した周辺分布 $f_X(x)$ は，平均 μ_X，分散 σ_X^2 の 1 変数の正規分布となる。

$$f_X(x) = \frac{1}{\sqrt{2\pi} \times \sigma_X} \times \exp\left(-\frac{1}{2} \times \frac{(x-\mu_X)^2}{\sigma_X^2}\right)$$

同様に，

$$f_Y(y) = \frac{1}{\sqrt{2\pi} \times \sigma_Y} \times \exp\left(-\frac{1}{2} \times \frac{(y-\mu_Y)^2}{\sigma_Y^2}\right)$$

証明の概要を示す。

$$f_X(x) \equiv \int_{-\infty}^{\infty} f(x,\ y)dy = C \times \int_{-\infty}^{\infty} \exp(-\frac{1}{2}Q)dy$$

ここで，

$$z \equiv \frac{y-\mu_Y}{\sigma_Y}, \quad m \equiv \frac{x-\mu_X}{\sigma_X}$$

と置いて Q を書き直すと，

$$\begin{aligned} Q &= \frac{1}{1-\rho^2} \times (z^2 - 2\rho mz + m^2) \\ &= \frac{1}{1-\rho^2} \times (z^2 - \rho m)^2 + m^2 \end{aligned}$$

また，変数変換により，

$$dy = \sigma_Y \times dz$$

これらから，

$$\begin{aligned} \int_{-\infty}^{\infty} f(x,\ y)dy &= C \times \exp\left(-\frac{1}{2}m^2\right) \times \int_{-\infty}^{\infty} \exp\left(-\frac{1}{2}\left(\frac{z-\rho m}{\sqrt{1-\rho^2}}\right)^2\right)\sigma_Y dz \\ &= \frac{1}{\sqrt{2\pi}\sigma_X} \exp\left(-\frac{1}{2}\left(\frac{x-\mu_X}{\sigma_X}\right)^2\right) \end{aligned}$$

$$\times \underbrace{\frac{1}{\sqrt{2\pi}\sqrt{1-\rho^2}} \times \int_{-\infty}^{\infty} \exp\left(-\frac{1}{2}\left(\frac{z-\rho m}{\sqrt{1-\rho^2}}\right)^2\right) dz}_{1}$$

$$= \frac{1}{\sqrt{2\pi}\sigma_X} \exp\left(-\frac{1}{2}\left(\frac{x-\mu_X}{\sigma_X}\right)^2\right) = f_X(x)$$

R による周辺分布の近似

周辺分布 $f_X(x)$ は同時分布 $f(x, y)$ を y について積分して得られる。ここでは，先の鳥瞰図を描くために作る (x, y, z) のデータを使って，積分を和で近似する。具体的には，行列である z を y 方向（行方向）に Δy を掛けて足し合わせることで積分の近似とする。

$$f_X(x) \equiv \int_{-\infty}^{\infty} f(x, y)\, dy = \sum_{y_L}^{y_U} z \times \Delta y$$

```
# 周辺分布を作るユーザー定義関数
syuhen <- function(r=0.8,yL,yU){
det <- 1-r^2; x <- seq( yL, yU, length=100); y <- x
z <- matrix(rep(0,length(x)*length(y)),nrow=length(x))
for (i in 1:length(x)) {
for (j in 1:length(y)) {
xx <- x[i]; yy <- y[j]
z[i,j]  <-  1/(2*pi * sqrt(det)) * exp((xx^2 - 2*r*xx*yy + yy^2)
/(-2*det))
}
}
dy <- y[2]-y[1]; zx <- apply(z, 1, sum)*dy
zmax <- max(zx)*1.05; title="正規分布の周辺分布"
plot(x, zx, type="l",xlim=c(yL,yU),ylim=c(0,zmax),main=title )
}
# ユーザー定義関数の実行
syuhen(0.8,-4,4)
```

14.2.6 条件付き分布

周辺分布がわかれば，条件付き分布の定義に従い，若干の式の変形により次が求まる。

$$f(x|y)=\frac{f(x,\ y)}{f_Y(y)}=\frac{1}{\sqrt{2\pi}\sigma_X\sqrt{1-\rho^2}}\exp\left[-\frac{1}{2}\times\frac{\left(x-(\mu_X+\rho\frac{\sigma_X}{\sigma_Y}(y-\mu_Y))\right)^2}{(\sqrt{1-\rho^2}\times\sigma_X)^2}\right]$$

これは，平均が $\mu_x+\rho\dfrac{\sigma_X}{\sigma_Y}(y-\mu_Y)$，分散が $\left(\sqrt{1-\rho^2}\times\sigma_X\right)^2$ の 1 変数正規分布の確率密度関数である。

特に $\rho=0$ の場合は，

$$f(x|y)=\frac{1}{\sqrt{2\pi}\sigma_X}\exp\left[-\frac{1}{2}\times\frac{(x-\mu_X))^2}{\sigma_X^2}\right]=f_X(x)$$

これから，

$$f(x,\ y)=f_X(x)\times f_Y(y)$$

つまり，X と Y が独立になる。一般には，$\rho=0$ は独立であることを意味しないが，2 次元正規分布では独立になる。

R で条件付き分布を描く

$\mu_X=\mu_Y=0,\ \sigma_X=\sigma_Y=1$ とし，相関係数 r と条件となる y の値 **y0**（ただし，**yL** $\leq$ **y0** $\leq$ **yU**）を与えた場合の条件付き分布を，定義である

$$f(x|y=y0)=\frac{f(x,\ y=y0)}{f_Y(y=y0)}$$

から求める。$f(x,\ y)$ と $f_Y(y)$ は，これまで同様に鳥瞰図を描くためのメシュデータに基づく近似で計算する。**y0** の値を変えることにより，条件付き分布の平均（確率密度関数のピークの x 座標）が変わることを確認せよ。

```
# 条件分布を作るユーザー定義関数
jyoken <- function(r=0.8,yL,yU,y0){
det <- 1-r^2; x <- seq( yL, yU, length=100); y <- x; n <-
length(x)
```

```
# 同時分布の計算
z <- matrix(rep(0,n^2),nrow=n)
for (i in 1:n) {
for (j in 1:n) {
xx <- x[i]; yy <- y[j]
z[i,j]  <-  1/(2*pi * sqrt(det)) * exp((xx^2 - 2*r*xx*yy +
yy^2)/(-2*det))
}
}
# 条件付き分布の計算
dx <- x[2]-x[1]; zy <- apply(z,2,sum)*dx
k <- sum(y <= y0); yyy <- y[k]
zz <- z[ ,k]/zy[k]
# グラフに描く
k2 <- sum(diff(zz)>=0)+1
zmax <- max(zz)*1.05; title="正規分布の条件分布"
plot(x,zz,type="l",xlim=c(min(x),max(x)),ylim=c(0,zmax),main=
title )
lines(c(x[k2],x[k2]),c(0,max(zz)),lty=2,col=2)
abline(h=0,col=4)
}
# ユーザー定義関数の実行
jyoken(0.8,-4,4,2)
```

14.2.7　独立な *n* 個の正規分布の同時分布

以上では X, Y という 2 変数の分布について学んだが，これを n 個の確率変数の同時分布へと拡張することができる。その同時確率密度 $f(y_1, y_2, \cdots y_n)$ は，各変数の平均（期待値）$(\mu_1, \mu_2, \cdots, \mu_n)$，分散 $\left(\sigma_1^2, \sigma_2^2, \cdots, \sigma_n^2\right)$ およびすべての変数間の共分散（あるいは相関係数）$\left(\sigma_{i,j}, \rho_{i,j} \equiv \dfrac{\sigma_{i,j}}{\sigma_i \times \sigma_j}, i \neq j\right)$ で特徴づけられる。

各確率変数が相互に独立な場合には，変数 y_j 以外のすべての変数に対す

る周辺分布を $f_j(y_j)$ として，同時分布がこれらの積の形で表される。

$$f(y_1, y_2, \cdots, y_n) = f_1(y_1) \times f_2(y_2) \times \cdots \times f_n(y_n)$$

とくに，n 個の変数が（繰り返し試行のように）同じ 1 変数の正規分布 $N(\mu, \sigma^2)$ から独立に得られる場合には，同時分布の確率密度関数は，1 変数の正規分布の確率密度関数を掛け合わせたものになる。

$$f_j(y_j) = \frac{1}{\sqrt{2\pi} \times \sigma} \times \exp\left(-\frac{1}{2} \times \frac{(y_j - \mu)^2}{\sigma^2}\right), \quad j = 1, 2, \cdots, n$$

より，

$$\begin{aligned} f(y_1, y_2, \cdots, y_n) &= f_1(y_1) \times f_2(y_2) \times \cdots \times f_n(y_n) \\ &= \prod_{j=1}^{n} \left[\frac{1}{\sqrt{2\pi} \times \sigma} \times \exp\left(-\frac{1}{2} \times \frac{(y_j - \mu)^2}{\sigma^2}\right)\right] \\ &= (2\pi)^{-\frac{n}{2}} \times \sigma^{-n} \times \exp\left[-\frac{1}{2\sigma^2} \times \sum_{j=1}^{n} (y_j - \mu)^2\right] \end{aligned}$$

先に，回帰モデルの最尤推定で対数尤度を最大化するときに用いた尤度は，この同時確率密度を先取りしていたものである。

14.2.8　2 次元正規乱数の生成法

確率変数の線形変換によって，互いに独立に標準正規分布をする変数 X, Y から，任意の分散，共分散を持つ 2 次元正規分布に従う変数の組 U, V を作ることができる。

$$\begin{aligned} u &= a \times x + b \times y \\ v &= c \times x \end{aligned}$$

つまり，

$$\begin{pmatrix} u \\ v \end{pmatrix} = \underbrace{\begin{pmatrix} a & b \\ c & 0 \end{pmatrix}}_{A} \begin{pmatrix} x \\ y \end{pmatrix}$$

これから，

$$\mathrm{mod}\,|A|^{-1} = \frac{1}{|bc|}, \quad \begin{pmatrix} x \\ y \end{pmatrix} = A^{-1} \begin{pmatrix} u \\ v \end{pmatrix} = \begin{pmatrix} v/c \\ u/b - av/bc \end{pmatrix}$$

X，Y が独立な標準正規分布であるから，その同時分布は，

$$f_{XY}(x,\ y) = \frac{1}{2\pi} \times \exp\left(-\frac{1}{2} \times (x^2 + y^2)\right)$$

これに線形変換の式

$$g(u) = f(A^{-1}u) \bmod |A|^{-1}$$

をあてはめれば，

$$f_{UV}(u,\ v) = \frac{1}{2\pi \times |bc|} \times \exp\left(-\frac{1}{2} \times \underbrace{\left[\left(\frac{v}{c}\right)^2 + \left(\frac{u}{b} - \left(\frac{a}{bc}\right) \times v\right)^2\right]}_{Q}\right)$$

いくつかの変形によって，Q は次のように書ける。

$$Q = \left(\frac{1}{1-\rho^2}\right) \times \left[\left(\frac{u}{\sigma_U}\right)^2 - 2\rho \times \left(\frac{u}{\sigma_U}\right) \times \left(\frac{v}{\sigma_V}\right) + \left(\frac{v}{\sigma_V}\right)^2\right]$$

ここに，

$$\sigma_U = \sqrt{a^2 + b^2},\ \sigma_V = |c|,\ \sigma_{UV} = ac$$

$$\rho = \frac{\sigma_{UV}}{\sigma_U \times \sigma_V} = \frac{a}{\sqrt{a^2 + b^2}}$$

したがって，$\sigma_U \sigma_V \sqrt{1-\rho^2} = |bc|$ となるから，

$$f_{UV}(u,\ v) = \frac{1}{2\pi \times \sigma_U \sigma_V \sqrt{1-\rho^2}} \times \exp\left(-\frac{1}{2} \times Q\right)$$

これは，平均 $(\mu_U,\ \mu_V) = (0,\ 0)$，分散 $\sigma_U^2 = a^2 + b^2$，$\sigma_V^2 = c^2$，相関係数 $\rho = \dfrac{a}{\sqrt{a^2 + b^2}}$ の 2 次元正規分布である。これらを，a, b, c について解けば，

$$a = \sigma_U \times \rho$$

$$b = \sigma_U \times \sqrt{1-\rho^2}$$

$$c = \sigma_V$$

つまり，作る変数 U，V の分散，相関係数から a, b, c を求めることができる。(以上では，平均はゼロとした。$\tilde{u} = u + \mu_U$，$\tilde{v} = v + \mu_V$ と再度変数変換すれば平均 $(\mu_U,\ \mu_V)$ となる（平行移動は分散や相関係数を変化させない)。

2 次元正規乱数の生成

所与の平均（μ_U, μ_V），分散（σ_U^2, σ_V^2），相関係数（ρ）の 2 次元正規乱数 (U, V) を n 個発生させ，U-V 平面にプロットするユーザー定義関数を作る。

```
# 2 次元正規乱数を発生するユーザー定義関数
nrm2 <- function(n,mu,mv,sgu,sgv,rho){
su <- sqrt(sgu); sv <- sqrt(sgv)
aa <- su*rho; bb <- su*sqrt(1-rho^2); cc <- sv
x <- rnorm(n); y <- rnorm(n)
uu <- mu + (aa*x +bb*y); vv <- mv + cc*x
plot(uu, vv, type="p")
return(cbind(uu,vv))
}
# ユーザー定義関数の実行
u <- nrm2(100, 2, 3, 1.2, 1.4, 0.8)
# データの標本相関係数の計算
cor(u[,1],u[,2])
```

第 15 章　定常確率過程

15.1　確率過程

15.1.1　時系列データは確率過程からの標本

以下の章では，「時系列分析」と呼ばれる統計分析手法を学んでいく。「時系列分析」では，データが「確率過程」という規則（確率的なしくみ）に従い，時間軸に沿って次々に出現してくるものと考える。すなわち，ある時点 t に変数 y_t がどのような値をどのような確率でとるか，次の時点 $t+1$ に変数 y_{t+1} がどのような値をどのような確率でとるかなどが，すべての時点 t について 1 つの規則として定められたものが確率過程である。確率過程は，時点 $-\infty$ から時点 $+\infty$ までの確率変数の集まり，$(\cdots, y_{-1}, y_0, y_1, y_2, \cdots, y_t, y_{t+1}, \cdots)$ であり，われわれが観測するデータ（たとえば，2003 年 1 月 10 日から今日までの新日鉄の株価の終値など）は，それら全体で確率過程の一部分として出現した 1 つの標本（サンプル）であると考える。

$$\cdots, y_{-1}, y_0,\ \underbrace{y_1, y_2, \cdots, y_n}_{\text{観察値} = 1\ \text{つの標本}}, y_{n+1}, \cdots$$

「時系列分析」では，一般の推測統計学と同様に確率過程についての数学モデルを作り，これにデータをあてはめて，様々な統計的な判断，予測等を行う。

15.1.2　自己共分散，自己相関

確率過程 $(\cdots, y_{-1}, y_0, y_1, y_2, \cdots, y_t, y_{t+1}, \cdots)$ を構成する要素の各々は確率変数であるから，単一の確率変数と同様に，平均（期待値）μ_t と分散 σ_t^2 は，それを特徴づける基本的なパラメータである。一般的には，平均，分散ともに，時点 t ごとに異なるものである。これら各時点の確率変数が，後に説明するホワイト・ノイズのように互いに関係を持たない（＝独立）のであれば，

その分析は単一の確率変数の場合と同様であるが，ほとんどの確率過程では，ある時点の確率変数 y_t と他の時点の確率変数 y_s が互いに影響しあう状態を取り扱う。2 次元確率分布を構成する X と Y の間の相互関係を示すものとして，共分散とそれを各々の標準偏差で基準化した相関係数というパラメータを説明したが，確率過程においても，すべての異なる時点間に共分散と相関係数が定義され，それが確率過程の挙動を特徴づける大事なパラメータとなる。確率過程は全体で 1 つの確率的なしくみと考えるので，その構成要素相互間の共分散，相関係数は，自分自身の内部での相互関係という意味で，「自己共分散」「自己相関係数」と呼ばれる。

平均

$$E(y_t) = \mu_t$$

分散

$$V(y_t) = E(y_t - \mu_t)^2 \equiv \sigma_t^2$$

自己共分散

$$Cov(y_t,\ y_s) = E\left((y_t - \mu_t)(y_s - \mu_s)\right) \equiv \gamma_{t,\ s}$$

自己相関係数

$$\frac{Cov(y_t,\ y_s)}{\sqrt{V(y_t)}\,\sqrt{V(y_s)}} \equiv \rho_{t,\ s}$$

15.2　定常過程

15.2.1　定常過程の定義

以下の大部分では，確率過程の中でも「定常過程」と呼ばれる特別な確率過程を取り扱う。定常過程とは，次の 3 つの条件を満たすものである。

1. すべての時点で，平均（期待値）が一定の同じ値である。

$$E(y_t) = \mu \qquad \text{for } \forall\ t$$

2. すべての時点で，分散が一定の同じ値である。

$$V(y_t) = \sigma^2 \qquad \text{for } \forall\ t$$

3. 2 つの時点の間の自己共分散，自己相関係数が時間軸の絶対的な位置にはよらず，2 時点の間隔 k が同じであれば，同じ値となる。

$$Cov(y_t, y_{t-k}) = Cov(y_s, y_{s-k}) \equiv \gamma_k$$

$$\frac{Cov(y_t, y_{t-k})}{\sqrt{V(y_t)}\sqrt{V(y_{t-k})}} = \frac{Cov(y_s, y_{s-k})}{\sqrt{V(y_s)}\sqrt{V(y_{s-k})}} = \frac{\gamma_k}{\sigma^2} \equiv \rho_k$$

上記の条件は，正確には「弱定常性」あるいは「2 次の定常性」の条件と呼ばれる。時系列を多変量確率分布と考えた場合の同時分布が時点の取り方によらずにすべて等しいことなど，より強い定常性の定義もあるが，ここでは扱わない。

- 1. は，時系列が時間軸に沿って右肩上がりに増加していったり，反対に右肩下がりに減少していったりせず，長期をとれば，一定の平均値 μ の回りで変動をしているということである。
- 2. も，時系列の変動がある区間では激しく振れ，他の区間ではごく小さな変動をするといったことや，データの数値の増加とともに振れも大きくなるといったことがなく，長期間をみても，ほぼ一定の幅の中で変動しているということである。株価や為替レートはときに激しく，他ではなだらかな動きをするが，そうした変動は定常過程とはみなされない。
- 3. は，異なる時点間の関係に関するもので，直観的にはわかりにくいが，おおよそ次のようなことである。今日（時点 t）と昨日（時点 $t-1$）の間の確率変数の相互関係は，たとえば，10 日前（時点 $s=t-10$）とその前の日（時点 $s-1=t-11$）の相互関係と同じであり，また今日（時点 t）と一昨日（時点 $t-2$）と間の確率変数の相互関係は，10 日前（時点 $s=t-10$）とその 2 日前（時点 $s-2=t-12$）の相互関係と同じである。時点の隔たりを一般化して，今日（時点 t）と k 日前（時点 $t-k$）と間の確率変数の相互関係は，m 日前（時点 $s=t-m$）とその k 日前（時点 $s-k=t-m-k$）の相互関係と同じである，といったように相互関係が 2 つの時点の隔たりの大きさだけに依存し，どの位置を基点に考えても隔たりが同じであれば，その相互関係（自己共分散，自己相関係数）は同じであるということである。

確率過程 $(\cdots, y_{-1}, y_0, y_1, y_2, \cdots, y_t, y_{t+1}, \cdots)$ は概念的には時間軸上に無限に続く確率変数であり，先に述べたように，われわれが観察値として得るデータはその出現値のごく一部分にすぎないが，定常過程は「どの一部分を持ってきても，確率過程としての特性が変わらない」ことを約束するものである。

15.2.2 時系列データの標本平均，標本分散

推測統計学は，たとえば，コイン投げで表が出るか裏が出るかという「試行結果」を沢山集めたデータ（標本）から，コインの偏り（具体的にはベルヌイ分布という確率モデルのパラメータ）を推測し，試行結果を決めているメカニズムについて知見を得ようとする。時系列データは日付のついたデータであり，$(y_1, y_2, \cdots, y_N)$ など観察される一続きのデータ全体で，確率過程というデータを発生させるしくみからの，1 つの出現結果（試行結果＝コインを 1 回投げたこと）であるとみなされる。コイン投げと対比した場合，「2003 年 1 月 10 日から今日までの新日鉄の株価終値」のような確率過程の観察結果は 1 つだけしか得られないから，「沢山のデータ」からそのデータを出現させている確率過程についてパラメータを推計する等，知見を得ることは一般には困難である。

しかし，確率過程が，上に述べた「定常性」の条件を満たす場合には，ただ 1 つの標本の中の情報から確率過程を決めるパラメータ（平均，分散，自己共分散，自己相関係数）の推定を行うことができる。まず，定常過程は時間軸のどの時点でも平均，分散が一定であるから，(1) 得られたデータの算術平均を μ の推定値とし，(2) 標本分散を σ^2 の推定値することができる。また (3) 自己共分散が時間の絶対位置にはよらず，2 つの時点の隔たり（相対的な位置）だけで決まるので，たとえば $k = 5$ だけ隔たった時点間の自己共分散は，今日と 5 日後，明日と 6 日後，明後日と 7 日後，第 t 日と第 $t + k$ 日，といったデータの組についての標本共分散として推定することができる。

標本平均

$$\hat{\mu} = \frac{\sum_{t=1}^{N} y_t}{N}$$

標本分散

$$\hat{\sigma}^2 = \frac{\sum_{t=1}^{N} (y_t - \hat{\mu})^2}{N}$$

標本共分散

$$\hat{\gamma}_k = \frac{\sum_{t=k+1}^{N}(y_t - \hat{\mu})(y_{t-k} - \hat{\mu})}{N}$$

標本相関係数

$$\hat{\rho}_k = \frac{\hat{\gamma}_k}{\hat{\sigma}^2}$$

15.2.3　標本コレログラム

このように，定常過程では自己共分散を分散で割ったものが自己相関係数となり，自己相関係数は「データ時点の隔たり」k（自然数）に対して ρ_k が定まるので，これを k の関数と考え，「自己相関関数」あるいは「コレログラム」と呼ばれる。

$$\rho(k) = \frac{Cov(y_t, y_{t-k})}{\sqrt{V(y_t)}\sqrt{V(y_{t-k})}} = \frac{\gamma_k}{\sigma^2} = \frac{\gamma_k}{\gamma_0}$$

これに対応する「標本自己相関関数」あるいは「標本コレログラム」は次の式で表される。

$$\hat{\rho}(k) = \frac{\hat{\gamma}_k}{\hat{\gamma}_0} = \frac{\sum_{t=k+1}^{N}(y_t - \hat{\mu})(y_{t-k} - \hat{\mu})}{\sum_{t=1}^{N}(y_t - \hat{\mu})^2}$$

後に見るように，データの発生メカニズム (DGP : Data Generating Process) とコレログラムの（k の関数としての）変動のパターンに一定の関係があるので，標本コレログラムを調べることで，DGP についての情報を得ることができる。

15.2.4　R の acf( ) 関数

R には，標本自己相関係数を計算する acf( ) 関数がある。これを使って時系列の特徴をとらえることは時系列分析の基礎作業の 1 つである。次のプログラムは，経済産業省が公表している鉱工業生産指数（IIP）・月次・原系列の 1978 年 1 月から 2007 年 10 月までのデータについて，次の作業を行うものである。

- データのグラフを描く。
- 全期間をデータとする標本自己相関係数を計算する。
- データを 1990 年 12 月までの期間とそれ以降に分けて，それぞれの標本自己相関係数を計算する。

```
# 図 27
#IIP の自己相関係数
xdata <- read.csv("IIP01978.csv",skip=2,header=TRUE)
IIP <-ts(xdata$IIP,start=c(1978,1),frequency=12)
par(mfrow=c(2,2))
ts.plot(IIP,type="l",main="IIP(1978 年 1 月-2007 年 10 月）")
abline(v=c(1991,1),col=2)
acf(IIP,lag.max=60,main="IIP 全期間の自己相関係数")
IIP1 <-window(IIP,start=c(1978,1),end=c(1990,12))
acf(IIP1,lag.max=60,main="IIP 1978-1990 年の自己相関係数")
IIP2 <-window(IIP,start=c(1991,1))
acf(IIP2,lag.max=60,main="IIP 1991-2007 年（10 月）の自己相関係
数")
par(mfrow=c(1,1))
```

- acf( ) 関数は，最初の引数に当該時系列の変数名を指示する。
- 次の引数 lag.max= は $\hat{\rho}(k)$ の k を，0 から最大いくつまで計算するかを指示する（デフォルトでは，$10 \times \log_{10}(N)(N$ はデータ数) が指定される)。
- デフォルトで plot=TRUE となっているので，アウトプットとして，標本自己相関係数のグラフを返してくる。
- 数値の結果はリストとして保持されているので，変数名をつけておけば，後で呼び出して利用できる。

```
kekka <- acf(IIP)
kekka$acf
```

上記プログラムを実施した結果から，次のようなことがわかる。

- 1978 年から 1990 年の間は IIP は右肩上がりで上昇している。このような「トレンド」のあるデータでは，標本自己相関係数が 1 に近い値から k の

図27

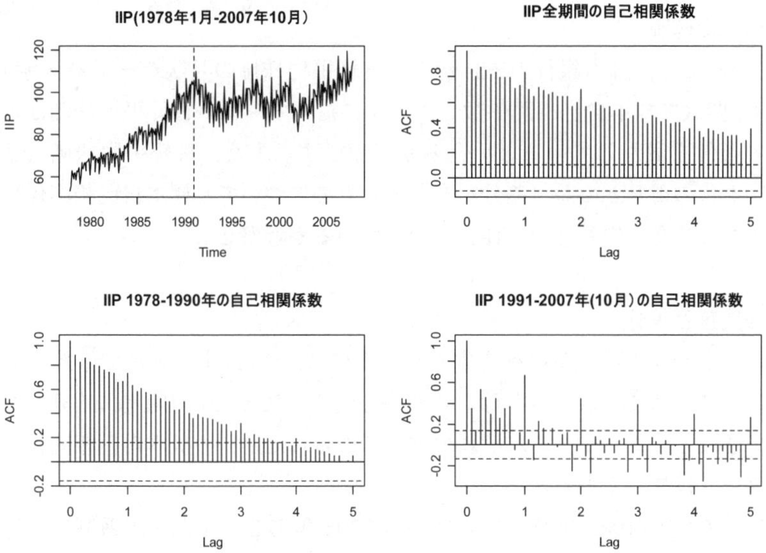

増加とともに逓減するするパターンを描く（なお，グラフは $k = 0$ から始まっており，$\rho(0) = 1$ であるから最も左の値は常に 1 となる)。

- これに対して，1991 年以降のデータは，右肩上がりのトレンドは明確でなく，むしろ数年で増減を繰り返す周期的なパターンが見られる。
- 1991 年以降のデータの標本自己相関係数には，1 年（= 12 期）ごとに高い相関を示すパターンがある。これは，IIP の原系列データに毎年同じパターンを繰り返す「季節変動」があることを反映したものである。同様の季節変動は 1978 年から 1990 年のデータにもあるが，標本自己相関係数でみると，トレンドによる右下がりのパターンの陰に隠れてしまう。
- 季節変動の部分を除けば，ほぼ 1 年間（$k \leq 12$）について標本自己相関係数が比較的大きな値をとっている。これが周期的なパターンに現れた時点間の相関を反映した部分である。なお，グラフ中の点線は標本自己相関係数が 0 と有意に異なることを示す信頼区間（デフォルトでは，95% の信頼区間）である。

練習問題

日経平均株価

（たとえば，日本銀行の HP から）日経平均株価の月次データを入手し，acf( ) 関数で標本自己相関係数をグラフに描いてみよ。日経平均株価は定常性の条件を満たしているといえるか考察せよ。また，日経平均株価（月次データ）の前月との差（差分）をとったものについて，標本自己相関係数をグラフに描き，定常性の条件を満たしているか考察せよ。

回帰残差と差分

増加トレンドのある系列を定常化するには，(1) 最小二乗法で直線トレンドをあてはめてそれを取り除いた残差を使う方法と (2) 前期差（差分）をとる方法などがあるが，それぞれの方法で作られた系列の標本自己相関係数のパターンは異なるものとなる。

実質 GDP（1980 年第 1 四半期から 2005 年第 2 四半期・原系列）を対数変換したものについて，(1) 最小二乗法でトレンド線をあてはめた残差系列と，(2) 前期差（差分）をとった系列について，標本自己相関係数を比較し，その違いを考察せよ。

15.3　ラグ演算子

時系列分析は，時系列 y_t の異なる時点間の関係を記述し分析する。その際に，次に定義するラグ演算子（B）を用いると，記述が簡明になるだけでなく，様々な問題の解法にも活用できる。

15.3.1　ラグ演算子の定義

ラグ演算子は，インプットの時系列に作用させると，1 時点ずれた時系列をアウトプットとして返すものである。

$$By_t \equiv y_{t-1}$$

ラグ演算子の記号には，L を使う流儀と B（backward shift）を使う流儀が並存しているが，以下では B を使うことにする。時点を 2 以上ずらす場合には，B を複数回作用させればよい。それを累乗記号を使って簡明に記す。

$$B^2 y_t \equiv B(By_t) = By_{t-1} = y_{t-2}$$

一般化して，

$$B^k y_t = y_{t-k}, \quad k = 1, 2, \cdots$$

$B^0 \equiv 1$(つまり $B^0 y_t = y_t$ で，時点をずらさない）と定義する。また，

$$B^{-k} y_t \equiv y_{t+k}$$

とすれば，上の式はすべての整数 k について定義される。

特殊な場合として，時系列 y_t が定数 (c) であれば，ラグ演算子を作用させても何も変わらない。

$$By_t = Bc = c$$

15.3.2　ラグ演算子の演算

ラグ演算子は時系列をシフトさせる「作用」を表したものであるが，以下で示す通り，数や変数のように演算子間で加法・乗法の可換・結合・分配律が成り立つ。

$$\begin{aligned}(a+b)By_t &= (aB+bB)y_t = aBy_t + bBy_t \\ &= ay_{t-1} + by_{t-1} = (bB+aB)y_t \\ (aB+b)(cB+d)y_t &= (acB^2 + (ad+bc)B + bd)y_t \\ &= acy_{t-2} + (ad+bc)y_{t-1} + bdy_t \\ &= (cB+d)(aB+b)y_t\end{aligned}$$

ラグ演算子 B の「多項式」を

$$A(B) = a_0 + a_1 B + \cdots + a_k B^k, \quad C(B) = c_0 + c_1 B + \cdots + c_l B^l$$

としたときに，

$$A(B)C(B) = C(B)A(B)$$

となることを確認せよ。

15.3.3 無限級数の場合

上記のラグ演算子の「多項式」をさらに一般化すれば，次の「無限級数」となる。

$$A(B) = a_0 + a_1 B + a_2 B^2 + \cdots = \sum_{j=0}^{\infty} a_j B^j$$

これが意味を持つか否かは，(1) 係数の級数 $\sum_{j=0}^{\infty} a_j$ と，(2) 作用を受ける時系列 y_t の挙動による。

$$\sum_{j=0}^{\infty} |a_j| < \infty \quad \text{有界}$$

であり，時系列 y_t も有界であれば，$A(B)$ が意味を持つ（$= A(B)y_t$ が時系列として確定する）。

$$C(B) = c_0 + c_1 B + c_2 B^2 + \cdots = \sum_{j=0}^{\infty} c_j B^j$$

が同様に「意味を持つ」場合に，

$$A(B)C(B) = \left(\sum_{j=0}^{\infty} a_j B^j\right)\left(\sum_{i=0}^{\infty} c_i B^j\right) = \sum_{k=0}^{\infty}\left(\sum_{i=0}^{k} a_i c_{k-i}\right) B^k$$

であることを確認せよ。

15.4 差分方程式

15.4.1 1 階の差分方程式

1 階の差分方程式を次のように表記する。

$$y_t = a + \phi y_{t-1} + w_t$$

式の意味するところは，y_t が前期の値 y_{t-1} と別の時系列 w_t によって決定されるということである。差分方程式を「解く」とはこの式を満たす y_t を（y_{t-1} を含まない）時系列 w_t の関数として表すことである。

この式に逐次代入を行うと，

$$
\begin{aligned}
y_t &= a + \phi(a + \phi y_{t-2} + w_{t-1}) + w_t \\
&= a(1+\phi) + \phi^2 y_{t-2} + \phi w_{t-1} + w_t \\
&= \cdots \\
&= a\left(1 + \phi + \cdots + \phi^{k-1}\right) + \phi^k y_{t-k} + \phi^{k-1} w_{t-(k-1)} + \cdots + \phi w_{t-1} + w_t \\
&= a \times \left(\frac{1-\phi^k}{1-\phi}\right) + \phi^k y_{t-k} + \sum_{j=0}^{k-1} \phi^j w_{t-j}
\end{aligned}
$$

$|\phi| < 1$ であれば，$k \to \infty$ において，

$$
y_t = a \times \frac{1}{1-\phi} + \sum_{j=0}^{\infty} \phi^j w_{t-j}
$$

右辺の最後の総和は，時系列 w_t が有界であれば「意味を持つ」。

最初の 1 階の差分方程式は，ラグ演算子 B を用いると次のように書ける。

$$
(1 - \phi B)\, y_t = a + w_t
$$

ここで y_t を求めるために，形式的な操作で

$$
y_t = (1 - \phi B)^{-1} (a + w_t)
$$

としても，$(1 - \phi B)^{-1}$ が定義されていない。その定義を考えるために，

$$
A_k(B) \equiv 1 + \phi B + \phi^2 B^2 + \cdots + \phi^k B^k
$$

として，

$$
(1 - \phi B) A_k(B) = (1 - \phi B)(1 + \phi B + \phi^2 B^2 + \cdots + \phi^k B^k) = 1 - \phi^{k+1} B^{k+1}
$$

したがって，$|\phi| < 1$ ならば，

$$
\lim_{k\to\infty} (1 - \phi B) A_k(B) \equiv (1 - \phi B) A(B) = (1 - \phi B)(1 + \phi B + \phi^2 B^2 \cdots) = 1
$$

いま定義したい $(1 - \phi B)^{-1}$ が $(1 - \phi B)$ の「逆数」（逆変換）であるべきならば，

$$
(1 - \phi B)^{-1} \equiv A(B) = \sum_{j=0}^{\infty} \phi^j B^j
$$

とすべきである。これを用いて1階の差分方程式を解けば,

$$\begin{aligned} y_t &= (1-\phi B)^{-1}(a+w_t) \\ &= \sum_{j=0}^{\infty} \phi^j B^j (a+w_t) \\ &= a\sum_{j=0}^{\infty}\phi^j + \sum_{j=0}^{\infty}\phi^j w_{t-j} \\ &= \frac{a}{1-\phi} + \sum_{j=0}^{\infty}\phi^j w_{t-j} \end{aligned}$$

と，上記の逐次代入によるものと同じ結果が得られる。ここで,

$$\mu \equiv a \times \frac{1}{1-\phi}$$

と置くと,

$$(y_t - \mu) = \phi\,(y_{t-1} - \mu) + w_t$$

と書けるので，$y_t - \mu$ をあらためて y_t と定義してやれば，定数項 a を除いた

$$y_t = \phi y_{t-1} + w_t = \sum_{j=0}^{\infty}\phi^j w_{t-j}$$

で表すことができる。以下では同様に考えて，定数項（a）のない形の差分方程式で議論する。

なお，上記の解に $a_0\phi^t$ を加えた

$$y_t = a_0\phi^t + \sum_{j=0}^{\infty}\phi^j w_{t-j}$$

も $y_t = \phi y_{t-1} + w_t$ を満たすが，y_t が $-\infty \le t \le \infty$ において定義されるとすると，$|\phi| < 1$ より，$t \to -\infty$ で，$\phi^t \to \infty$ となり，y_t が有界でない不適切な解となる。

15.4.2　2階の差分方程式

2階の差分方程式は,

$$y_t = \phi_1 y_{t-1} + \phi_2 y_{t-2} + w_t$$

これをラグ演算子を用いて記述すると，

$$(1-\phi_1 B-\phi_2 B^2)y_t = w_t$$

ここで，

$$(1-\phi_1 B-\phi_2 B^2) = (1-\lambda_1 B)(1-\lambda_2 B)$$

と「因数分解」ができ，1 階の差分方程式で論じたように，$(1-\lambda_1 B)^{-1}$ と $(1-\lambda_2 B)^{-1}$ が定義できれば，

$$y_t = (1-\lambda_1 B)^{-1}(1-\lambda_2 B)^{-1} w_t$$

で解が求まることになる。

λ_1，λ_2 は，$1-\phi_1 z-\phi_2 z^2 = 0$ の解の逆数として求まるが，より直接的には，

$$\lambda^2-\phi_1\lambda-\phi_2 = 0$$

の解として求まる。

$$\begin{cases} \lambda_1 = \dfrac{\phi_1+\sqrt{\phi_1^2+4\phi_2}}{2} \\ \lambda_2 = \dfrac{\phi_1-\sqrt{\phi_1^2+4\phi_2}}{2} \end{cases}$$

$\phi_1^2+4\phi_2 < 0$ であれば，これらは共役複素数となる。

λ_1，λ_2 を得れば，

$$\begin{aligned} y_t &= (1+\lambda_1 B+\lambda_1^2 B^2+\cdots)(1+\lambda_2 B+\lambda_2^2 B^2+\cdots)w_t \\ &= w_t+(\lambda_1+\lambda_2)w_{t-1}+(\lambda_1^2+\lambda_2^2+\lambda_1\lambda_2)w_{t-2}+\cdots \end{aligned}$$

として y_t が w_t の系列によって定まる。$\lambda_1 \neq \lambda_2$ であれば，

$$(1-\lambda_1 B)^{-1}(1-\lambda_2 B)^{-1} = (\lambda_1-\lambda_2)^{-1}\left(\frac{\lambda_1}{1-\lambda_1 B}-\frac{\lambda_2}{1-\lambda_2 B}\right)$$

と変形できることを使って，

$$y_t = (\lambda_1-\lambda_2)^{-1}\left(\frac{\lambda_1}{1-\lambda_1 B}-\frac{\lambda_2}{1-\lambda_2 B}\right)w_t$$

$$= \left[\frac{\lambda_1}{\lambda_1 - \lambda_2} \sum_{j=0}^{\infty} \lambda_1^j B^j - \frac{\lambda_2}{\lambda_1 - \lambda_2} \sum_{j=0}^{\infty} \lambda_2^j B^j \right] w_t$$

$$= \sum_{j=0}^{\infty} \left(\frac{\lambda_1^{j+1} - \lambda_2^{j+1}}{\lambda_1 - \lambda_2} \right) B^j w_j$$

この最後の式から，λ_1, λ_2 が共役複素数になっても，次のように，ラグ演算子の係数が実数になることがわかる。λ_1, λ_2 を極形式で書くと，

$$\lambda_1 = r \times (\cos\theta + i \sin\theta) \;\rightarrow\; \lambda_1^k = r^k \times (\cos k\theta + i \sin k\theta)$$
$$\lambda_2 = r \times (\cos\theta - i \sin\theta) \;\rightarrow\; \lambda_2^k = r^k \times (\cos k\theta - i \sin k\theta)$$

から，

$$\left(\frac{\lambda_1^{j+1} - \lambda_2^{j+1}}{\lambda_1 - \lambda_2} \right) = \frac{r^{j+1} \sin(j+1)\theta}{\sin\theta}$$

15.4.3　p 階の差分方程式

$$y_t = \phi_1 y_{t-1} + \phi_2 y_{t-2} + \cdots + \phi_p y_{t-p} + w_t$$

ラグ演算子 B を使って，

$$\left(1 - \phi_1 B - \phi_2 B^2 - \cdots - \phi_p B^p\right) y_t = w_t$$

対応する p 次方程式（これを「特性方程式」と呼ぶことがある）

$$\lambda^p - \phi_1 \lambda^{p-1} - \cdots - \phi_{p-1} \lambda - \phi_p = 0$$

の解を λ_k $(k = 1, 2, \cdots, p)$ とすれば，

$$\left(1 - \phi_1 B - \phi_2 B^2 - \cdots - \phi_p B^p\right) = (1 - \lambda_1 B)(1 - \lambda_2 B) \cdots \left(1 - \lambda_p B\right)$$

であるから，$|\lambda_k| < 1$ で，

$$(1 - \lambda_k B)^{-1} = 1 + \lambda_k B + \lambda_k^2 B^2 + \cdots = \sum_{j=0}^{\infty} \lambda_k^j B^j$$

が定義できれば，差分方程式の解は，

$$y_t = (1-\lambda_1 B)^{-1}(1-\lambda_2 B)^{-1}\cdots\left(1-\lambda_p B\right)^{-1} w_t$$

である。

ここでも 2 階の差分方程式で試みたように，

$$\begin{aligned}(1-\lambda_1 z)^{-1}(1-\lambda_2 z)^{-1}\cdots\left(1-\lambda_p z\right)^{-1} &= \frac{1}{(1-\lambda_1 z)(1-\lambda_2 z)\cdots\left(1-\lambda_p z\right)}\\ &= \frac{c_1}{1-\lambda_1 z}+\frac{c_2}{1-\lambda_2 z}+\cdots+\frac{c_p}{1-\lambda_p z}\end{aligned}$$

と部分分数分解し，その c_1，c_2，$\cdots, c_p$ を求めることを考える。

両辺の分母を払って，

$$\begin{aligned}1 = &\ c_1(1-\lambda_2 z)(1-\lambda_3 z)\cdots\left(1-\lambda_p z\right)\\ &+c_2(1-\lambda_1 z)(1-\lambda_3 z)\cdots\left(1-\lambda_p z\right)+\\ &\cdots\\ &+c_p(1-\lambda_1 z)(1-\lambda_2 z)\cdots\left(1-\lambda_{p-1} z\right)\end{aligned}$$

$z=\lambda_1^{-1}$ を代入すれば，右辺の第 2 項以降はゼロとなり，

$$1 = c_1\left(1-\lambda_2\lambda_1^{-1}\right)\left(1-\lambda_3\lambda_1^{-1}\right)\cdots\left(1-\lambda_p\lambda_1^{-1}\right)$$

したがって，

$$c_1 = \frac{\lambda_1^{p-1}}{(\lambda_1-\lambda_2)(\lambda_1-\lambda_3)\cdots\left(\lambda_1-\lambda_p\right)}$$

同様に，

$$c_2 = \frac{\lambda_2^{p-1}}{(\lambda_2-\lambda_1)(\lambda_2-\lambda_3)\cdots\left(\lambda_2-\lambda_p\right)}$$

$$\vdots$$

$$c_p = \frac{\lambda_p^{p-1}}{\left(\lambda_p-\lambda_1\right)\left(\lambda_p-\lambda_2\right)\cdots\left(\lambda_p-\lambda_{p-1}\right)}$$

これから，

$$\frac{c_k}{1-\lambda_k B}w_t = c_k\left(1+\lambda_k B+\lambda_k^2 B^2+\cdots\right)w_t$$
$$= c_k\left(w_t+\lambda_k w_{t-1}+\lambda_k^2 w_{t-2}+\cdots\right)$$

したがって，

$$y_t = \sum_{k=1}^{p}\frac{c_k}{1-\lambda_k B}w_t$$
$$= \sum_{k=1}^{p}\left(\sum_{j=0}^{\infty}c_k\lambda_k^j w_{t-j}\right)$$
$$= \sum_{j=0}^{\infty}\left(c_1\lambda_1^j+c_2\lambda_2^j+\cdots+c_p\lambda_p^j\right)w_{t-j}$$

ここで，$j=0$ の項については $\left(c_1+c_2+\cdots+c_p\right)w_t$ となるが，先の（部分分数の分母を払った）式に $z=0$ を代入した場合から，

$$c_1+c_2+\cdots+c_p=1$$

であることに注意すれば，ラグのない w_t の項の係数が 1 になっていることがわかる。

なお，上の式で省略した差分方程式の定数項の部分があれば，

$$y_t=a+\phi_1 y_{t-1}+\cdots+\phi_p y_{t-p}+w_t \Leftrightarrow y_t-\mu=\phi_1(y_{t-1}-\mu)+\cdots+(\phi_p y_{t-p}-\mu)+w_t$$

から，

$$\mu=\frac{a}{1-\phi_1-\phi_2-\cdots-\phi_p}$$

として求めた μ を y_t から引いて再定義すれば，定数項のない差分方程式に帰着する。

15.4.4 R で「特性方程式」の解を求める

差分方程式

$$y_t=\phi_1 y_{t-1}+\phi_2 y_{t-2}+\cdots+\phi_p y_{t-p}+w_t$$

の解を求めるには，p 次方程式（「特性方程式」）

$$\lambda^p - \phi_1\lambda^{p-1} - \cdots - \phi_{p-1}\lambda - \phi_p = 0$$

の解 λ_k $(k = 1, 2, \cdots, p)$ を求め，$|\lambda_k| < 1$ を確認しなければならない。2 次方程式までならば，（解の公式により）筆算でも可能であるが，3 次以上では困難である。R には，多項式 $a_k x^k + a_{k-1}x^{x-1} + \cdots + a_1 x + a_0 = 0$ の数値解を求める関数 polyroot( ) がある。ただし，引数として指定するベクトルの並びが $a_0, a_1, \cdots, a_k$ となっている点に注意する必要がある。

例として，$x^2 + 3x + 2 = 0$ の解を求めれば，

```
> polyroot(c(2,3,1))
[1] -1+0i -2-0i
```

と，答えを複素数型のデータとして返してくる。ここでは，その絶対値 $|\lambda_k| < 1$ の確認をすればよいのであるから，絶対値を求める関数 abs( ) を組み合わせれば，

```
> abs(polyroot(c(2,3,1)))
[1] 1 2
```

と，実数型のデータになる。

$$y_t = 0.8y_{t-1} - 0.5y_{t-2} + w_t$$

という 2 階の差分方程式の特性方程式は，

$$\lambda^2 - 0.8\lambda + 0.5 = 0$$

この解を polyroot( ) 関数で求めれば，

```
> ( lambda <- polyroot(c(0.5,-0.8,1)) )
[1] 0.4+0.5830952i 0.4-0.5830952i
> abs(lambda)
[1] 0.7071068 0.7071068
```

共役複素数の解が求められ，その絶対値 $x = a \pm ib \rightarrow |x| = \sqrt{a^2 + b^2}$ は，2 つとも同じ値となる。

15.4.5 R による差分方程式のシミュレーション

差分方程式に従う時系列 y_t の変動は，(1) 変動の原因であるインプット w_t と, (2) それを y_t に伝達する「しくみ」であるパラメータ ϕ_j, $(j = 1, 2, \cdots, p)$, あるいはそれに対応した λ_j, $(j = 1, 2, \cdots, p)$ によって決定される。このうちの (2) の役割を見るために，次のようなシミュレーションを実行する R のプログラムを作ろう。なお，簡単のために 2 階の差分方程式で行う。

- w_t ははじめゼロの値を続けている。このとき，$y_t = \phi_1 y_{t-1} + \phi_2 y_{t-2} + w_t$ より，y_t もゼロである。
- ある期 t_k に w_t が a にシフトし，その後もずっと a の値をとり続けるとする。
- 最終的には新しい「均衡」では，$\overline{y} = \phi_1\overline{y} + \phi_2\overline{y} + a$ となるから，y_t は,

$$\overline{y} = \frac{a}{1 - \phi_1 - \phi_2}$$

に漸近する。

y_t が初期の均衡値 0 から，どのように変動しつつ新たな均衡 $\overline{y}$ に近づくかを R のシミュレーションにより観察する。

```
# 2 階の差分方程式のユーザー定義関数
sabun2 <- function(phi,a,n1,n){
w <-c(rep(0,n1),rep(a,(n-n1))); y0 <- a/(1-sum(phi))
y <- filter(w,filter=phi,method="recursive")
yl <- c(min(w,y),max(w,y))
plot(y,type="o",ylim=yl)
lines(w,type="o",lty=2,col=4)
abline(h=y0,col=2)
}

# case_1 φ 1 = 0.3, φ 2 = 0.2
phi <- c(0.3,0.2)
sabun2(phi,1,5,20)
```

```
p <- c(-1*rev(phi),1)
( lambda <- polyroot(p) )

# case_2  φ 1 = 0.3,  φ 2 = -0.5
phi <- c(0.3,-0.5)
sabun2(phi,1,5,20)
p <- c(-1*rev(phi),1)
( lambda <- polyroot(p) )
```

ユーザー定義関数 sabun2( ) は，2 階差分方程式のパラメータ ϕ_1, ϕ_2 を引数 phi で，w_t の変化後の値 a を引数 a で指示する。さらに，w_t がシフトする期 t_k を n1 で，そして，w_t の全期数を n で与える。プログラムでは filter( ) 関数により差分方程式に従う系列 y を計算している。このユーザー定義関数を用いて，次の 2 つのケースについてシミュレーションを行っている。

- $\phi_1 = 0.3, \phi_2 = 0.2$ の場合
  特性方程式の解 λ_1, λ_2 が異なる実数値になる場合であり，y は新たな均衡値 2 に向かって指数関数的に接近していく。
- $\phi_1 = 0.3, \phi_2 = -0.5$ の場合
  特性方程式の解 λ_1, λ_2 が共役複素数になる場合であり，y は新たな均衡値 0.833(=1/1.2) に向かって減衰振動をしながらに接近していく。

補論　前方シフトの無限級数

$A(B) = (1 - \lambda B)^{-1}$ は，$1 + \lambda B + \lambda^2 B^2 + \cdots$ という展開の他に，次のような，もう 1 つの展開の形がある。

$$
\begin{aligned}
\frac{1}{1 - \lambda B} &= \frac{-(\lambda B)^{-1}}{1 - (\lambda B)^{-1}} \\
&= \frac{-1}{\lambda B} \times \left(1 + \left(\frac{1}{\lambda}\right) B^{-1} + \left(\frac{1}{\lambda}\right)^2 B^{-2} + \cdots\right) \\
&= -\left(\frac{1}{\lambda}\right) B^{-1} - \left(\frac{1}{\lambda}\right)^2 B^{-2} - \left(\frac{1}{\lambda}\right)^3 B^{-3} - \cdots
\end{aligned}
$$

$$= -\sum_{j=1}^{\infty}\left(\frac{1}{\lambda}\right)^{j} B^{-j}$$

ここで，$B^{-j}X_t = X_{t+j}$（つまり，前方シフト）であることに留意すると，

$$\frac{1}{1-\lambda B}X_t = -\left(\frac{1}{\lambda}\right)X_{t+1} - \left(\frac{1}{\lambda}\right)^2 X_{t+2} - \left(\frac{1}{\lambda}\right)^3 X_{t+3} - \cdots = -\sum_{j=1}^{\infty}\left(\frac{1}{\lambda}\right)^{j} X_{t+j}$$

となる。ただし，この無限級数が意味を持つためには，

$$\left|\frac{1}{\lambda}\right| < 1$$

つまり，$|\lambda| > 1$ でなければならない。以上から，演算子 $\frac{1}{1-\lambda B}$ は，

- $|\lambda| < 1$ のときは，

$$\frac{1}{1-\lambda B}X_t = (1 + \lambda B + \lambda^2 B^2 + \cdots)X_t = \sum_{j=0}^{\infty}\lambda^j X_{t-j}$$

- $|\lambda| > 1$ のときは，

$$\frac{1}{1-\lambda B}X_t = -\left(\frac{1}{\lambda}\right)X_{t+1} - \left(\frac{1}{\lambda}\right)^2 X_{t+2} - \left(\frac{1}{\lambda}\right)^3 X_{t+3} - \cdots = -\sum_{j=1}^{\infty}\left(\frac{1}{\lambda}\right)^{j} X_{t+j}$$

と解釈すれば，$|\lambda| \neq 1$ で「意味を持つ」演算子となる。$|\lambda| = 1$ のとき演算子

$$\frac{1}{1-\lambda B}$$

が意味を持つかどうかは，級数 $\sum_{j=1}^{\infty} X_{t-j}$，$\sum_{j=1}^{\infty}(-1)^j X_{t-j}$ が収束するか否かによる。

第 16 章　線形定常過程

定常過程を生み出す確率モデルのうち，ある時点の確率変数 y_t が，それ以前の（「過去」の）時点の確率変数 $(y_{t-1}, y_{t-2}, \cdots)$ や過去の時点のランダムなショック (a_t, a_{t-1}, $\cdots$ ：ホワイト・ノイズ) の加重和となっているような「線形定常過程」について説明する。

16.1　ホワイト・ノイズ

16.1.1　ホワイト・ノイズの定義

ホワイト・ノイズとは，すべての時点において

(1)　平均がゼロ（$\mu_t = 0$）

(2)　分散が一定（$\sigma_t^2 = \sigma_a^2$）

(3)　異なる時点間の共分散（および相関係数）はすべてゼロ（$\sigma_{ts} = \rho_{ts} = 0,\ t \neq s$）

であるような確率変数列 $(\cdots, a_{-1}, a_0, a_1, a_2, \cdots)$ からなる確率過程である。確率分布の具体的な形は，以下の議論では正規分布を仮定する（これを正規ホワイト・ノイズと呼ぶことがある）。

$$a_t \sim N(0, \sigma_a^2) \quad \text{for } \forall\, t$$

ホワイト・ノイズ（白色雑音）と呼ばれるのは，（後に学習する「周波数領域」の分析で）この確率過程を周波数のスペクトルに分解したときに，どの周波数も同じ強さで含まれているので，異なる色（＝周波数）の光を等しく混ぜ合わせた場合に「白色」になることのアナロジーからつけられた名前である。

ホワイト・ノイズは異なる時点間で相関がないから，昨日の出来事，一昨日の出来事等 は，今日の出来事に何ら関係を持たない（サイコロを振って，

1 回目に出た目の数が 2 回目の目の数と何も関係がないのと同様である)。PC シミュレーションでホワイト・ノイズのサンプルを発生させれば，作られるホワイト・ノイズの出現値の系列は，数の出方がバラバラで（偶然にトレンドが読みとれるようなものとなる場合もあろうが）一般に何かの「傾向」を読みとることがむずかしいものとなる。これに対して多くの経済時系列データは，トレンドを除いた後でも，移動平均などで均してみれば「つながった線」の動きを想定できる動きをしており，ホワイト・ノイズほどにはバラバラではないであろう。これは，各時点 t における確率変数 y_t が，それに隣接する時点の確率変数 $(y_{t-1}, y_{t-2}, \cdots)$ と相関があるためである。

時系列データの「予測」という観点からみると，このように時系列データが時点間で相関があるということがきわめて重要である。もし，経済時系列データがホワイト・ノイズのようであれば，その時点までに観測した値は予測には何の意味も持たない。時点間に相関があり，かつ，定常過程のように昨日と今日の間の相関が，今日と明日の間の相関と同じであることが期待できる場合にこそ，昨日と今日のデータの出現値を得て，それを今日と明日の関係に引き伸ばすことで明日の値を予想するための情報を引き出すことができる。

では，ホワイト・ノイズは「役立たず」かといえば，決してそうではない。以下で見るように，過去のホワイト・ノイズの加重和という簡単なしくみ（線型定常確率過程）から，実際の経済時系列データと同じような変動パターンを容易に作ることができる。線型定常確率過程の確率モデルとして，自己回帰モデル（AR モデル），移動平均モデル（MA モデル），それらを合わせた自己回帰移動平均モデル（ARMA モデル）という代表的なものを順次説明する。

16.1.2 R によるホワイト・ノイズの発生

ホワイト・ノイズの標本データの作成は，「正規乱数」を発生させる関数 rnorm( ) による。

- $a_t \sim N(0, 1.5)$ であるホワイト・ノイズを 100 個発生させ，線でつないだグラフにする。

```
( ywhite <- rnorm(100,sd=sqrt(1.5)) )
```

```
plot(ywhite,type="l")
abline(h=0,col=2)
```

rnorm( ) では，分散ではなく，その平方根である標準偏差を引数 *sd* で指定するので，$\sigma_a^2 = 1.5$ とするために，引数を `sd = sqrt(1.5)` としている。

- 標本平均，標本分散を計算し，理論値，$\mu = 0$, $\sigma_a^2 = 1.5$ と比較しよう。また，ヒストグラムを描き，正規分布らしい富士山型（釣鐘型）になっているか確認せよ。標本数が 100 くらいでは，かなり理論値からのずれがあることがわかる。

```
# 標本平均，標本分散の計算
mean(ywhite)
var(ywhite)
# ヒストグラム
hist(ywhite,prob=TRUE,ylim=c(0,0.4))
y <-density(ywhite); lines(y,col=2)
```

- 標本自己相関係数を計算する。前章で見たように，R にはそのための acf( ) 関数がある。

```
( ywhite_acf30 <- acf(ywhite, lag.max = 30) )
```

自己相関係数の理論値は，ホワイトノイズは $k \geq 1$ では $\rho_k = 0$ である。標本自己相関ではゼロにはならないが（有意でない）小さな値になっていることが確認できよう。

16.2　AR(1) モデル

16.2.1　AR(1) モデルの定義

最も簡単な構造の線型定常過程確率モデルは，次の形の「1 次の自己回帰モデル」（AR(1) モデル：first-order autoregressive model）である。

$$y_t = m + \phi \times y_{t-1} + a_t, \quad a_t \sim N(0,\ \sigma_a^2)$$

これは，1 階の差分方程式での w_t が確率変数（ホワイト・ノイズ）a_t になったものである。

16.2.2 AR(1) モデルの定常性の条件

上の式で定義される y_t が定常過程であるためには，$|\phi| < 1$ という条件を満たさなければならない。上の式の右辺の y_{t-1} に

$$y_{t-1} = m + \phi \times y_{t-2} + a_{t-1}$$

を代入すると，

$$\begin{aligned} y_t &= m + \phi \times (m + \phi \times y_{t-2} + a_{t-1}) + a_t \\ &= m \times (1 + \phi) + \phi^2 \times y_{t-2} + (a_t + \phi \times a_{t-1}) \end{aligned}$$

以下同様に，y_{t-k+1} まで逐次代入すると，

$$y_t = m(1+\phi+\phi^2+\cdots+\phi^{k-1})+\phi^k \times y_{t-k}+(a_t+\phi \times a_{t-1}+\phi^2 \times a_{t-2}+\cdots+\phi^{k-1} \times a_{t-k+1})$$

したがって，$|\phi| \geq 1$ ならば，$k \to \infty$ で上の式は発散する。$|\phi| < 1$ ならば，$k \to \infty$ のときに，

$$\phi^k \to 0, \quad 1 + \phi + \phi^2 + \cdots + \phi^k \to \frac{1}{1-\phi}$$

で，

$$y_t \simeq \frac{m}{1-\phi} + \sum_{j=0}^{\infty} \phi^j a_{t-j}$$

となる。この結果は，1 階の差分方程式で学んだラグ演算子を使えば，

$$y_t = m + \phi \times y_{t-1} + a_t \ \Rightarrow \ (1 - \phi B) y_t = m + a_t$$

より，$|\phi| < 1$ のときに，

$$y_t = (1 - \phi B)^{-1}(m + a_t) = \frac{m}{1-\phi} + \sum_{j=0}^{\infty} \phi^j a_{t-j}$$

と，容易に得られる。

右辺の最後の無限級数は, 1 階の差分方程式の学習のときには, $\sum_{j=0}^{\infty}\phi^j w_{t-j}$ の w_t が確定した数値の数列であり，級数がある「数値」に収束することが「意味を持つ」ことであった。ここでは a_t が確率変数であり，$\sum_{j=0}^{\infty}\phi^j a_{t-j}$ が「意味を持つ」とは，級数の極限としてある確率変数 a が定まる（a に確率収束する）ということである。一般に，ホワイト・ノイズ a_t の無限の加重平均である

$$y_t \equiv \sum_{j=0}^{\infty}\psi_j a_{t-j}$$

は,

$$\sum_{j=0}^{\infty}|\psi_j| < \infty$$

のときに，定常過程に収束することが証明できる。上記の AR(1) モデルでは，$\psi_j = \phi^j$ で，かつ，$|\phi| < 1$ であるから，当然にこの条件を満たしている。

16.2.3　AR(1) モデルの平均，分散等

AR(1) モデルのパラメータは ϕ とホワイト・ノイズ a_t の標準偏差 σ_a である。確率過程 y_t の平均，分散，自己相関係数などは，これらのパラメータの関数として表される。

平均

$$E(y_t) = \frac{m}{1-\phi}$$

分散

$$V(y_t) = \frac{1}{1-\phi^2} \times \sigma_a^2$$

自己共分散

$$\gamma_k \equiv Cov(y_t, y_{t-k}) = \frac{\phi^{k-1}}{1-\phi^2} \times \sigma_a^2$$

自己相関係数

$$\rho_k = \phi^k$$

以上は，

$$y_t \simeq \frac{m}{1-\phi} + \sum_{j=0}^{\infty} \phi^j a_{t-j}$$

から，次のように導かれる。

$$\begin{aligned}
E(y_t) &= E\left(\frac{m}{1-\phi}\right) + \sum_{j=0}^{\infty} \phi^j \underbrace{E(a_{t-j})}_{0} = \frac{m}{1-\phi} \\
V(y_t) &= E(y_t - E(y_t))^2 \\
&= E\left(\sum_{j=0}^{\infty} \phi^j a_{t-j}\right)^2 \\
&= E\left(a_t + \phi a_{t-1} + \phi^2 a_{t-2} + \cdots\right)^2 \\
&= \left(1 + \phi^2 + \phi^4 + \cdots\right) \sigma_a^2 \\
&= \frac{1}{1-\phi^2}\sigma_a^2 \\
\gamma_k &= E\left((y_t - E(y_t))(y_{t-k} - E(y_{t-k}))\right) \\
&= E\left(\left(\sum_{j=0}^{\infty} \phi^j a_{t-j}\right)\left(\sum_{j=0}^{\infty} \phi^j a_{(t-k)-j}\right)\right) \\
&= E\left((a_t + \phi a_{t-1} + \phi^2 a_{t-2} + \cdots)(a_{t-k} + \phi a_{t-k-1} + \phi^2 a_{t-k-2} + \cdots)\right) \\
&= \phi^k E(a_{t-k})^2 + \phi^{k+2} E(a_{t-k-1})^2 + \phi^{k+4} E(a_{t-k-2})^2 + \cdots \\
&= \phi^k \left(1 + \phi^2 + \phi^4 + \cdots\right) \sigma_a^2 \\
&= \frac{\phi^k}{1-\phi^2}\sigma_a^2 \\
\rho_k &= \frac{\gamma_k}{\gamma_0} = \phi^k
\end{aligned}$$

16.2.4 R によるシミュレーション：逐次代入による

rnorm( ) 関数で n 個の正規乱数を発生させ，ϕ と y_t の初期値 y_0 を与えて，AR(1) の式に逐次代入することで，AR(1) 過程に従う標本系列を作ることができる。

```
# 図 28
# AR(1) モデル -- 逐次代入による
ar1 <- function(n,phi,mu=0,sigma2=1,y0=0){
a <- rnorm(n,sd=sqrt(sigma2))
y <-numeric(n); y1 <- y0
for(j in 1:n){
y[j] <- mu + phi*y1+a[j] ; y1 <-y[j]
}
m <- round(mean(y),digits=2); ey <- round(mu/(1-phi),digits=2)
title <-paste("AR(1), phi = ", phi,"E(y) = ",ey, "標本平均
= ",m)
yl <-c(min(y),max(y))
plot(y,type="l",main=title);abline(h=ey,col=2)
}
# ユーザー定義関数の実行
par(mfrow=c(2,2))
# case_1 phi = 0.2
ar1(100,0.2,mu=1,sigma2=1.5,y0=1)
# case_2 phi = 0.8
ar1(100,0.8,mu=1,sigma2=1.5,y0=1)
# case_3 phi = -0.2
ar1(100,-0.2,mu=1,sigma2=1.5,y0=1)
# case_4 phi = 1.05
ar1(100,1.05,mu=1,sigma2=1.5,y0=1)
par(mfrow=c(1,1))
```

- ユーザー定義関数 ar1( ) は，作成する標本系列の時点数（n)，パラメータ（ϕ, m, σ^2）および初期値（y_0）を引数で指示し，標本系列をグラフに描くものである。グラフの表題には，E(y) として，$\mu/(1-\phi)$ を計算し，y の標本平均と比較している。
- $\phi = 0.2,\ 0.8,\ -0.2,\ 1.05$ とパラメータの値を変えた場合，y の動きがどのように変わるか確認せよ。

図28

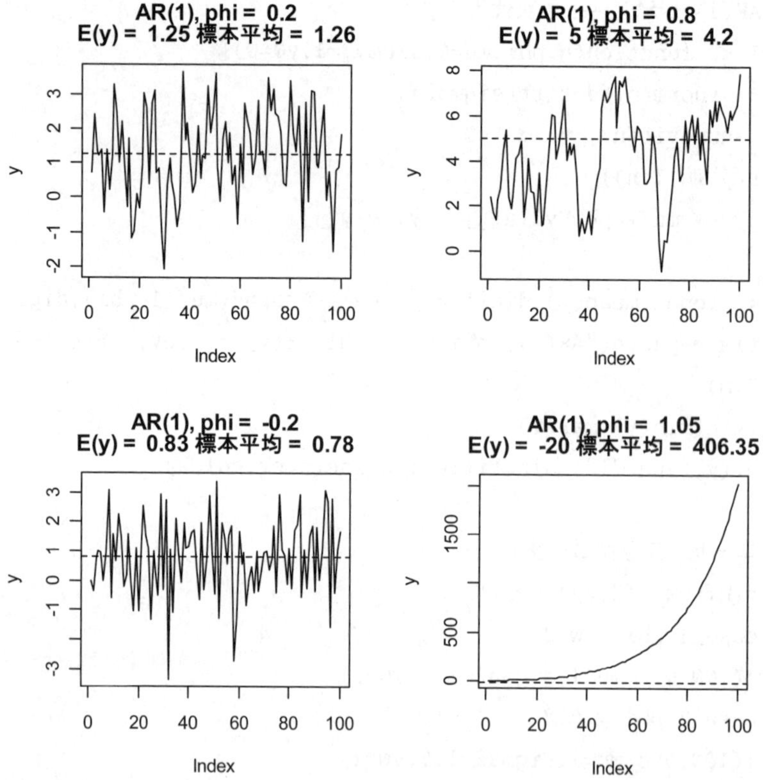

練習問題

上記のユーザー定義関数を改造し，シミュレーションで作成した標本系列の「標本分散」「標本自己相関係数 (acf)」を計算し，理論値 $(\sigma_a^2/(1-\phi^2),\ \phi^k)$ と比較するプログラムを作成せよ。

16.3　AR(2) モデル

16.3.1　AR(2) モデルの定義

AR(1) から y_t のラグを 2 つに拡張したものが，「2 次の自己回帰過程」AR(2) モデルである。

$$y_t = m + \phi_1 \times y_{t-1} + \phi_2 \times y_{t-2} + a_t, \quad a_t \sim N(0, \sigma_a^2)$$

16.3.2　AR(2) モデルの定常性の条件

上の式をラグ演算子を使って記述すれば，

$$(1 - \phi_1 B - \phi_2 B^2) y_t = m + a_t$$

したがって，2 階の差分方程式で学んだように，「特性方程式」

$$\lambda^2 - \phi_1 \lambda - \phi_2 = 0$$

の解（λ_1, λ_2）の絶対値が 1 より小さければ，

$$y_t = (1-\lambda_1 B)^{-1}(1-\lambda_2 B)^{-1}(m+a_t) = \frac{m}{(1-\lambda_1)(1-\lambda_2)} + \sum_{j=0}^{\infty} \left(\frac{\lambda_1^{j+1} - \lambda_2^{j+1}}{\lambda_1 - \lambda_2} \right) a_{t-j}$$

が「意味を持つ」。すなわち，

$$\psi_j \equiv \left(\frac{\lambda_1^{j+1} - \lambda_2^{j+1}}{\lambda_1 - \lambda_2} \right)$$

としたときに，$\sum_{k=0}^{\infty} |\psi_j| < \infty$ の条件を満たし，級数の極限として定常な確率変数が定義できる。したがって，定常性の条件は，上記の「特性方程式」の解 (λ_1, λ_2) の絶対値が 1 より小さいことである。

「特性方程式」は 2 次関数であるので，「解の公式」によって明示的に解くことができる。

$$\lambda_1 = \frac{\phi_1 + \sqrt{\phi_1^2 + 4\phi_2}}{2}$$

$$\lambda_2 = \frac{\phi_1 - \sqrt{\phi_1^2 + 4\phi_2}}{2}$$

$\phi_1^2 + 4\phi_2 < 0$ の場合は，解は共役複素数となる。

これらの絶対値が 1 より小さいという条件は，ϕ_1，ϕ_2 の条件としてとらえ直すと，

$$\phi_2 < \phi_1 + 1, \quad \phi_2 < -\phi_1 + 1, \quad -1 < \phi_1 < 1$$

となる。横軸を ϕ_1，縦軸を ϕ_2 とした平面で描けば，$(0, 1)$，$(-2, -1)$，$(2, -1)$ の 3 点を結ぶ三角形の内部の範囲である。さらにその中に描かれる上向きの放物線 $\phi_2 = \phi_1^2/4$ の上側であれば，解は実数，下側であれば共役複素数となる。次の R のプログラムはこの範囲を図示するものである。

```
# AR(2) の定常性の条件
x0 <- seq(-2,2,by=0.05); x1 <- seq(0,-2,by=-0.05)
x2 <- seq(2,0,by=-0.05)
y0 <- rep(-1,length(x0)); y2 <- -1*x2+1; y1 <- x1+1
y3 <- (-1*x0^2/4);  y4 <- rev(y3)
tl="AR(2) モデルが定常となる phi1,phi2 の範囲"
xl <-c(-3,3); yl <- c(-3,3)
plot(0,type="n",xlim=xl,ylim=yl,main=tl,xlab="phi1",ylab=
"phi2")
xx <-c(x0,rev(x0)); yy <- c(y0,y4); polygon(xx,yy,col=7)
xxx <- c(x0,x2,x1); yyy <-c(y3,y2,y1); polygon(xxx,yyy,col=3)
abline(h=0); abline(v=0)
segments(0.5,0.3,1,1.5); text(1,2,label="実数の解")
segments(0.5,-0.5,1,-1.5); text(1,-2,label="複素数の解")
```

16.3.3 AR(2) モデルの平均，分散等

平均

$$E(y_t) = \frac{m}{(1-\lambda_1)(1-\lambda_2)} + \sum_{j=0}^{\infty} \left(\frac{\lambda_1^{j+1} - \lambda_2^{j+1}}{\lambda_1 - \lambda_2} \right) \underbrace{E(a_{t-j})}_{0}$$

$$= \frac{m}{1-(\lambda_1+\lambda_2)+\lambda_1\lambda_2}$$
$$= \frac{m}{1-\phi_1-\phi_2} \equiv \mu$$

分散，共分散

$$\frac{m}{1-\phi_1-\phi_2} \equiv \mu \ \rightarrow \ m = \mu(1-\phi_1-\phi_2)$$

から

$$(y_t-\mu) = \phi_1(y_{t-1}-\mu) + \phi_2(y_{t-2}-\mu) + a_t$$

両辺に $(y_{t-k}-\mu)$, $(k=1,2,\cdots)$) を掛けて，期待値をとることにより，

$$\gamma_k = \phi_1\gamma_{k-1} + \phi_2\gamma_{k-2}, \quad j = 1,2,\cdots$$

$\gamma_{-k} = \gamma_k$ であることに留意すると，$k=1$ のときには，

$$\gamma_1 = \phi_1\gamma_0 + \phi_2\gamma_1$$

また，両辺に $(y_t-\mu)$ を掛けて期待値をとったときは，

$$E(a_t(y_t-\mu)) = \phi_1 \underbrace{E(a_t(y_{t-1}-\mu))}_{0} + \phi_2 \underbrace{E(a_t(y_{t-2}-\mu))}_{0} + E(a_t)^2 = \sigma_a^2$$

より，

$$\gamma_0 = \phi_1\gamma_1 + \phi_2\gamma_2 + \sigma_a^2$$

したがって，

$$\gamma_2 = \phi_1\gamma_1 + \phi_2\gamma_0$$
$$\gamma_1 = \phi_1\gamma_0 + \phi_2\gamma_1$$
$$\gamma_0 = \phi_1\gamma_1 + \phi_2\gamma_2 + \sigma_a^2$$

の 3 式を連立方程式として解くことで，γ_0, γ_1, γ_2 が求まる。

$$\gamma_0 = \frac{(1-\phi_2)\sigma_a^2}{(1+\phi_2)((1-\phi_2)^2-\phi_1^2)}$$
$$\gamma_1 = \frac{\phi_1\sigma_a^2}{(1+\phi_2)((1-\phi_2)^2-\phi_1^2)}$$

$$\gamma_2 = \frac{(\phi_1^2 + (1-\phi_2)\phi_2)\sigma_a^2}{(1+\phi_2)((1-\phi_2)^2 - \phi_1^2)}$$

$k \geq 3$ については，以上を初期値に漸化式

$$\gamma_k = \phi_1\gamma_{k-1} + \phi_2\gamma_{k-2}$$

から，逐次計算できる。

練習問題

先に示した AR(1) 過程の標本系列を作るユーザー定義関数 `ar1( )` を参考に，ϕ_1, ϕ_2, σ_a^2 を与えて，長さ n の AR(2) 過程の標本系列を作り，グラフに表示するユーザー定義関数 `ar2( )` を作れ。

練習問題

自己相関係数が，

$$\rho_k \equiv \frac{\gamma_k}{\gamma_0}$$

であることを使って，ϕ_1, ϕ_2 と n を引数で与えて $k = 1, 2, \cdots, n$ までの ρ_k を計算し，グラフに描くユーザー定義関数 `sokan2( )` を作れ。

16.4　AR(p) モデル

16.4.1　AR(p) モデルの定義

AR(p) をさらに一般化したものが，「p 次の自己回帰過程」AR(p) モデルである

$$y_t = m + \phi_1 \times y_{t-1} + \cdots + \phi_p \times y_{t-p} + a_t, \quad a_t \sim N\left(0, \sigma_a^2\right)$$

16.4.2　AR(p) モデルの定常性の条件

AR(2) モデルと同様の議論により，AR(p) モデルの定常性の条件は，特性方程式

$$\lambda^p - \phi_1\lambda^{p-1} - \cdots - \phi_{p-1}\lambda - \phi_p = 0$$

の解 $(\lambda_1, \lambda_2, \cdots, \lambda_p)$ の絶対値が 1 より小さいことである。

16.4.3　AR(p) モデルの平均，分散等

平均，分散等についても，AR(2) とパラレルの議論でよい。

平均

$$E(y_t) = \frac{m}{1 - \phi_1 - \cdots - \phi_p}$$

分散・共分散

$$\begin{cases} \gamma_k = \phi_1\gamma_{k-1} + \cdots + \phi_p\gamma_{k-p}, & k \geq 1 \\ \gamma_0 = \phi_1\gamma_1 + \cdots + \phi_p\gamma_p + \sigma_a^2 \end{cases}$$

ここでも，$\gamma_{-k} = \gamma_k$ に留意すれば，$k = 1, 2, \cdots, p$ については，

$$\begin{aligned} \gamma_1 &= \phi_1\gamma_0 + \phi_2\gamma_1 + \cdots + \phi_p\gamma_{p-1} \\ \gamma_2 &= \phi_1\gamma_1 + \phi_2\gamma_0 + \phi_3\gamma_1 + \cdots + \phi_p\gamma_{p-2} \\ &\cdots \\ \gamma_p &= \phi_1\gamma_{p-1} + \phi_2\gamma_{p-2} + \cdots + \phi_p\gamma_0 \end{aligned}$$

と，$\gamma_0, \gamma_1, \cdots, \gamma_p$ を変数とする式になる。これと上記の

$$\gamma_0 = \phi_1\gamma_1 + \cdots + \phi_p\gamma_p + \sigma_a^2$$

を合わせた $p + 1$ 本の式から，$p + 1$ 個の変数 γ_j, $(j = 0, 1, 2, \cdots, p)$ が求まる。$k \geq p + 1$ については，これに基づいて γ_k の漸化式から求まる。

16.5　MA(1) モデル

16.5.1　MA(1) モデルの定義

MA(1) モデル（1 次の移動平均モデル moving average model）は，y_t を当期 t と前期 $t - 1$ のホワイト・ノイズの線形結合としてモデル化したものである。

$$y_t = m + a_t + \theta a_{t-1}, \quad a_t \sim N\left(0,\ \sigma_a^2\right)$$

AR モデルは，パラメータに（$|\phi| < 1$ のような）定常過程となるための条件があったが，MA モデルは，そうした条件なしに定常過程となる。

16.5.2 MA(1) モデルの平均，分散等

平均

$$E(y_t) = m + \underbrace{E(a_t)}_{0} + \theta \underbrace{E(a_{t-1})}_{0} = m \equiv \mu$$

分散

$$V(y_t) = E(y_t - \mu)^2 = \underbrace{E(a_t^2)}_{\sigma_a^2} + 2\theta \underbrace{E(a_t a_{t-1})}_{0} + \theta^2 \underbrace{E(a_{t-1})^2}_{\sigma_a^2} = (1+\theta^2)\sigma_a^2$$

自己共分散

$$\begin{aligned}
\gamma_k &= E((y_t - \mu)(y_{t-k} - \mu)) \\
&= E((a_t + \theta a_{t-1})(a_{t-k} + \theta a_{t-1-k})) \\
&= E(a_t a_{t-k}) + \theta E(a_t a_{t-1-k}) + \theta E(a_{t-1} a_{t-k}) + \theta^2 E(a_{t-1} a_{t-1-k}) \\
&= \begin{cases} \theta\sigma_a^2, & k = 1 \\ 0, & k \geq 2 \end{cases}
\end{aligned}$$

自己相関係数

$$\rho_k = \begin{cases} 1 & k = 0 \\ \dfrac{\theta}{1+\theta^2} & k = 1 \\ 0 & k \geq 2 \end{cases}$$

AR(1) モデルでは，自己相関係数は k の増加とともに幾何級数的に減衰したが，MA(1) モデルでは，$k \geq 2$ では，自己相関係数がゼロとなる。

16.6 MA(2)，MA(q) モデル

MA(1) も，MA(2)，さらに MA(q) と一般化が可能である。

MA(2) モデル

$$y_t = m + a_t + \theta_1 \times a_{t-1} + \theta_2 \times a_{t-2}$$

平均

$$E(y_t) = m \equiv \mu$$

分散

$$\gamma_0 \equiv V(y_t) = (1 + \theta_1^2 + \theta_2^2) \times \sigma_a^2$$

自己共分散

$$\gamma_k = \begin{cases} (\theta_1 + \theta_1\theta_2) \times \sigma_a^2 & k = 1 \\ \theta_2 \times \sigma_a^2 & k = 2 \\ 0 & k \geq 3 \end{cases}$$

自己相関係数

$$\rho_k = \begin{cases} \dfrac{(\theta_1 + \theta_1\theta_2)}{1 + \theta_1^2 + \theta_2^2} & k = 1 \\ \dfrac{\theta_2}{1 + \theta_1^2 + \theta_2^2} & k = 2 \\ 0 & k \geq 3 \end{cases}$$

MA(q) モデル

$$y_t = m + a_t + \theta_1 \times a_{t-1} + \cdots + \theta_q \times a_{t-q}$$

平均

$$E(y_t) = m \equiv \mu$$

分散

$$\gamma_0 \equiv V(y_t) = \left(1 + \theta_1^2 + \cdots + \theta_q^2\right) \times \sigma_a^2$$

自己共分散

$$\gamma_k = \begin{cases} \sigma_a^2 \times (\theta_k + \theta_1\theta_{k+1} + \cdots \theta_{q-k}\theta_q) & k = 1, 2, \cdots, q \\ 0 & k \geq q + 1 \end{cases}$$

自己相関係数

$$\rho_k = \begin{cases} \dfrac{\theta_k + \theta_1\theta_{k+1} + \cdots \theta_{q-k}\theta_q}{1 + \theta_1^2 + \theta_2^2 + \cdots + \theta_q^2} & k = 1, 2, \cdots, q \\ 0 & k \geq q + 1 \end{cases}$$

練習問題

先に作成した ar1( ), ar2( ) などと同様に，パラメータ θ_j, $(j = 1, 2, \cdots, q)$, σ_a^2 と標本の長さ n を引数で与えると MA(q) モデルの標本データを作成し，グラフに描くユーザー定義関数 maq( ) を作成せよ。それを用いて $q = 1, 3, 4$ の MA モデルからの標本データを得て，その標本自己相関係数を acf( ) 関数を使って計算せよ。

16.7　MA モデルの反転可能条件

AR モデルが定常性の条件を満たす場合に，ホワイト・ノイズの無限級数として表すことができた。簡単のために，AR(1) モデルで示せば，

$$y_t = \phi y_{t-1} + a_t \quad \rightarrow \quad y_t = (1 - \phi B)^{-1} a_t = \sum_{j=0}^{\infty} \phi^j a_{t-j}$$

これは MA モデルという言葉を使えば，AR(p) モデルを MA(∞) モデルとして表現したことになる。これと同様に，たとえば，MA(1) モデルをラグ演算子を使って表現すれば，$|\theta| < 1$ のとき，

$$y_t = m + (1 + \theta B) a_t \;\rightarrow\; a_t = (1 - (-\theta)B)^{-1}(y_t - m) = \sum_{j=0}^{\infty} (-\theta)^j y_{t-j} - m/(1 + \theta)$$

したがって，

$$y_t = \frac{m}{1 + \theta} + a_t + \theta y_{t-1} - \theta^2 y_{t-2} + \cdots$$

と，AR(∞) 過程として表現できる。MA(q) モデルにおいても，同様に特性方程式

$$z^q + \theta_1 z^{q-1} + \cdots + \theta_{q-1} z + \theta_q = 0$$

の解の絶対値が 1 より小さいという条件（これを「反転可能条件」と呼ぶ）を満たす場合に，AR(∞) 過程の形に表すことができる。つまり，AR モデルと MA モデルには，

- AR モデルが「定常性条件」を満たせば，MA(∞) に表せる
- MA モデルが「反転可能条件」を満たせば，AR(∞) に表せる

という対称性があり，相互に移りあえる。

16.8　偏自己相関係数（pac）

16.8.1　偏自己相関係数の定義

AR(1) モデル $y_t = m + \phi \times y_{t-1} + a_t$ は，右辺にある過去の値は 1 期前の値 y_{t-1} だけであるのに，y_t と y_{t-k} の自己相関係数は，ϕ^k と $k \geq 2$ でもゼロでない値をとる。これは，AR(1) から MA(∞) への転換での逐次代入で示したように，y_{t-1} は y_{t-2} を含み，y_{t-2} は y_{t-3} を含み，というように，y_t と y_{t-k} との間の $(y_{t-1}, y_{t-2}, \cdots, y_{t-k-1})$ を通して関連が生じているからである。「偏自己相関係数」（PAC : pertial autocorreration coefficients）P_k は，y_t と y_{t-k} の間の項である $(y_{t-1}, y_{t-2}, \cdots, y_{t-(k-1)})$ の影響を取り除いて，y_t と y_{t-k} の直接の相関を見るために考案されたものである。

具体的には，y_t の $(y_{t-1}, y_{t-2}, \cdots, y_{t-(k-1)})$ への線形射影を，

$$\hat{y}_t \equiv \alpha_1 y_{t-1} + \alpha_2 y_{t-2} + \cdots + \alpha_{k-1} y_{t-(k-1)}$$

とする。ただし，α_j, $(j = 1, 2, \cdots, k-1)$ は，$E(y_t - \hat{y}_t)^2$ を最小にするように選ぶので，

$$\rho_j = \alpha_1 \rho_{j-1} + \alpha_2 \rho_{j-2} + \cdots + \alpha_{k-1} \rho_{j-(k-1)}, \quad (1 \leq k \leq k-1)$$

が成り立つ。同様に，y_{t-k} の $(y_{t-1}, y_{t-2}, \cdots, y_{t-k-1})$ への線形射影を，

$$\hat{y}_{t-k} \equiv \beta_1 y_{t-(k-1)} + \beta_2 y_{t-(k-2)} + \cdots + \beta_{k-1} y_{t-1}$$

とする。y_t と y_{t-k} との間の偏自己相関係数 P_k は，$(y_t - \hat{y}_t)$ と $(y_{t-k} - \hat{y}_{t-k})$ の相関係数として定義される。

$$P_k \equiv \frac{Cov\,(y_t - \hat{y}_t,\ y_{t-k} - \hat{y}_{t-k})}{\sqrt{V(y_t - \hat{y}_t)}\sqrt{V(y_{t-k} - \hat{y}_{t-k})}}$$

ここでは詳細は省略するが，P_k は定常過程 y_t の相関係数 $\rho_j,(j = 1,2,\cdots,k)$ を係数にする次の方程式の解 ϕ_{kk} となることを示すことができる。

$$\begin{pmatrix} 1 & \rho_1 & \cdots & \rho_{k-1} \\ \rho_1 & 1 & \cdots & \rho_{k-2} \\ \vdots & \vdots & \ddots & \vdots \\ \rho_{k-1} & \rho_{k-2} & \cdots & 1 \end{pmatrix} \begin{pmatrix} \phi_{k1} \\ \phi_{k2} \\ \vdots \\ \phi_{kk} \end{pmatrix} = \begin{pmatrix} \rho_1 \\ \rho_2 \\ \vdots \\ \rho_k \end{pmatrix}$$

標本データから，「標本偏自己回帰係数」$\hat{P}_k = \hat{\phi}_{kk}$ を計算するには，上記の ρ_j に標本相関係数 $\hat{\rho}_j$ を代入した方程式を解けばよい。実際的には，$\hat{\phi}_{11} = \hat{\rho}_1$ から逐次的に求める「ダービンのアルゴリズム」（補論参照）が用いられる。

16.8.2　R の pacf( ) 関数

再び詳細は省略するが，「AR(p) 過程の偏自己相関係数 P_k は，$k > p$ ではゼロとなる」ことが知られている。一方（反転可能な MA 過程が AR(∞) 過程となることからも察せられるように）MA 過程の偏自己相関係数は，AR 過程のように途中で途切れずに，漸減するパターンをとる。MA(q) 過程では，自己相関係数 ρ_k が $k > q$ でゼロになったことを思い出せば，AR 過程と MA 過程は，自己相関係数と偏自己相関係数に次のような対称性があることになる。

	AR(p) 過程	MA(q) 過程
自己相関係数 ρ_k		$k > q$ ではゼロ
偏自己相関係数 P_k	$k > p$ ではゼロ	

時系列データの標本偏自己相関係数 $\hat{P}_k$ を計算し，そのパターンを観察することにより，その発生のしくみ（DGP : data generating process）が AR(p) 過程である可能性をチェックすることができる。R には時系列データの標本偏自己相関係数を求める pacf( ) 関数がある。次のプログラムは，パラメータ ϕ_j, θ_j, σ_a^2 を与えて AR モデルと MA モデルの標本を作り，その標本自己相関係数（ac）と標本偏自己相関係数（pac）を計算して，比較するグラフを描くものである。上記の表に示したような，偏自己相関の対称性が見出されるか，確認せよ。

```
# pacf( ) 関数の例
# AR(p) 系列を作るユーザー定義関数
arp <- function(n,phi,sig2,m=0){
p <- length(phi); a <- rnorm(n,sd=sqrt(sig2))
z <- filter(a,filter=phi,method="recursive")
y <- z + m/(1-sum(phi))
return(y)
}
# MA(q) 系列を作るユーザー定義関数
maq <- function(n,theta,sig2,m=0){
q <- length(theta); a <- rnorm(n+q,sd=sqrt(sig2))
y <- filter(a,filter=theta,method="convolution",sides=1)
y <- y[-1:-q]+m
return(y)
}
#AR(2) 過程の標本を作り，ac と pac を計算する。
phi <- c( 0.6,0.3)
y1 <- arp(100,phi,1.5)
ar2_ac <- acf(y1,plot=FALSE)
ar2_pac <- pacf(y1,plot=FALSE)
#MA(2) 過程の標本を作り，ac と pac を計算する。
theta <- c(0.6,-0.3)
y2 <- maq(100,theta,1.5)
ma2_ac <- acf(y2,plot=FALSE)
ma2_pac <- pacf(y2,plot=FALSE)
# 以上を比較するために，グラフに描く。
par(mfrow=c(2,2))
p <-length(phi)
ttl <-paste("AR(",p,") 自己相関 phi : ")
for(j in 1:p){ttl <-paste(ttl,phi[j]," ")}
plot(ar2_ac,type="h",main=ttl)
ttl <-paste("AR(",p,") 偏自己相関 phi : ")
```

```
for(j in 1:p){ttl <-paste(ttl,phi[j]," ")}
plot(ar2_pac,type="h",main=ttl)
q <- length(theta)
ttl <-paste("MA(",q,") 自己相関 theta : ")
for(j in 1:q){ttl <-paste(ttl,theta[j]," ")}
plot(ma2_ac,type="h",main=ttl)
ttl <-paste("MA(",q,") 偏自己相関 theta : ")
for(j in 1:q){ttl <-paste(ttl, theta[j]," ")}
plot(ma2_pac,type="h",main=ttl)
par(mfrow=c(1,1))
```

16.9 ARMA(p, q) モデル

以上に説明した AR(p) モデルと MA(q) モデルを組み合わせたものが ARMA(p, q) モデルである。

$$y_t = m + \phi_1 y_{t-1} + \cdots + \phi_p y_{t-p} + a_t + \theta_1 a_{t-1} + \cdots + \theta_q a_{t-q}, \quad a_t \sim N\left(0,\ \sigma_a^2\right)$$

16.9.1 ARMA(1, 1) モデル

最も簡単な ARMA(1, 1) モデルは,

$$y_t = m + \phi y_{t-1} + a_t + \theta a_{t-1}$$

これまで同様に，ラグ演算子で表せば,

$$(1 - \phi B)y_t = m + (1 + \theta B)a_t$$

したがって，定常性の条件，$|\phi| < 1$ を満たせば,

$$\begin{aligned} y_t &= (1 - \phi B)^{-1}(m + (1 + \theta B)a_t) \\ &= \frac{m}{1 - \phi} + \Big((1 + \phi B + \phi^2 B^2 + \cdots)(1 + \theta B)\Big) a_t \\ &= \frac{m}{1 - \phi} + a_t + \sum_{j=1}^{\infty} \phi^{j-1}(\phi + \theta)a_{t-j} \end{aligned}$$

と，MA(∞) 表現にできる。同様に，$|\theta| < 1$ であれば反転可能であり，AR(∞) 表現にできる。上記の MA(∞) 表現を使えば，ARMA(1, 1) モデルの平均，分散等は次のようにパラメータの式として表示できる。

平均

$$E(y_t) = \frac{m}{1-\phi} \equiv \mu$$

分散

$$V(y_t) = \sigma_a^2\left(1 + (\theta+\phi)^2(1+\phi^2+\phi^4+\cdots)\right) = \sigma_a^2\left(\frac{1+2\phi\theta+\theta^2}{1-\phi^2}\right) \equiv \gamma_0$$

自己共分散

$$(y_t - \mu) = \phi(y_{t-1} - \mu) + a_t + \theta a_{t-1}$$

より，両辺に $(y_{t-k} - \mu)$ を掛けて，期待値 $E()$ をとる。$k = 1$ のとき，

$$\gamma_1 = \phi\gamma_0 + \theta\sigma_a^2 = \frac{(\theta+\phi)(1+\theta\phi)}{1-\phi^2}\sigma_a^2$$

$k \geq 2$ では，

$$\gamma_k = \phi\gamma_{k-1}$$

が成り立つ。

自己相関係数　$\rho_k = \gamma_k/\gamma_0$ より，

$$\begin{cases} \rho_1 = \dfrac{(\theta+\phi)(1+\theta\phi)}{1+2\phi\theta+\theta^2} \\ \rho_k = \phi^{k-1}\rho_1 = \dfrac{\phi^{k-1}(\theta+\phi)(1+\theta\phi)}{1+2\phi\theta+\theta^2} \end{cases}$$

16.9.2　ARMA(p, q) モデル

ARMA(p, q) モデルもラグ演算子を

$$\phi(B) \equiv 1 - \phi_1 B - \cdots - \phi_p B^p$$
$$\theta(B) \equiv 1 + \theta_1 B + \cdots + \theta_q B^q$$

と定義すれば,

$$\phi(B)y_t = m + \theta(B)a_t$$

特性方程式 $z^p - \phi_1 z^{p-1} - \cdots - \phi_p = 0$ の解の絶対値が 1 より小さければ, $\phi(B)^{-1}$ が定義できて,

$$y_t = \phi(B)^{-1}(m + \theta(B)a_t) = \frac{m}{1 - \phi_1 - \cdots - \phi_p} + \frac{\theta(B)}{\phi(B)}a_t$$

これから，平均は,

$$E(y_t) = \frac{m}{1 - \phi_1 - \cdots - \phi_p} \equiv \mu$$

であるが，分散，自己共分散等はパラメータの簡単な式で示すことはできない。

16.9.3 ARMA モデルの存在意義

AR モデル，MA モデル，ARMA モデルが相互に移りあえる（反転可能）とすると, ある時系列の発生メカニズム（DGP）としてあえて（その中では複雑な）ARMA モデルを想定するのは，どうしてであろうか。それは ARMA モデルでは，比較的少ないラグ（$y_{t-1}, \cdots, y_{t-p}, a_t, a_{t-1}, \cdots, a_{t-q}$）で，かなり複雑な変動パターンを表現できることにある。本章ではモデルの構造・性質を理解するために，ϕ_j, θ_j 等のパラメータを（われわれが既知であると仮定して）与えることにより，標本系列を作り，その変動の様子を学んだ。しかし，実際の観察データがどような DGP から発生しているかは未知であり，われわれは観測データからその DGP を推定しなければならない。この際，限られたデータからより多くのパラメータを推定するとどうしても誤差が大きくなりがちであり，実践的な観点からは推計パラメータ数は極力少なくすることが望ましい（Box-Jenkins のいう「ケチの原理」)。Box-Jenkins は, ARMA モデルの p，q は 1～3 くらいで実用上問題がないとしている。

16.9.4 ARIMA(p, d, q) モデル

ここでは，定常過程を表現する線形モデルとして，AR，MA，ARMA モデルを学習してきたが，多くのマクロ経済データは，経済の規模とともに増

大する「トレンド」を持つなど，そのままでは定常過程とみなしえないことが多い。こうした場合には，時系列が定常過程とみなせるものなるよう「変換」を施すことが必要である。そうした変換のうちで，最も簡単であり，頻繁に使われるものが「差分をとる」変換（$\Delta y_t \equiv (1-B)y_t = y_t - y_{t-1}$）である。

仮に時系列が直線的なトレンドを持っているとする。

$$y_t = (\alpha + \beta t) + \sum_{j=0}^{\infty} \psi_j a_{t-j}$$

この差分をとると，

$$\Delta y_t = \beta + (1-B)\sum_{j=0}^{\infty} \psi_j a_{t-j} = \beta + \psi_0 a_t + \sum_{j=1}^{\infty}(\psi_j - \psi_{j-1})a_{t-j}$$

とトレンド成分 (βt) が除去される。もし t^2 のトレンドを持つと，1 回の差分では定常にならないが，2 回差分をとることで，トレンド成分を除くことができる。

$$y_t = (\beta_0 + \beta_1 t + \beta_2 t^2) + \sum_{j=0}^{\infty} \psi_j a_{t-j}$$

$$\Delta y_t = \beta_1 + \beta_2(2t+1) + \psi_0 a_t + \sum_{j=1}^{\infty}(\psi_j - \psi_{j-1})a_{t-j}$$

$$\Delta^2 y_t = 2\beta_2 + \psi_0 a_t + (\psi_1 - 2\psi_0)a_{t-1} + \sum_{j=2}^{\infty}(\psi_j - 2\psi_{j-1} + \psi_{j-2})a_{t-j}$$

一般に d 回差分をとることで定常過程とすることができる確率過程を「d 次の和分過程」（d-th order integrated process）と呼び，d 回差分をとったものが ARMA(p, q) 過程となるものを ARIMA(p, d, q) 過程（自己回帰和分移動平均過程：autoregressive integrated moving avarege process）という。

$$\Delta^d y_t = m + \phi_1 \Delta^d y_{t-1} + \cdots + \phi_p \Delta^d y_{t-p} + a_t + \theta_1 a_{t-1} + \cdots + \theta_q a_{t-q}$$

16.9.5　R の arima.sim( ) 関数

R の arima.sim( ) 関数は，パラメータを引数で与えて，ARIMA(p, d, q) 過程の標本データを作成する関数である。次は，

- no：標本 y_t の個数
- d：ARIMA(p, d, q) の d（つまり，定常になるまでに差分をとる回数）
- sig2：かく乱項 a_t の分散 (σ_a^2)
- phi：AR 部分のパラメータ (ϕ_1, ϕ_2, $\cdots$, ϕ_p)
- theta：MA 部分のパラメータ (θ_1, θ_2, $\cdots$, θ_q)

を与え，arima.sim( ) 関数で，標本データを作り，グラフに描くプログラムである。

```
# arima.sim( ) 関数
# パラメータ等の設定
d <- 1
no <- 100; sig2 <- 1.5
phi <- c(0.5,0.3); theta <- c(0.3,0.2)
# arima.sim( ) による標本系列の作成
p <- length(phi); q <- length(theta)
mdl <- list(order=c(p,d,q),ar=phi,ma=theta)
y <- arima.sim(n=no,model=mdl,sd=sqrt(sig2))
# グラフのタイトルの作成
ttl1 <- paste("ARIMA(",p,",",d,",",q,")")
ttl2 <- "ar = "
for(j in 1:p){ttl2 <-paste(ttl2,phi[j]," ")}
ttl3 <- "ma = "
for(j in 1:q){ttl3 <-paste(ttl3,theta[j]," ")}
ttl2 <- paste(ttl2,ttl3)
ttl <-c(ttl1,ttl2)
# グラフを描く
plot(y,type="l",main=ttl)
```

与えるパラメータを変えて，標本データがどのような動きとなるか確認せよ。

練習問題

上記プログラムで作った系列の d 回差分をとったもの（$\Delta^d y_t$）が，定常系列とみなせる変動をしているか，グラフを描いて確認せよ。また，$\Delta^d y_t$ の標本自己相関係数，標本偏自己相関係数をグラフに描け。

練習問題

AR 部分のパラメータのベクトル `phi` が定常性の条件を満たしていないとき，上記プログラムを実行するとどうなるか，確認せよ。

補論　ダービンのアルゴリズム

定常過程の偏自己相関係数は ϕ_{kk} は，次式の解として求められる。

$$\begin{pmatrix} 1 & \rho_1 & \cdots & \rho_{k-1} \\ \rho_1 & 1 & \cdots & \rho_{k-2} \\ \vdots & \vdots & \ddots & \vdots \\ \rho_{k-1} & \rho_{k-2} & \cdots & 1 \end{pmatrix} \begin{pmatrix} \phi_{k1} \\ \phi_{k2} \\ \vdots \\ \phi_{kk} \end{pmatrix} = \begin{pmatrix} \rho_1 \\ \rho_2 \\ \vdots \\ \rho_k \end{pmatrix}$$

ダービンのアルゴリズムは，$\{\phi_{11}\} \to \{\phi_{21}, \phi_{22}\} \cdots \to \{\phi_{k1}, \phi_{k2}, \cdots, \phi_{kk}\}$ を逐次的に求めていくものである。まず，上式を次のようにブロック化する。

$$\begin{pmatrix} R_{k-1} & \tilde{\rho}_{r,k-1} \\ (\tilde{\rho}_{r,k-1})' & 1 \end{pmatrix} \begin{pmatrix} \tilde{\phi}_{k,k-1} \\ \phi_{kk} \end{pmatrix} = \begin{pmatrix} \tilde{\rho}_{k-1} \\ \rho_k \end{pmatrix}$$

ここで，

$$R_{k-1} \equiv \begin{pmatrix} 1 & \rho_1 & \cdots & \rho_{k-2} \\ \rho_1 & 1 & \cdots & \rho_{k-3} \\ \vdots & \vdots & \ddots & \vdots \\ \rho_{k-2} & \rho_{k-3} & \cdots & 1 \end{pmatrix}, \quad \tilde{\rho}_{k-1} \equiv \begin{pmatrix} \rho_1 \\ \rho_2 \\ \vdots \\ \rho_{k-1} \end{pmatrix},$$

$$\tilde{\rho}_{r,k-1} \equiv \begin{pmatrix} \rho_{k-1} \\ \rho_{k-2} \\ \vdots \\ \rho_1 \end{pmatrix}, \quad \tilde{\phi}_{k,k-1} \equiv \begin{pmatrix} \phi_{k1} \\ \phi_{k2} \\ \vdots \\ \phi_{k,k-1} \end{pmatrix}$$

ブロック化した式を展開すれば，

$$R_{k-1}\tilde{\phi}_{k,k-1} = \tilde{\rho}_{k-1} - \phi_{kk}\tilde{\rho}_{r,k-1}$$

$$(\tilde{\rho}_{r,k-1})'\tilde{\phi}_{k,k-1} + \phi_{kk} = \rho_k$$

第 1 式から，

$$\tilde{\phi}_{k,k-1} = R_{k-1}^{-1}\tilde{\rho}_{k-1} - \phi_{kk} \times R_{k-1}^{-1}\tilde{\rho}_{r,k-1}$$

もともとの式を $k-1$ について書けば，

$$R_{k-1}\tilde{\phi}_{k-1,k-1} = \tilde{\rho}_{k-1} \quad \longrightarrow \quad R_{k-1}^{-1}\tilde{\rho}_{k-1} = \tilde{\phi}_{k-1,k-1}$$

これを代入して，

$$\tilde{\phi}_{k,k-1} = \tilde{\phi}_{k-1,k-1} - \phi_{kk} \times R_{k-1}^{-1}\tilde{\rho}_{r,k-1}$$

この式の右辺の最後の項を考える。$\tilde{\rho}_{r,k-1}$ は，$\tilde{\rho}_{k-1}$ を上下並べ替えたものであるが，これは行列

$$D_{k-1} \equiv \begin{pmatrix} 0 & \cdots & 0 & 1 \\ \vdots & & 1 & 0 \\ 0 & & & \vdots \\ 1 & 0 & \cdots & 0 \end{pmatrix}$$

によって，

$$\tilde{\rho}_{r,k-1} = D_{k-1}\tilde{\rho}_{k-1}$$

また，$D_{k-1}^2 = I$ より，$D_{k-1}^{-1} = D_{k-1}$ であり，さらに，R_{k-1} の形から，

$$D_{k-1}R_{k-1}D_{k-1} = R_{k-1}$$

したがって，

$$(D_{k-1}R_{k-1}D_{k-1})^{-1} = D_{k-1}R_{k-1}^{-1}D_{k-1} = R_{k-1}^{-1}$$

これから，

$$\begin{aligned} R_{k-1}^{-1}\tilde{\rho}_{r,k-1} &= D_{k-1}R_{k-1}^{-1}D_{k-1}\tilde{\rho}_{r,k-1} \\ &= D_{k-1}R_{k-1}^{-1}\tilde{\rho}_{k-1} \end{aligned}$$

$$
\begin{aligned}
&= D_{k-1}\tilde{\phi}_{k-1,\,k-1} \\
&= \tilde{\phi}_{r,\,k-1,\,k-1} \\
&= \begin{pmatrix} \phi_{k-1,\,k-1} \\ \phi_{k-1,\,k-2} \\ \vdots \\ \phi_{k-1,1} \end{pmatrix}
\end{aligned}
$$

これを代入することにより，

$$\tilde{\phi}_{k,\,k-1} = \tilde{\phi}_{k-1,\,k-1} - \phi_{kk} \times \tilde{\phi}_{r,\,k-1,\,k-1}$$

第 2 式

$$(\tilde{\rho}_{r,\,k-1})'\,\tilde{\phi}_{k,\,k-1} + \phi_{kk} = \rho_k$$

にこれを代入して

$$(\tilde{\rho}_{r,\,k-1})'\left(\tilde{\phi}_{k-1,\,k-1} - \phi_{kk} \times \tilde{\phi}_{r,\,k-1,\,k-1}\right) + \phi_{kk} = \rho_k$$

これを ϕ_{kk} について解いて，

$$
\begin{aligned}
\phi_{kk} &= \frac{\rho_k - \tilde{\rho}'_{r,\,k-1}\tilde{\phi}_{k-1,\,k-1}}{1 - \tilde{\rho}'_{k-1}\tilde{\phi}_{k-1,\,k-1}} \\
&= \frac{\rho_k - \sum_{j=1}^{k-1}\rho_{k-j} \times \phi_{k-1,j}}{1 - \sum_{j=1}^{k-1}\rho_j \times \phi_{k-1,j}}
\end{aligned}
$$

この式と先の，

$$\tilde{\phi}_{k,\,k-1} = \tilde{\phi}_{k-1,\,k-1} - \phi_{kk} \times \tilde{\phi}_{r,\,k-1,\,k-1}$$

から，$\tilde{\phi}_{k-1,\,k-1} \equiv (\phi_{k-1,1},\ \phi_{k-1,2},\ \cdots,\phi_{k-1,\,k-1})'$ が求まれば，$\tilde{\phi}_{k,\,k} \equiv (\phi_{k,1},\ \phi_{k,2},\ \cdots,\phi_{k,k})'$ が求まる（出発点は $\phi_{11} = \rho_1$）。

データから標本偏自己相関係数を計算するには，上記の自己相関係数 ρ_j をその推計値である標本自己相関係数 $\hat{\rho}_j$ に置き換えて計算する。

第 17 章　ARIMA モデルの推定

観察された時系列データ（y_1, y_2, $\cdots$, y_T）がどのような「しくみ」（確率過程）からの出現値であるかを推定する。具体的には，観察データに見合った ARIMA(p,d,q) モデルの次数（p,d,q の値）や，パラメータ（ϕ_j, θ_j, σ_a^2）の推定値を求めるのである。以下に，その手順を説明する。

17.1　定常性へのデータ変換

多くの経済時系列データは，そのままでは ARMA モデルを適用できる「定常過程」とみなすことができない。生産量，消費支出，貿易額など主要な経済データは，経済成長に伴う経済規模の拡大によって時間とともに増加することが普通である。そうした経済データに「時系列分析」を適用するためには，「生のデータ」をそのまま使うのではなく，データを「変換」したものに ARMA モデルをあてはめることが必要になる。

17.1.1　トレンドの除去

トレンドを取り除くには，次の方法がある。

- 直線（あるいは 2 次式などの多項式）を最小二乗法であてはめ，その残差に ARMA モデルをあてはめる。
- 何回か差分をとる。グラフに描いて，その結果が定常とみなせる場合には，差分をとった回数（d）に対応した ARIMA(p,d,q) モデルをあてはめる。

どちらの方法をとるべきか，また，どのようにして定常か否かを厳密に判断（検定）するかについては，「単位根過程」の章で説明する。ここでは，ARIMA モデル推定の学習のために，とりあえず差分をとってトレンドを除去する方法を採用する。

練習問題

適当な時系列データについて，何回差分をとれば定常とみなせるか，R でグラフを描いて確認せよ。

17.1.2　分散の安定化

定常過程は分散も時間によらず一定である。しかし，右肩上がりのトレンドを持つ時系列データから上記のように差分をとってトレンドを除いたものを観察すると，時間とともにトレンドの回りでの変動が大きくなっている場合がある。そうした場合に，分散を一定にするための変換として，対数変換と，それを一般化した次の「Box-Cox 変換」がある。

$$z_t \equiv f(y_t) = \frac{y_t^\lambda - 1}{\lambda},\quad \lambda \text{ は任意の実数}$$

ここで,

$$\lim_{\lambda \to 0} f(y_t) = \log y_t$$

となるので，対数変換は Box-Cox 変換に含まれるとみることができる。

λ の値をいくつにするべきかについては，以下で述べる最尤推定法によるパラメータの推定で尤度を最も大きくするような λ の値を採用するという考え方がある。

17.2　季節変動の取扱い

観察データに季節変動がある場合の取扱いについては次のような方法がある。

17.2.1　季節調整法の活用

すでに，われわれは時系列から季節変動要素を分離する「季節調整法」を学習し，R でそれを実行する decompose( ) 関数があることを知っている。この季節調整法によって季節変動を取り除いた系列に対して ARIMA モデルを推定するのが，第一の方法である。この方法によった場合は，推定したモデルからの将来予測値も季節性が除去されているのであるから，季節変動を伴った値を得るためには，季節調整が加法モデルならば季節要素を加え，乗法モデルならば季節指数を掛けて，季節要素を持つ原系列の予測値を作らなければならない。

17.2.2　季節階差をとる

季節調整の最も簡単な方法である「前年同期との差 (季節階差)」

$$\Delta_s y_t \;\equiv\; y_t - y_{t-s}$$

の系列を作り，これに ARMA モデルをあてはめる（s は，四半期データなら 4，年次データなら 12 である)。y_t がもとの系列 Y_t の対数をとったものであれば，季節階差 $\Delta_s y_t$ は前年同期比増減率の近似値に他ならない。

$$\Delta_s y_t = \log\left(\frac{Y_t}{Y_{t-s}}\right) = \log(1 + r_t) \simeq r_t$$

17.2.3　SARIMA モデル

季節変動についても ARIMA 構造を想定する。季節階差をとることは，ラグ演算子を使って書けば，

$$\Delta_s y_t = (1 - B^s)\, y_t$$

l 回季節階差をとることを $\Delta_s^l y_t$ と表記する。この $\Delta_s^l y_t$ が 1 年前，2 年前等の同期の値の AR 過程に従うとすれば，

$$\Phi_s(B) \equiv 1 - \phi_{s1} B^s - \phi_{s2} B^{2s} - \cdots - \phi_{sk} B^{ks}$$

として，

$$\Phi_s(B)\, \Delta_s^l y_t = a_t$$

さらに，a_t も 1 年前，2 年前等の同期の値の MA 過程

$$\Theta_s(B) \equiv \left(1 + \theta_{s1} B^s + \theta_{s2} B^{2s} + \cdots + \theta_{sl} B^{ls}\right)$$

に従うと仮定すれば，

$$\Phi_s(B)\, \Delta_s^l y_t = \Theta_s(B)\, a_t$$

というモデルを作ることができる。このモデルは，t, $t-s$, $t-2s, \cdots$ と 1 年ずつ隔たった変数の間の関係しか想定していないが，これにさらに通常の ARIMA(p,d,q) 過程を重ねることができる。

$$\Phi(B)\Phi_s(B)\Delta^d\Delta_s^l y_t = \Theta(B)\Theta_s(B)a_t$$

このように，通常の ARIMA(p,d,q) と季節階差に関する ARIMA(k,l,m) とを合わせたモデルを「季節 ARIMA(SARIMA : seasonal ARIMA)」と呼ぶ。後述する R の arima( ) 関数は，seasonal というパラメータを与えることによって，SARIMA モデルを推定することができる。

17.3　次数（p, q 等）の選択

われわれは，ARIMA(p,d,q) モデルの p や q の正しい値を知っているわけではなく，それを推定（仮定）しなければならない。その際のヒントとなるのは，観察データ（y_1, y_2, $\cdots$, y_T）から計算される「標本自己相関係数 (ac)」「標本偏自己相関係数 (pac)」である。前章で学習したように，データの発生のしくみが AR 過程か，MA 過程かで ac と pac のパターンに次のような特徴があるからである。

	AR(p) 過程	MA(q) 過程
自己相関係数 ρ_k		$k > q$ では，ゼロ
偏自己相関係数 P_k	$k > p$ では，ゼロ	

したがって，標本自己相関係数がある k 以上でゼロに近くなったら MA$(k-1)$ 過程，標本偏自己相関係数がある k 以上でゼロに近くなったら AR$(k-1)$ 過程を想定するということになるが，実際のデータにあたってみれば，その判断はかなりむずかしい。ARIMA モデルでの p や q は，$0 \leq p$, $q \leq 3$ 程度でかなりの時系列の変動をとらえることができる。したがって，R などの PC ソフトウェアで ARIMA モデルのパラメータ推定が簡便にできるようになった今日では，p, q などの次数の選択に労力をかけずに，様々な次数の ARIMA モデルを推定し，その中から（以下の節で説明するような観点から）適切なものを選択することが，より実際的なやり方であろう。

17.4　パラメータの推定

17.4.1　パラメータの最尤推定

AR モデルは，観察データ y_t をその過去の値 $y_{t-1}, \cdots, y_{t-p}$ で説明しており，通常の最小二乗法によるパラメータ推定が可能であるが，MA モデルや ARMA モデルは観察できないホワイト・ノイズ a_t のラグ $a_{t-1}, \cdots, a_{t-q}$ の係数 θ_j をも推定しなければならないので，最小二乗法は使えず，$y_1, y_2, \cdots, y_T$ の同時確率密度関数に基づく対数尤度を最大化する「最尤推定法」が用いられる。

ARMA モデルに登場するホワイト・ノイズが，$a_t \sim N\left(0, \sigma_a^2\right)$ で，かつ $a_t, a_s\ t \neq s$ は互いに独立であるから，$a_1, a_2, \cdots, a_T$ の同時分布から導かれる対数尤度は，a_j の確率密度関数を

$$f(a_j) = \frac{1}{\sqrt{2\pi}\sigma_a} \exp\left(-\frac{a_j^2}{2\sigma_a^2}\right)$$

として，

$$\begin{aligned}\log L &= \log\left(f(a_1)f(a_2)\cdots f(a_T)\right)\\ &= \sum_{j=1}^{T} \log(f(a_j))\\ &= -\frac{T}{2}\log 2\pi - \frac{T}{2}\log\sigma_a^2 - \frac{1}{2\sigma_a^2}\sum_{j=0}^{T} a_j^2\end{aligned}$$

である。したがって，たとえば，AR(1) モデル $y_t = \phi y_{t-1} + a_t$ については，

$$a_j = y_j - \phi y_{j-1}$$

を代入すれば，

$$\log L = -\frac{T}{2}\log 2\pi - \frac{T}{2}\log\sigma_a^2 - \frac{1}{2\sigma_a^2}\sum_{j=1}^{T}(y_j - \phi y_{j-1})^2$$

観察データから得られない y_0 を適宜仮定すれば，この $\log L$ は未知のパラメータ ϕ, σ_a^2 の関数になるから，$\log L$ を最大化するような ϕ, σ_a^2 をパラメータの推定値 $\hat{\phi}, \hat{\sigma}_a^2$ とする。

同様に，MA(1) モデル $y_t = a_t + \theta a_{t-1}$ については，

$$
\begin{aligned}
a_1 &= y_1 - \theta a_0 \\
a_2 &= y_2 - \theta a_1 = y_2 - \theta(y_1 - \theta a_0) \\
&= y_2 + (-1)\theta_1 y_1 + (-1)^2\theta^2 a_0 \\
&\cdots \\
a_k &= y_k + \sum_{j=1}^{k-1}(-\theta)^j y_{k-j} + (-\theta)^k a_0
\end{aligned}
$$

ここでも観察データから得られない a_0 を適宜仮定し，a_j を $\log L$ の式に代入すれば，未知のパラメータ θ, σ_a^2 の式になるから，$\log L$ を最大化するような θ, σ_a^2 をパラメータの推定値 $\hat{\theta}$, $\hat{\sigma}_a^2$ とする。

以上は，最尤推定法の考え方を知るために簡単な例で，かつ簡略化した方法で説明した。実際の ARMA(p, q) モデルに対応した対数尤度 $\log L$ の式はきわめて複雑となり，高度な解法を用いなければならない。本書では最尤推定法の具体的な数式の展開には踏み込まずに，以下で述べる R の arima( ) 関数を使ってパラメータ推計を行う。

17.4.2　arima( ) 関数による推定

次は，GDP 統計の季節調整済・実質系列（1980 年第一四半期から 2005 年第二四半期）の「輸出等」(EX) のデータを読み込み，arima( ) 関数で ARIMA(2, 1, 2) モデルをあてはめるプログラムとその結果である。

```
# GDP 統計の輸出等 EX への ARIMA モデルのあてはめ
xdata <-read.csv("GDPA1980TABLE.csv",skip=2,header=TRUE)
EX <- ts(log( xdata$EX ),start=c(1980,1),frequency=4)
plot(EX,type="l",main="log EX ")
( arima212 <- arima(EX,order=c(2,1,2),transform.pars=FALSE) )

Call:
arima(x = EX, order = c(2, 1, 2), transform.pars = FALSE)


Coefficients:
```

```
          ar1      ar2      ma1     ma2
       0.5098  -0.1551  -0.2447  0.5573
s.e.   0.2033   0.2238   0.1733  0.1812

sigma^2 estimated as 0.000487:  log likelihood = 241.51,
aic = -473.02
```

arima( ) 関数は,

- 引数 order=c(p,d,q) で ARIMA(p, d, q) の次数を与える。
- 引数 transform.pars= は, TRUE（デフォルト）のとき, AR 部分の係数が定常性の条件を満たす範囲で尤度を最大化する。

結果の出力として AR 部分, MA 部分の係数とその標準誤差が表示される。これよって,

$$\Delta y_t = 0.5098\Delta y_{t-1} - 0.1551\Delta y_{t-2} + a_t - 0.2447a_{t-1} + 0.5573a_{t-2}$$

という式が推計されたわけである。

次に, 季節変動を ARIMA(l, m, n) として組み込んだ SARIMA モデルの推定を行おう。次は, GDP 統計の実質・原系列（1980 年第一四半期から 2005 年第二四半期）の「輸出等」(EXO) のデータを読み込み, ARIMA$(2, 1, 2)$ に加えて, 季節性についても ARIMA$(1, 1, 1)$ の構造を想定した SARIMA モデルの推計である。

```
# SARIMA モデルの推定
xdata <-read.csv("GDPO1980TABLE.csv",skip=2,header=TRUE)
EXO <- ts(log( xdata$EX ),start=c(1980,1),frequency=4)
plot(EXO,type="l",main="log EXO ")
ki <- list(order=c(1,1,1),period=4)
( sarima212 <- arima(EXO,order=c(2,1,2),seasonal = ki,
transform.pars=FALSE) )

Call:
arima(x = EXO, order = c(2, 1, 2), seasonal = ki, transform.
pars = FALSE)
```

```
Coefficients:
          ar1     ar2     ma1     ma2     sar1     sma1
      -0.5945  0.2224  0.6833  0.1402  -0.0416  -0.6912
s.e.   0.5269  0.4538  0.5310  0.4059   0.1513   0.1185

sigma^2 estimated as 0.0008257:  log likelihood = 205.51,
aic = -397.01
```

季節性の ARIMA 構造は，引数 `seasonal=` にリスト型変数で与える。上では，あらかじめ `ki` という名前の変数に所要のリストを代入している。

推定結果は，

$$\Phi(B)\Phi_s(B)\Delta_s^1\Delta y_t = \Theta(B)\Theta_s(B)a_t$$
$$\Phi(B) = (1 + 0.5945B - 0.2224B^2)$$
$$\Phi_s(B) = (1 + 0.0416B^4)$$
$$\Theta(B) = (1 + 0.6833B + 1.402B^2)$$
$$\Theta_s(B) = (1 - 0.6912B^4)$$
$$\Delta_s^1\Delta y_t = (1 - B^4)(1 - B)y_t$$

ということである。

`names(sarima212)` を実行すればわかるように，推定結果（画面に表示されたものだけではない）は，リスト型変数の要素として保存されているので呼び出すことができる。たとえば，残差 $\hat{a}_t$ を `sarima212$resid` で呼び出して，

$$\log \widehat{EXO} \equiv \log EXO - \hat{a}_t$$

からモデルによる推定値を求め，残差とともにグラフに描いてみよう。

```
# 残差を呼出し，EXO の推定値 EXO_hat を作り，グラフに描く。
par(mfrow=c(2,1))
ahat <-sarima212$resid; EXO_hat <- EXO - ahat
plot(EXO,type="l",main="log EXO ")
lines(EXO_hat,lty=2,col=2)
```

```
plot(ahat,type="l",col=4,main="残差系列")
abline(h=mean(ahat))
par(mfrow=c(1,1))
```

17.5　推定結果の診断

arima( ) 関数による推定結果を得たならば，次に，それが予測等に使える適切なものであるか否かをいくつかの観点から「診断」しなければならない。

17.5.1　パラメータの検定

ARIMA モデルのパラメータ（$\beta \equiv (\phi_1, \cdots, \phi_p, \theta_1, \cdots, \theta_q)$）の最尤推定量 $\hat{\beta}$ は，（平均 β, 分散共分散行列 $V(\beta)/T$ の）多変量正規分布に近似的に従うことが知られている。したがって，パラメータの推定結果が有意にゼロと異なるか否かは，推定パラメータをその標準誤差（s.e.）で割り算した t-値によって t-検定ができる。自由度は $T-p-q-1$ であるが，T が十分に大きければ，標準正規分布によって近似することができる。

先の $\log EX$ に関する ARIMA(2, 1, 2) モデルの推定結果 arima212 について，$\hat{\phi}_1$, $\hat{\phi}_2$, $\hat{\theta}_1, \hat{\theta}_2$ の t-値を計算してみよう。画面に表示された数字を用いてもよいが，リストの中の $var.coef にパラメータ推定値の分散・共分散行列が保存されているので，その対角要素の平方根をとれば，パラメータ推定値の標準誤差 s.e. となる。

```
# t-値の計算
b <- arima212$coef; V <- arima212$var.coef; t <- numeric(4)
for (j in 1:4){ t[j] <-b[j]/sqrt(V[j,j]) }
names(t) <-c("t_ar1","t_ar2","t_ma1","t_ma2"); t
(hantei <- ((t<0)&(pnorm(t)<0.05))|((t>=0)&(pnorm(t)>0.95)))
```

この結果，$\hat{\phi}_2$, $\hat{\theta}_1$ が有意水準 5% で有意でないことがわかる。

17.5.2 定常性の条件

次に，ARIMA モデルの AR 部分の係数 $\hat{\phi}_1, \cdots, \hat{\phi}_p$ が，「特性方程式

$$\lambda^p - \hat{\phi}_1 \lambda^{p-1} - \cdots - \hat{\phi}_1 = 0$$

の解の絶対値が 1 より小さい」という定常性の条件を満たしているかをチェックする。これには，差分方程式で学んだように多項式の数値解を求める R の関数 polyroot( ) を使えばよい。このとき注意するのは，上の式の解を求めるには，係数は λ^k の次数 k の小さい順に並べたベクトルとすることである。

polyroot(c($-\hat{\phi}_p, -\hat{\phi}_{p-1}, \cdots, -\hat{\phi}_1, 1$))

```
# AR 部分の定常性の条件をチェックする
( teijyo <- abs(polyroot(c(-b[2],-b[1],1)) ) )
(hantei2 <- (teijyo <1) )
```

同様にして MA 部分の「反転可能条件」もチェックできる。

17.5.3 残差の検定

もう 1 つの「診断」の観点は，推定式の残差をホワイト・ノイズ a_t の推定値 $\hat{a}_t$ であると考えたときに，これが系列相関がなくホワイト・ノイズとみなせるかということである。ホワイト・ノイズであるか否かについては，様々な検定が考えられている。代表的なものの 1 つが，次の Ljung-Box 検定である。

残差系列 $\hat{a}_t$ の標本自己相関係数は，

$$\hat{r}_k = \frac{\sum_{t=k+1}^{T} (\hat{a}_t - \overline{a}) \times (\hat{a}_{t-k} - \overline{a})}{\sum_{t=1}^{T} (\hat{a}_t - \overline{a})^2}$$

これを用いて，Ljung-Box の修正 Q-統計量は次のように定義される。

$$Q(s) = T(T+2) \sum_{k=1}^{s} \left(\frac{\hat{r}_k^2}{T-k} \right)$$

真の自己相関 r_k について，$r_1 = r_2 \cdots = r_s = 0$ という帰無仮説のもとで ARMA(p, q) モデルを推定した残差系列の場合，この $Q(s)$ が自由度 $s-p-q$ の χ^2 分布に従う。したがって，この帰無仮説が棄却できない場合に，残差系列はホワイト・ノイズであることを主張できる。帰無仮説が棄却される場合は，いずれかの k について y_t と y_{t-k} の間に有意にゼロと異なる自己相関があり，つまり，ホワイト・ノイズではないということになる。

Box.test( ) 関数

R には Ljung-Box 検定を行う Box.test( ) 関数がある。先の ARIMA(2, 1, 2) の推計残差を ahat という変数に取り出し，上記 $Q(s)$ の $s = 1$ として実行するコマンドとその結果のアウト・プットを示す。

```
> # Box.test( ) 関数
> ahat <-arima212$resid
> # s=1
> Box.test(ahat,lag=1,type="Ljung-Box")

        Box-Ljung test

data:  ahat
X-squared = 0.5287, df = 1, p-value = 0.4672
```

アウト・プットには，リスト形式で $Q(s)$ の他，自由度 df と p-値が保持されており，p-値を $p.value で取り出すことができる。以下は，$s = 1, 2, \cdots, 20$ について Box.test を行い，その p-値をグラフに描くプログラムである。p-値が 0.05 以上であれば，残差の系列に s 次まで自己相関がないという帰無仮説が有意水準 5% で棄却されないので，残差系列をホワイト・ノイズとみなすことができる。

```
# s =1 から 20 で p-値を取り出す。
pval <- numeric(20)
for(j in 1:20){
kekka <- Box.test(ahat,lag=j,type="Ljung-Box")
pval[j] <-kekka$p.value
```

```
}
ttl<- "Ljung-Box test p value"; yl <- c(0,1)
plot(pval,xlab="s",ylim=yl,main=ttl)
abline(h=0.05)
```

tsdiag( ) 関数

arima( ) 関数による推定結果（上記の例では，arima212）を引数に与え，Ljung-Box 検定の p-値のグラフを描く関数として tsdiag( ) がある。グラフを表示するだけで，$Q(s)$ の値や p-値は保存されない。

```
# 図 29
# tsdiag( ) 関数
tsdiag(arima212)
tsdiag(arima212,gof.lag=20)
```

gof.lag= は $Q(s)$ の s の最大値を与える引数で，記述しなければデフォルトで $s = 1, 2, \cdots, 10$ までをグラフに描く。

17.5.4　AIC による選択

様々な次数（p, d, q など）を設定して ARIMA モデル（SARIMA モデル）を推定をしたのち

- パラメータの有意性の検定
- AR 部分の定常条件のチェック
- 残差のホワイト・ノイズ性についての検定

という「診断」に複数の推定結果が「生き残る」ことが普通である。それら候補となる複数の推定結果の優劣を判断する指標の 1 つが，赤池弘次氏によって考案された「赤池情報量基準」（AIC）である。これは，「情報量基準」という考え方に立った「モデルの適合度」（真のモデルへのあてはまりのよさ）の指標で，具体的には次の式で示される。

$$\mathrm{AIC} = -2\,(\text{モデルの最大対数尤度}) + 2\,(\text{モデルの自由パラメータ数})$$

図29

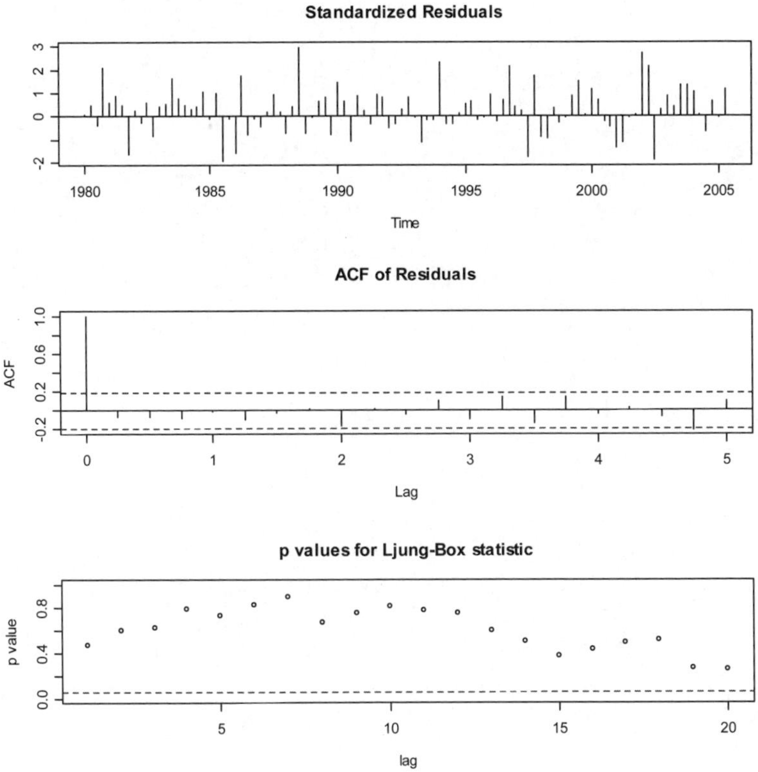

AIC が小さいほどモデルの適合度がよい。したがって，「診断」をパスした推定結果の中で AIC の最も小さいものを，（次の段階である「予測」などに）採用するいう方法が考えられる。

すでに見たように，arima( ) 関数の推定結果には `aic=` として AIC の値が表示される。推定結果のリストの要素としても保持されており，`$aic` で呼び出すことができる。

練習問題

適当な時系列データについて，本章の「手順」に従って，ARIMA(p, d, q) モデルを推定せよ。

第 18 章　ARIMA モデルによる予測

18.1　条件付き期待値による予測

18.1.1　望ましい予測値

望ましい予測とは，いうまでもなく，「あたる予測」である。しかしながら，決定論的モデルではなく，確率モデルとして構築せねばならないような現象は，仮にそのモデルが正しく，かつ，パラメータ等がわかっていたとしても，次に起きる事象を確実にあてることはできない。その場合の「望ましい予測」の 1 つの考え方は，予測すべき確率変数のとりうる値の中で「できるだけ起きやすい値」を予測値とすることであろう。正規分布 $N(\mu_X,\ \sigma_X^2)$ に従うことがわかっている確率変数 x のとる値を予測するのであれば，確率密度の一番大きな，平均 μ_X の値を予測値とすることは，それなりに合理的であろう。

18.1.2　条件付き期待値

これまでの経験で，x と強い正の相関を示してきた変数 y がその平均 μ_Y よりもずっと小さな値をとったという情報を得た場合には，x も通常の平均 μ_X よりも小さい値をとりそうだと考えるであろう。より形式的に述べれば，$x,\ y$ が 2 次元正規分布

$$f(x,\ y) = C \times e^{-\frac{1}{2}Q}$$

$$Q = \frac{1}{1-\rho^2} \times \left[\frac{(x-\mu_X)^2}{\sigma_X^2} - 2\rho \frac{(x-\mu_X)(y-\mu_Y)}{\sigma_X \times \sigma_Y} + \frac{(y-\mu_Y)^2}{\sigma_Y^2} \right]$$

$$C = \frac{1}{2\pi \times \sigma_X \sigma_Y \sqrt{1-\rho^2}}$$

をするとき，y がわかった（＝値を固定した）場合の x の条件分布は，

$$f(x|y) = \frac{f(x,\ y)}{f_Y(y)} = \frac{1}{\sqrt{2\pi}\sigma_X\sqrt{1-\rho^2}} \exp\left[-\frac{1}{2} \times \frac{\left(x - (\mu_X + \rho\frac{\sigma_X}{\sigma_Y}(y - \mu_Y))\right)^2}{(\sqrt{1-\rho^2} \times \sigma_X)^2}\right]$$

つまり，平均が $\mu_X + \rho\frac{\sigma_X}{\sigma_Y}(y - \mu_Y)$，分散が $\left(\sqrt{1-\rho^2} \times \sigma_X\right)^2$ の 1 変数正規分布なる。したがって，$y = y_0$ の値をとった場合の x の条件付き期待値（平均）は，

$$E(x|y_0) = \mu_X + \rho\frac{\sigma_X}{\sigma_Y}(y_0 - \mu_Y)$$

である。x, y に正の相関があり（$\rho > 0$），y が平均 μ_Y より小さい値（y_0）をとった場合（$y_0 - \mu_Y < 0$），x の期待値（平均）は μ_X よりも小さな値となる。このように，x の生起に関連した変数との同時分布がわかっており，かつ，その関連変数の実現値がわかっていれば，条件付き期待値を予測値とすることに合理性がある。

$(x,\ y)$ の同時分布（の等高線図）と $y = y_0$ とした場合の x の条件分布のグラフを対比し，上に述べたことを確認しよう。

```
# 図 30
# 同時分布と条件分布の関係を示すユーザー定義関数
jyoken2 <- function(r=0.8,yL,yU,y0){
par(mfrow=c(2,1))
det <- 1-r^2; x <- seq( yL, yU, length=100); y <- x; n <-
length(x)
# 同時分布の計算
z <- matrix(rep(0,n^2),nrow=n)
for (i in 1:n) {
for (j in 1:n) {
xx <- x[i]; yy <- y[j]
z[i,j]  <-  1/(2*pi * sqrt(det)) * exp((xx^2 - 2*r*xx*yy +
yy^2)/(-2*det))
}
}
```

```
# 同時分布の等高線を描く。
lvl <-c(0.005,0.01,0.04,0.1,0.2,0.3)
ttl <- paste("同時分布：rho = ",r)
contour(x,y,z,levels=lvl,main=ttl)
abline(h=0); abline(v=0);
x0 <- r*y0
abline(h=y0,lty=2); abline(v=x0,lty=2)
# 条件付分布の計算
dx <- x[2]-x[1]; zy <- apply(z,2,sum)*dx
k <- sum(y <= y0); yyy <- y[k]
zz <- z[ ,k]/zy[k]
# グラフに描く
k2 <- sum(diff(zz)>=0)+1
zmax <- max(zz)*1.05; title<-paste("条件分布 ：y0 = ",y0)
plot(x,zz,type="l",xlim=c(min(x),max(x)),ylim=c(0,zmax),main=
title )
lines(c(x[k2],x[k2]),c(0,max(zz)),lty=2)
abline(h=0)
par(mfrow=c(1,1))
}
# ユーザー定義関数の実行
jyoken2(0.8,-4,4,-2)
```

jyoken2( ) は，最初の引数に x, y の相関係数（ρ），最後の引数に y_0 の値を与えている。これらの値を様々に変えて実行してみよ。

18.1.3　平均二乗誤差の最小化

「望ましい予測」のもう 1 つの考え方は，外れたときの損失を考慮し，できるだけ「大外れ」しない予想を立てることであろう。予測誤差の二乗の平均（MSE : mean squared error）

$$E(x-\hat{x})^2$$

図30

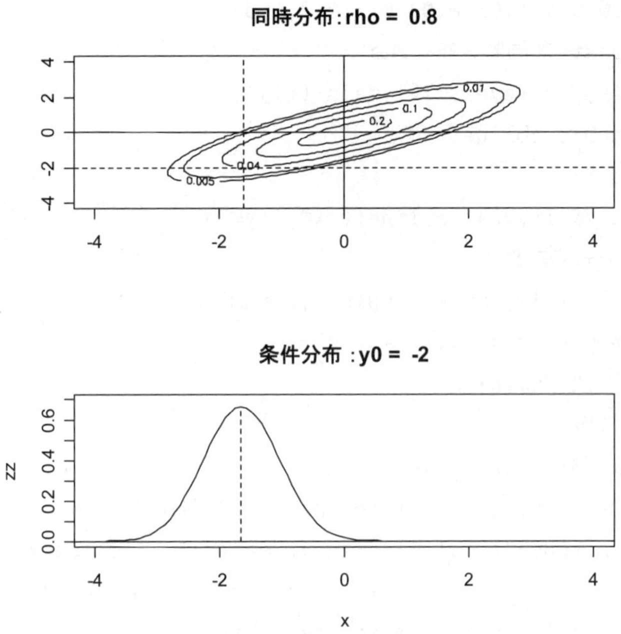

を最小にするというのは，そうした考え方に立っているが，条件付き期待値 $E(x|y)$ は MSE を最小にする予測値となっている。

証明　$\hat{x}$ を任意の予測値とする。その MSE は，

$$\begin{aligned} E(x-\hat{x})^2 &= E\left((x-E(x|y))+(E(x|y)-\hat{x})\right)^2 \\ &= E(x-E(x|y))^2 + 2\underbrace{E\left((x-E(x|y))(E(x|y)-\hat{x})\right)}_{0} + E(E(x|y)-\hat{x})^2 \end{aligned}$$

よって，$\hat{x}=E(x|y)$ のときに，MSE は最小になる。　□

18.2　ARMA モデルでの予測

18.2.1　条件付き期待値の適用

上記の条件付き期待値による予測を ARMA モデルに適用するとどうなるだろうか。理論的な整理が容易なのは，ARMA モデルを（AR 部分を反転させて）ホワイト・ノイズの和の形である MA（∞）表現にすることである。

$$y_t = \mu + \Psi(B)a_t = \mu + \sum_{j=0}^{\infty}\psi_j B^j a_t, \quad a_t \sim N(0, \sigma_a^2), \psi_0 = 1$$

現在を t 期として，y_{t+k}, $(k > 0)$ を予測する場合を考える。このときホワイト・ノイズのうち，$A \equiv (a_t, a_{t-1}, \cdots)$ は実現しているもの（＝既知）であり，$AF \equiv (a_{t+k}, a_{t+k-1}, \cdots, a_{t+1})$ が未知の確率変数である。

$$y_{t+k} = \mu + \sum_{j=0}^{\infty}\psi_j B^j a_{t+k} = \psi_0 a_{t+k} + \psi_1 a_{t+k-1} + \cdots + \psi_k a_t + \psi_{k+1} a_{t-1} + \cdots$$

より，条件付き期待値は,

$$E(y_{t+k}|A) = \mu + \sum_{j=0}^{k-1}\psi_j \underbrace{E(a_{t+k-j})}_{0} + \sum_{j=k}^{\infty}\psi_j a_{t+k-j} = \mu + \psi_k a_t + \psi_{k+1} + a_{t-1} + \cdots$$

推定誤差は,

$$y_{t+k} - E(y_{t+k}|A) = \sum_{j=0}^{k-1}\psi_j a_{t+k-j} = \psi_0 a_{t+k} + \psi_1 a_{t+k-1} + \cdots + \psi_{k-1} a_{t+1}$$

推定誤差の期待値（平均）はゼロ，平均二乗誤差（MSE）は,

$$\begin{aligned} E\left(y_{t+k} - E(y_{t+k}|A)\right)^2 &= E(\psi_0 a_{t+k} + \psi_1 a_{t+k-1} + \cdots + \psi_{k-1} a_{t+1})^2 \\ &= (1 + \psi_1^2 + \cdots + \psi_{k-1}^2) \times \sigma_a^2 \end{aligned}$$

となる。

$A \equiv (a_t, a_{t-1}, \cdots)$ は理論上は既知であっても，われわれが実際に観察しているのは $(y_t, y_{t-1}, \cdots)$ という y_t の実現値のほうである。そこで，上記の MA(∞) 表現が，AR(∞) 表現に反転可能で,

$$\Psi(B)^{-1} \equiv \eta(B) = \eta_0 + \eta_1 B + \eta_2 B^2 + \cdots$$

であるとすれば,

$$a_t = \Psi(B)^{-1}(y_t - \mu) = \eta_0(y_t - \mu) + \eta_1(y_{t-1} - \mu) + \cdots$$

これを代入すれば,

$$\begin{aligned} E(y_{t+k}|A) &= \mu + \sum_{j=k}^{\infty} \psi_j \eta(B)(y_{t+k-j} - \mu) \\ &= \mu + \eta(B)\,(\psi_k(y_t - \mu) + \psi_{k+1}(y_{t-1} - \mu) + \cdots) \\ &= \mu + \psi_k(\eta_0(y_t - \mu) + \eta_1(y_{t-1} - \mu) + \eta_2(y_{t-2} - \mu) + \cdots) \\ &\quad + \psi_{k+1}(\eta_0(y_{t-1} - \mu) + \eta_1(y_{t-2} - \mu) + \eta_2(y_{t-3} - \mu) + \cdots) \\ &\quad + \cdots \end{aligned}$$

と（かなり複雑になるが), y_t の過去の実現値で条件付き期待値の予測値を構成することができる。

18.2.2　逐次代入による予測値の形成

以上は，条件付き期待値の理論的説明の容易さから MA(∞) 表現としたものであり，実践的な予測値の形成方法ではない。実践的には逐次代入による方法により予測値を作る。

AR モデル

AR(p) モデルは逐次代入により，y_t, y_{t-1}, $\cdots$, y_{t-p+1} から予測値を作ることができる。まず，わかりやすく AR(1) モデル

$$(y_t - \mu) = \phi(y_{t-1} - \mu) + a_t$$

を考える（以下，表記の簡潔さのため，$\mu = 0$ とする)。

$$y_{t+1} = \phi y_t + a_{t+1}$$

であるから，1 期先予測は,

$$\hat{y}_{t+1} = E(y_{t+1}|A = (y_t,\ y_{t-1},\ \cdots)) = \phi y_t$$

2 期先予測は,

$$\hat{y}_{t+2} = E(y_{t+2}|A)$$

$$= E(\phi y_{t+1} + a_{t+2}|A)$$
$$= \phi E(y_{t+1}|A) = \phi^2 y_t$$

以下，同様に逐次代入で，

$$\hat{y}_{t+k} = \phi^k y_t$$

AR(p) モデルも同様に，

$$\hat{y}_{t+1} = \phi_1 y_t + \phi_2 y_{t-1} + \cdots + \phi_p y_{t-p+1}$$

から始め，

$$\hat{y}_{t+2} = E(\phi_1 y_{t+1} + \phi_2 y_t + \cdots + \phi_p y_{t-p+2} + a_{t+2}|A)$$
$$= \phi_1 \hat{y}_{t+1} + \phi_2 y_t + \cdots + \phi_p y_{t-p+2}$$

以下，逐次代入して，$\hat{y}_{t+3}$, $\hat{y}_{t+4}$ $\cdots$, $\hat{y}_{t+k}$ を求めていくと，

$$\hat{y}_{t+k} = \phi_1 \hat{y}_{t+k-1} + \phi_2 \hat{y}_{t+k-2} + \cdots + \phi_p \hat{y}_{t+k-p}$$

ただし，$k \leq j \;\rightarrow\; \hat{y}_{t+k-j} = y_{t+k-j}$

MA モデル

MA(q) モデル

$$y_t = \mu + a_t + \theta_1 a_{t-1} + \cdots + \theta_q a_{t-q}$$

より，

$$\hat{y}_{t+k} = \mu + \hat{a}_{t+k} + \theta_1 \hat{a}_{t+k-1} + \cdots + \theta_q \hat{a}_{t+k-q}$$

ここで，$k > j\ (j = 0, 1, 2, \cdots, q)$ ならば，$\hat{a}_{t+k-j} = E(a_{t+k-j}|A) = 0$ であるが，$k \leq j$ については，理論的には先に述べたように $((y_t - \mu),\ (y_{t-1} - \mu)\ \cdots)$ の無限系列からの予測値としなければならない。実践的には，MA モデルを最尤法で推定した際の予測誤差を $\hat{a}_{t-j}$ の推定値として用いることで予測値を形成することができる。

ARMA モデル

ARMA モデルは以上を組み合わせればよい。

$$(y_t - \mu) = \phi_1(y_{t-1} - \mu) + \cdots + \phi_p(y_{t-p} - \mu) + a_t + \theta_1 a_{t-1} + \cdots + \theta_q a_{t-q}$$

とすると，1 期先予測は，

$$(\hat{y}_{t+1} - \mu) = \phi_1(y_t - \mu) + \cdots + \phi_p(y_{t-p+1} - \mu) + \underbrace{a_{t+1}}_{0} + \theta_1\hat{a}_t + \cdots + \theta_q\hat{a}_{t-q+1}$$

以下，逐次 $(\hat{y}_{t+2} - \mu)$, $(\hat{y}_{t+3} - \mu), \cdots$ を形成し，

$$(\hat{y}_{t+k} - \mu) = \phi_1(\hat{y}_{t+k-1} - \mu) + \cdots + \phi_p(\hat{y}_{t+k-p} - \mu) + \hat{a}_{t+k} + \theta_1\hat{a}_{t+k-1} + \cdots + \theta_q\hat{a}_{t+k-q}$$

ただし，

$$k \le j \;\rightarrow\; \hat{y}_{t+k-j} = y_{t+k-j}, \quad k > j \;\rightarrow\; \hat{a}_{t+k-j} = 0$$

逐次代入による予測のプログラム

以上の逐次代入による予測を R で実行してみよう。

```
# 逐次代入による予測
#(1) arima.sim( ) 関数で標本系列を作る
d <- 0; no <- 100; sig2 <- 1.5
phi0 <- c(0.5,0.3); theta0 <- c(0.3,0.2)
# arima.sim( ) による標本系列の作成
p0 <- length(phi0); q0 <- length(theta0)
mdl <- list(order=c(p0,d,q0),ar=phi0,ma=theta0)
y <- arima.sim(n=no,model=mdl,sd=sqrt(sig2))
#(2) y を標本とした ARMA 推定
arma22 <-arima(y,order=c(2,0,2),transform.pars=FALSE)
ah <- arma22$resid
phi <- arma22$coef[1:2]; theta <- arma22$coef[3:4]
#(3) 逐次代入による予測関数
yosoku1 <- function(y,ah,phi,theta,k){
p <- length(phi); q <-length(theta); T <-length(y)
```

```
yh <- c(y,rep(0,k)); ah <- c(ah,rep(0,k))
for (j in 1:k){
t <- T+j
yh[t] <- sum(rev(yh[(t-1):(t-p)])*phi)
yh[t] <-yh[t]+sum(rev(ah[(t-1):(t-q)])*theta)
}
yh <-yh[(T+1):(T+k)]; x <-1:T; x2 <- (T+1):(T+k)
yl <- c(min(y,yh),max(y,yh)); xl <-c(1,(T+k))
# グラフのタイトルの作成
ttl1 <- paste("逐次代入による予測 ARIMA(",p,",",0,",",q,")")
ttl2 <- "ar = "
for(j in 1:p){ttl2 <-paste(ttl2,round(phi[j],digits=4)," ")}
ttl3 <- "ma = "
for(j in 1:q){ttl3 <-paste(ttl3,round(theta[j],digits=4)," ")}
ttl2 <- paste(ttl2,ttl3)
ttl <-c(ttl1,ttl2)
# グラフを描く
plot(x,y,xlim=xl,ylim=yl,main=ttl,type="l")
lines(x2,yh,col=2)
return(yh)
}
#(4) ユーザー定義関数の実行
yosoku1(y,ah,phi,theta,10)
```

このプログラムは,

- arima.sim( ) 関数で ARMA(2, 2) の標本データ y を作る。
- y に arima( ) 関数で，ARMA(2, 2)=ARIMA(2, 0, 2) モデルをあてはめて，推定パラメータ ($\hat{\phi}_j$, $\hat{\theta}_j$) および推定誤差系列 $\hat{a}_t$ を得る。
- y, $\hat{a}_t$, $\hat{\phi}_j$, $\hat{\theta}_j$ および推定期間 k を与えて，y の終期以降 k 期の予測を行うユーザー定義関数 yosoku1( ) を作り，これを実行する。

という手順をとっている。

18.2.3 R の predict( ) 関数を使う

上記では，逐次代入による予測の「しくみ」を理解するために R のプログラムを作ったが，R には予測を簡単に行える predict( ) 関数がある。これを使った予測の例を次にあげる。

```
# predict( ) 関数による予測
# GDP 統計の輸出等 EX への ARIMA モデルのあてはめ
xdata <-read.csv("GDPA1980TABLE.csv",skip=2,header=TRUE)
y <- ts(log( xdata$EX ),start=c(1980,1),frequency=4)
( arima213 <- arima(y,order=c(2,1,3),transform.pars=FALSE) )
# predict( ) 関数の実行
arima.pred <-predict(arima213,n.ahead=10)
yhat <- arima.pred$pred; sig <- arima.pred$se
EX <- exp(y); EXhat <- exp(yhat)
EXL <- exp(yhat-2*sig); EXU <-exp(yhat+2*sig)
ttl <- "EX の予測"
xl <-c(1980,2008);yl <-c(min(EX,EXL),max(EX,EXU))
plot(EX,type="l",main=ttl,xlim=xl,ylim=yl)
lines(EXhat,lty=1,col=2)
lines(EXL,lty=2,col=4); lines(EXU,lty=2,col=4)
```

プログラムでは，

- arima( ) 関数で $\log EX$ に ARIMA(2, 1, 3) モデルをあてはめたアウトプットに `arima213` という名前をつけて保存している。
- predict( ) 関数では，引数としてこの名前を指示するとともに，10 期先までの予測をすることを，引数 `n.ahead=10` として指示している。
- 予測のアウトプットには，`arima.pred` という名前をつけている。そして，予測値を `arima.pred$pred` から呼び出している。また，予測の標準誤差 (s.e.) を `arima.pred$se` から呼び出している。
- y が対数をとったものであったので，グラフを描くにあたっては，`exp( )` でもとの水準に戻している。

- 予測の上下に，標準誤差の 2 倍（$\pm 2 \times \hat{\sigma}$）の信頼区間（ほぼ 95%）をつけ加えている。

練習問題

前章の章末練習問題で行った ARIMA(p, d, q) モデルの推定結果を用いて，上記の predict( ) 関数による将来予測を行え。

第 19 章　単位根過程

19.1　単位根のある非定常確率過程

19.1.1　ランダム・ウォーク（RW，酔歩）

次の式で表される確率過程について再考しよう。

$$y_t = \phi y_{t-1} + a_t$$

$|\phi| < 1$ のときは，AR(1) モデルという定常過程であった。このことは，たとえば次のように証明された。

証明　上の式に $y_{t-1} = \phi y_{t-2} + a_{t-1}$ を代入し，さらに y_{t-2} を代入するなど，逐次代入を続けると，

$$y_t = \phi^k y_{t-k} + \sum_{j=0}^{k-1} \phi^j a_{t-j}$$

となる。したがって，$|\phi| < 1$ であれば，$k \to \infty$ のときに，（$\lim_{k\to\infty} y_{t-k}$ が存在すると仮定して）第 1 項 $\phi^k y_{t-k}$ がゼロに収束し，$\sum_{j=0}^{\infty} |\phi|^j < \infty$（有界）になるので第 2 項の MA(∞) 部分が定常過程になる。　□

一方，$|\phi| > 1$ の場合は，$k \to \infty$ で ϕ^k が発散してしまうので，確率過程が定義できない。経済的な事象では「発散する」というモデルは（ハイパーインフレーションなどの異常事態をモデル化するのでもなければ）適当でないと考えるので，一般には「除外」されている。では，ちょうど境目である $\phi = 1$ の場合はどうなるであろうか。

このとき，上記の式は，

$$y_t = y_{t-1} + a_t$$

と，前期の値に当期の撹乱項（ホワイト・ノイズ）を加えたものが当期の値になるという，きわめて単純なしくみになっている。しかし，これを逐次代

入したものは,

$$y_t = \sum_{j=0}^{\infty} a_{t-j}$$

と「過去の撹乱項の総和」ということになる。これは，定常過程の理論的な検討で用いたMA(∞) 表現

$$y_t = \sum_{j=0}^{\infty} \psi_j a_{t-j}, \quad \psi_0 = 1$$

で，$\psi_j = 1$ (for $\forall$ j) とした特別な場合となるが,

$$\sum_{j=0}^{\infty} |\psi_j| < \infty \text{（有界）}$$

という定常性の条件を満たしていない。ある時点（$t = 0$）の実現値 y_0 を起点にして $y_1, y_2, \cdots$ を逐次求めると，その（$t = 0$ で $y = y_0$ であったという）条件付き期待値は $E(y_k) = y_0$ であるが，分散は $V(y_k) = k \times \sigma_a^2$ と k とともに上限なく拡大する（定常な AR(1) 過程の分散は，$\sigma_a^2/(1 - \phi^2)$ に収束する)。

この非定常な確率過程は「ランダム・ウォーク（RW，酔歩)」と呼ばれる。また，上記の式をラグ演算子を使って書くと,

$$(1 - B)y_t = a_t$$

で，特性方程式 $z - \phi = 0$ の解（＝昔流には「根」という）が 1 となることから,「単位根」を持つ確率過程と呼ぶ。

19.1.2　R による RW のシミュレーション

上記のことから，初期値 y_0 を与えた場合の RW の標本系列は rnorm( ) 関数で正規乱数を作り，その累積和をとることで簡単に発生させられる。以下に，発生させる標本系列の長さ（n)，初期値（y_0)，そしてかく乱項 a_t の分散（σ_a^2）を引数で指示して，RW 系列を発生させるユーザー定義関数 RW( ) を作り，これを 6 回実行して発生させた標本系列をグラフに描いて比較するプログラムを示す。

図31

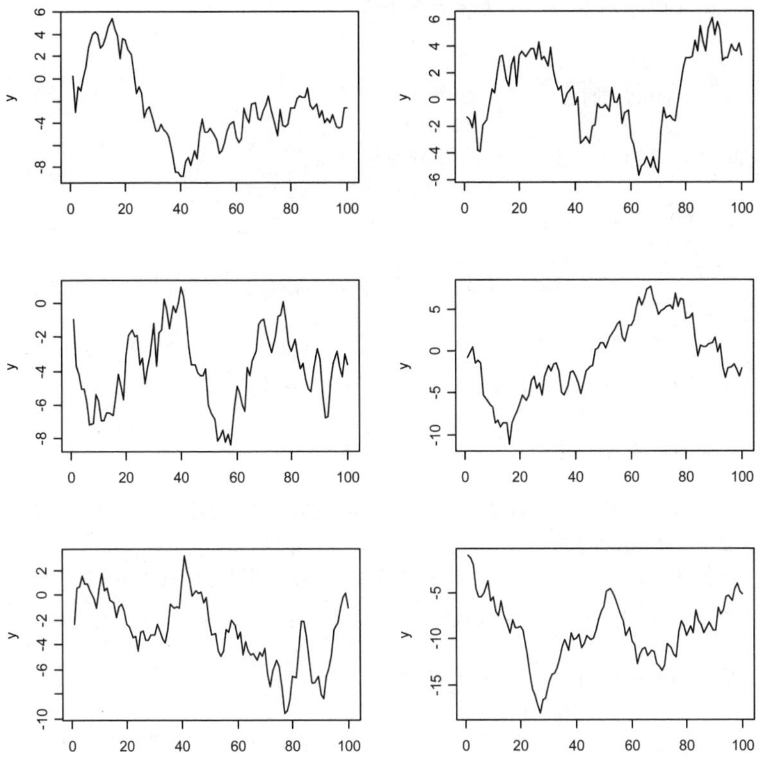


```
# 図 31
# ランダム・ウォーク
op <- par(no.readonly=TRUE)
RW<- function(n,y0,sig2){
y <- y0 + cumsum(rnorm(n,sd=sqrt(sig2)))
return(y)
}
par(mfrow=c(3,2)); par(mar=c(3.1,4.1,3.1,2.1))
for(j in 1:6){ y <-RW(100,0,1.2); plot(y,type="l") }
par(mfrow=c(1,1)); par(op)
```

もとの式がきわめて単純であるにもかかわらず，実行結果は実に様々なパターンの変動となることを体験できよう。

19.1.3　和分過程

RW は定常過程ではないが，差分をとれば，

$$\Delta y_t = y_t - y_{t-1} = a_t$$

とホワイト・ノイズ（＝定常過程）となる。AR(p) モデルとして表した確率過程

$$(y_t - \mu) = \phi_1(y_{t-1} - \mu) + \phi_2(y_{t-2} - \mu) + \cdots + \phi_p(y_{t-p} - \mu) + a_t$$

をラグ演算子を使って

$$y_t = (1 - \phi_1 B - \cdots - \phi_p B^p)^{-1} a_t = (1 - \lambda_1 B)^{-1}(1 - \lambda_2 B)^{-1} \cdots (1 - \lambda_p B)^{-1} a_t$$

としたとき，$\lambda_1 = 1$, $|\lambda_j| < 1$, $(j = 2, 3, \cdots, p)$ であれば，y_t の差分（ラグ演算子では $(1 - B)$ を作用させること）をとれば，

$$\Delta y_t = (1 - \lambda_2 B)^{-1} \cdots (1 - \lambda_p B)^{-1} a_t$$

は定常過程となる。同様に，$\lambda_2 = 1, \cdots, \lambda_d = 1$ と特性方程式の p 個の解のうちの d 個が 1（単位根）であれば，d 回差分をとった，

$$\Delta^d y_t = (1 - \lambda_{d+1} B)^{-1} \cdots (1 - \lambda_p B)^{-1} a_t$$

が定常過程となる。このように d 回差分をとって定常過程となるものを d 次の「和分過程」(integrated process) と呼ぶ。先の ARIMA モデルの学習で，d 回差分をとったものが ARMA(p, q) モデルとなるものを ARIMA(p, d, q) モデル（自己回帰和分移動平均過程：autoregressive integrated moving avarege process）としたのは，これを先取りして説明したものである。

19.1.4　確定的トレンドと確率的トレンド

「トレンドの抽出」においては，時系列データに最小二乗法で直線などを引き，これを「トレンド」と考えた。その際にも「トレンド（趨勢)」を厳密

には定義せずに，「大雑把にいえば，長期間にわたる（増加または減少の）一定方向の変化」とした。これを微分的に「単位時間ごとに一定の定まった変化をすること」ととらえ，その最も単純なもの（＝毎期毎期，一定量だけ数値（μ）が増加（負なら減少）する）を考えれば，次の直線の式になる。

$$y_t = y_0 + \mu \times t$$

差分をとれば，

$$\Delta y_t = \mu$$

RW をこれと対比させると，毎期毎期の増減分が（確定値ではなく）確率変数で

$$\Delta y_t = a_t$$

と表せ，初期値 y_0 から足し上げれば，

$$y_t = y_0 + \sum_{j=1}^{t} a_j$$

この第 2 項の部分を（確定的トレンド $\mu \times t$ との対比で）「確率的トレンド」と呼ぶことがある。

19.1.5　確定的トレンドと確率的トレンドの組み合わせ

ドリフト付きの RW

RW の式に定数 μ を加えた，

$$y_t = y_{t-1} + a_t + \mu$$

について考察する。先と同様に逐次代入を行うと，

$$y_t = \underbrace{\sum_{j=0}^{k-1} a_{t-j} + y_{t-k}}_{\text{RW}} + \mu \times k$$

確定的なトレンド $\mu \times k$ と RW を加えたものとなる。$\mu > 0$ であれば，右上がりのトレンドを持ちながら，なお RW としての大きな「うねり」を持つ変動パターンを示す。この確率過程は「ドリフト付きの RW」と呼ばれる。

トレンド付きの RW

「ドリフト付きの RW」から次式の拡張が自然に考えられる。

$$y_t = y_{t-1} + a_t + \mu + \beta t$$

先と同様に逐次代入をすれば,

$$y_t = \underbrace{\sum_{j=0}^{k-1} a_{t-j} + y_{t-k}}_{\text{RW}} + (\mu + \beta t) \times k - \frac{\beta}{2} \times k^2$$

と，RW に「2 次の確定的トレンド」を加えたものとなる。これを「トレンド付き RW」と呼んでおく。ちなみに，ドリフト付き RW は 1 回差分をとれば $\Delta y_t = \mu + a_t$ と定常過程となるが，今度の場合は

$$\Delta y_t = a_t + \mu + \beta t$$

と確定的トレンドとなって定常にはならず，$\Delta^2 y_t = \beta + a_t - a_{t-1}$ と 2 階差分で定常となる。

確定的トレンド＋定常過程

以上では，確定的トレンド＋ RW という組み合わせを考えたが,「確定的トレンド＋定常過程」という確率過程も当然に想定できる。

$$y_t = \mu + \beta t + \psi(B)a_t, \quad \psi(B) = \psi_0 + \psi_1 B + \psi_2 B^2 + \cdots, \quad |\psi_j| < 1, \text{ for } \forall\ j$$

これは，1 階差分をとると定常になる。

$$\Delta y_t = \beta + (1 - B)\psi(B)a_t = \beta + \psi(B)a_t - \psi(B)a_{t-1}$$

最後の 2 項はいずれも定常である。確定トレンドの項を高次の多項式（d 次式）にすれば，d 階差分によって定常過程になる。

なお，ドリフト付き RW やトレンド付き RW も,

$$\Delta y_t = \mu + \psi(B)a_t$$
$$\Delta y_t = \mu + \beta t + \psi(B)a_t$$

のようにホワイト・ノイズ（a_t）を定常過程（$\psi(B)a_t$）としたものに一般化できる。

R によるシミュレーション

上記の (1)「確定的トレンド＋定常過程」と (2)「ドリフト付き RW」の標本系列を作り，グラフに描いて比較してみよう。

```
# 図 32
# 「確定トレンド＋定常過程」と「ドリフト付き RW」の比較
n <- 100; d <- 0; sig2 <- 1.2; mu <- 0; beta <- 0.07
phi <- c(0.5,0.3); p <- length(phi)
theta <- c(0.3,0.2); q <-length(theta)
time <- 1:n; trend <- mu+beta*time
pdq <-list(order=c(p,d,q),ar=phi,ma=theta)
wt <- arima.sim(n,model=pdq,sd=sqrt(sig2))
y1 <- trend+wt
y2 <- cumsum(beta+rnorm(n,sd=sqrt(sig2)))
yl <- c(min(y1,y2),max(y1,y2))
ttl <- "確定的トレンドとドリフト付き RW"
plot(y1,type="l",main=ttl,ylim=yl)
lines(y2,lty=2)
hanrei <- c("確定的トレンド＋定常過程","ドリフト付き RW")
xx <- 0; yy <- max(y1,y2)
legend(xx,yy,legend=hanrei,lty=c(1,2),box.lty=0)
```

- 「確定トレンド＋定常過程」は，

  $$y_t = (\mu + \beta t) + z_t$$

  とし，$\mu = 0$, $\beta = 0.07$ を与えている。定常過程 z_t は，ARMA(2, 2) 過程

  $$z_t = 0.5z_{t-1} + 0.3z_{t-2} + a_t + 0.3a_{t-1} + 0.2a_{t-2}$$

  とし，arima.sim( ) 関数で標本データを作成している。
- 「ドリフト付き RW」は，

  $$\Delta y_t = \beta + a_t$$

  で，β は，先と同じ値（0.07）としている。

図32

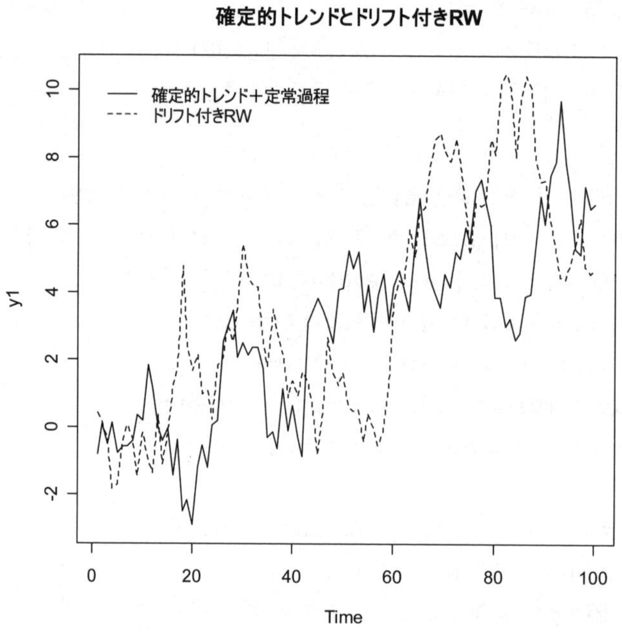

「ドリフト付き RW」は乱数の値次第でかなり動きが変わるが，「確定トレンド＋定常過程」の変動と区別がつきにくい場合があることが確認されよう。

練習問題

同様に，「トレンド付き RW」の標本系列を生成する R のプログラムを作成せよ。

19.1.6　見せかけの回帰

単回帰分析では，y_t と x_t の間に因果関係があることを想定して，

$$y_t = \alpha + \beta \times x_t + a_t, \quad a_t \sim N(0,\ \sigma_a^2)$$

というモデルを考えている。Granger-Newbold（1974）[1]は，全く人為的に作った 2 つの RW 系列

$$y_t = y_{t-1} + a_t, \quad x_t = x_{t-1} + b_t$$

の間で上記の単回帰モデルを推計した場合にも，一般に，回帰係数が有意になり，決定係数も大きくなる傾向があることをシミュレーション実験で示し，これを「見みせかけの回帰」と呼んだ。

y_t と x_t の間が正しく単回帰モデルの想定する関係にあるならば，それぞれの差分をとった場合にも，

$$\Delta y_t = \beta \times \Delta x_t + a_t - a_{t-1}$$

という関係があるはずだが，それぞれが RW であれば，その差分は互いに独立なホワイト・ノイズ（a_t, b_t）になるので，

$$\Delta y_t = \beta \times \Delta x_t + u_t$$

という回帰分析の回帰係数 $\hat{\beta}$ は有意にならない。

RW 過程に限らず，単位根を持つ系列間で回帰分析を行った場合に「見せかけの回帰」となり，誤った分析をする危険性がある。したがって，分析する時系列が単位根を持つものであるかどうかを判断（検定）することが，計量モデルの構築のうえでも重要になっている。

「見せかけの回帰」のシミュレーション

RW に従う標本 y_t, x_t（各 100 時点）を作り，この間で単回帰モデル $y_t = \alpha + \beta \times x_t + a_t$ を推計するという実験を n 回繰り返し，推計された回帰係数 $\hat{\beta}$ が（t-検定において）有意となる割合を計算する。

```
# 「見せかけの回帰」のシミュレーション
misekake <- function(n){
p <-numeric(n); cnta <-0; r <- 0.05
for(j in 1:n){
y <- cumsum(rnorm(100)); x <- cumsum(rnorm(100))
```

---

[1] "Spurious Regression in Econometrics," *Journal of Econometrics* 2 (1974).

```
kekka <- summary(lm(y~x))
q <- kekka$coefficients[[2,4]]
p[j] <- q ; if(q < r){cnta <- cnta + 1}
 }
rate <-cnta/n*100
print(paste("n = ", n, "rate = ",rate))
}
# n=100 とした実験を 10 回繰り返す。
for(j in 1:10){ misekake(100)}
```

実験の結果，回帰係数が「有意」となる割合がほぼ 7 割強となることが確認されよう。

19.2 単位根検定

「ARIMA モデルの推定」では，トレンドを持つなど定常過程とみなし難いデータについては，差分をとったものをグラフに描き，目視による観察で定常か否かを判断した。しかし，何回差分をとったものを定常過程とみなすべきかについて，より客観的な判断ができないかと考えるのは自然である。また，上述のように，トレンドのあるデータにも「確定トレンド＋ RW」の場合と「確定トレンド＋ ARMA」の場合があるなどから，適確な分析・予測をするために，データの発生のしくみ（DGP）について，より厳密な判断を下すことも必要になる。さらに，時系列データによる回帰分析で経済分析を進めるにあたり「見せかけの回帰」を避けるためにも，当該時系列が単位根を持つか否かをチェックすることが求められる。こうした要請に答え，時系列データの DGP が単位根を持つか否かを判断する様々な検定法が開発されている。以下では，その中で最もポピュラーな ADF 検定について実習する。

19.2.1 ディッキー・フラー（DF）検定の考え方

最も単純な AR(1) 過程で考える。データに

$$y_t = \phi y_{t-1} + a_t$$

をあてはめて，パラメータの推定値 $\hat{\phi} = 1$ の帰無仮説を t-検定し，棄却されれば単位根を持たないと判断することが当然に考えられる。しかしながら，真の DGP が $\phi = 1$ の場合，求める推定量 $\hat{\phi}$ の t-値が t 分布をしないことが証明されている。ディッキー・フラーは上の式を少し変形した

$$\Delta y_t = \underbrace{(\phi - 1)}_{\pi} y_{t-1} + a_t$$

で，$\hat{\pi}$ の t-値の分布を PC シミュレーションによる数値計算で求めた。この場合は，

$$\pi = \phi - 1 = 0 \;\rightarrow\; \phi = 1$$

であるから，

$$\begin{aligned} &\text{帰無仮説：} \quad \pi = 0 \\ &\text{対立仮説：} \quad \pi < 0 \end{aligned}$$

として，帰無仮説が棄却されなければ，「単位根を持つ」可能性を否定できないということになる。なお，$|\phi| > 1$ で系列が発散する場合は考えないから，$|\phi| = |\pi + 1| < 1$ であり，実質的には $\pi < 0$ を対立仮説とする片側検定を行えばよい。

すでに学習したように，単純な RW の他に「ドリフト付き RW」，「トレンド付き RW」などがあるが，これらについても，

$$\begin{aligned} \Delta y_t &= \mu + \pi y_{t-1} + a_t \\ \Delta y_t &= \mu + \beta t + \pi y_{t-1} + a_t \end{aligned}$$

を推定し，帰無仮説 $\pi = 0$ を検定する（μ, β, π の複合検定等については後述する）。

19.2.2　修正ディッキー・フラー（ADF）検定

上では簡単のために AR(1) 過程で説明したが，一般化して AR(p) 過程としたものが，次の式の π を検定する ADF 検定（augmented DF test）である。すなわち，

$$\Delta y_t = \pi y_{t-1} + \psi_1^* \Delta y_{t-1} + \psi_2^* \Delta y_{t-2} + \cdots + \psi_{p-1}^* \Delta y_{t-p+1} + a_t$$

において，帰無仮説 $\pi = 0$ が棄却されなければ，y_t は単位根を持つと判断する。

これは，AR(p) モデル

$$y_t = \phi_1 y_{t-1} + \phi_2 y_{t-2} + \cdots + \phi_p y_{t-p} + a_t$$

が単位根を 1 つ持てば，

$$\begin{aligned}(1 - \phi_1 B - \phi_2 B^2 - \cdots - \phi_p B^p) y_t &= a_t \\ (1 - \psi_1^* B - \psi_2^* B^2 - \cdots - \psi_{p-1}^* B^{p-1})(1 - B) y_t &= a_t \\ (1 - \psi_1^* B - \psi_2^* B^2 - \cdots - \psi_{p-1}^* B^{p-1}) \Delta y_t &= a_t\end{aligned}$$

より，

$$\Delta y_t = \psi_1^* \Delta y_{t-1} + \psi_2^* \Delta y_{t-2} + \cdots + \psi_{p-1}^* \Delta y_{t-(p-1)} + a_t$$

が成り立つことによっている。「ドリフト付き RW」，「トレンド付き RW」についても同様に，

$$\Delta y_t = \beta_1 + \pi y_{t-1} + \sum_{j=1}^{p-1} \psi_j^* \Delta y_{t-j} + a_t$$

$$\Delta y_t = \beta_1 + \beta_2 t + \pi y_{t-1} + \sum_{j=1}^{p-1} \psi_j^* \Delta y_{t-j} + a_t$$

において，帰無仮説 $\pi = 0$ を検定する。

19.2.3　ADF 検定の手順

時系列の標本データの発生メカニズム（DGP）には様々な可能性が考えられるから，検定にあたっては，（確定的トレンドも確率的トレンドもあるという帰無仮説を設定する）できるだけ一般的なモデルから始めて，次第に限定的なモデルに絞っていくという，次のような方法が提案されている。

推定 1

次式を（最小二乗法等で）推計する。

$$(A) \quad \Delta y_t = \beta_1 + \beta_2 t + \pi y_{t-1} + \sum_{j=1}^{k} \gamma_j \Delta y_{t-j} + a_t$$

Δy_{t-j} のラグの長さ k をいくつにするかの選択には，次のような考え方がある。

- できるだけ大きな k で始め，推計結果の Δy_{t-k} の回帰係数 $\hat{\gamma}_k$ が有意でなければ，k を 1 つ小さくし，有意であれば $j < k$ の回帰係数 $\hat{\gamma}_j$ が有意でなくても，ラグの長さを k に維持する。
- 推定誤差 ($\hat{a}_t$) について，Ljung-Box 検定を行い，ホワイト・ノイズとみなせる（＝推定誤差に系列相関がない）場合の k を採用する。

検定 1

上記推定結果について，帰無仮説 $\pi = 0$ を検定する。

- $\hat{\pi}$ の t-値に対して，D-F の検定統計表[2]の τ_τ を使う。
- 帰無仮説が棄却されれば，y_t は単位根を持たない（＝確率的トレンドを含まない）と判断する。
- y_t にトレンドがあるなら，確定的トレンドと考えて回帰直線をあてはめるなどの方法でトレンドを除去する。

検定 2

上記（検定 1）で帰無仮説が棄却されない場合，$\pi = 0, \beta_2 = 0$ の複合仮説を帰無仮説として F 検定する。

- F 値は，

$$\frac{(RSS_R - RSS_{UR})/m}{RSS_{UR}/DF}$$

- RSS_{UR} は，($\pi = 0, \beta_2 = 0$ という制約を付さない場合の誤差の二乗和だから）上記（推定 1）の誤差の二乗和を用いる。
- RSS_R は，$\pi = 0, \beta_2 = 0$ という制約を付した場合の誤差の二乗和であり，

$$(A2)\quad \Delta y_t = \beta_1 + \sum_{j=1}^{k} \gamma_j \Delta y_{t-j} + a_t$$

[2] D-F の検定統計表は，多くの時系列分析の教科書（たとえば，J.D. ハミルトン『時系列解析（下)』シーエーピー出版，2006 年など）に掲載されている。後述する R の urca パッケージの ur.df( ) 関数では，検定に必要な D-F の検定統計表の数値が表示される。

という回帰式を推定して，その誤差の二乗和を用いる。

- m は制約の数で，（この場合は $\pi = 0, \beta_2 = 0$ より，$m = 2$）。DF は（推定1）の回帰式の自由度。
- この F 値の検定には D-F の検定統計表の Φ_3 を用いる。

検定 2-1

（検定 2）で帰無仮説（$\pi = 0, \beta_2 = 0$）が棄却された場合，再度，帰無仮説 $\pi = 0$ を「標準正規検定」で検定する（$\beta_2 \neq 0$ のもとでは，$\hat{\pi}$ の t-値が標準正規分布を極限分布に持つ）。

- 帰無仮説 $\pi = 0$ が棄却されなければ,「単位根を持つ」と判断する。
- 帰無仮説 $\pi = 0$ が棄却されれば,「単位根はない」と判断し，確定的トレンドと考えて回帰直線をあてはめるなどの方法でトレンドを除去する。

推定 2

上記（検定 2）で帰無仮説（$\pi = 0, \beta_2 = 0$）が棄却されない場合，$\beta_2 = 0$ と判断して，次の推計を行う。

$$(B) \quad \Delta y_t = \beta_1 + \pi y_{t-1} + \sum_{j=1}^{k} \gamma_j \Delta y_{t-j} + a_t$$

k については，(推定 1) と同様に判断する。

検定 3

上記推定結果について，帰無仮説 $\pi = 0$ を検定する。

- $\hat{\pi}$ の t-値に対して，D-F の検定統計表の τ_μ を使う。
- 帰無仮説が棄却されれば，系列が単位根を含まないと判断する。この場合，トレンドがあれば，確定的トレンドと考えて回帰直線のあてはめなどでトレンドを除去する。

検定 4

上記（検定 3）で帰無仮説が棄却されない場合，$\pi = 0, \beta_1 = 0$ の複合仮説を帰無仮説として F 検定する。

- F 値は（検定 2）同様，

$$\frac{(RSS_R - RSS_{UR})/m}{RSS_{UR}/DF}$$

- RSS_{UR} は（$\pi = 0, \beta_1 = 0$ という制約を付さない場合の誤差の二乗和だから）上記（推定 2）の誤差の二乗和を用いる。
- RSS_R は，$\pi = 0, \beta_1 = 0$ という制約を付した場合の誤差の二乗和であり，

$$(B2) \quad \Delta y_t = \sum_{j=1}^{k} \gamma_j \Delta y_{t-j} + a_t$$

  という回帰式を推定して，その誤差の二乗和を用いる。
- m は制約の数で，（この場合は $\pi = 0, \beta_1 = 0$ より，$m = 2$）。DF は（推定 2）の回帰式の自由度。
- この F 値の検定には，D-F の検定統計表の Φ_1 を用いる。

検定 4-1

（検定 4）で帰無仮説（$\pi = 0, \beta_1 = 0$）が棄却された場合，再度，帰無仮説 $\pi = 0$ を「標準正規検定」で検定する（$\beta_1 \neq 0$ のもとでは，$\hat{\pi}$ の t-値が標準正規分布を極限分布に持つ）。

- 帰無仮説 $\pi = 0$ が棄却されなければ，「単位根を持つ」と判断する。
- 帰無仮説 $\pi = 0$ が棄却されれば，「単位根はない」と判断する。この場合，確定的トレンドを除去して ARMA モデルを適用する。

推定 3

上記（検定 2）で帰無仮説（$\pi = 0, \beta_1 = 0$）が棄却されない場合，$\beta_1 = 0$ と判断して，次の推計を行う。

$$(C) \quad \Delta y_t = \pi y_{t-1} + \sum_{j=1}^{k} \gamma_j \Delta y_{t-j} + a_t$$

k については（推定 1，2）と同様に判断する。

検定 5

$\hat{\pi}$ の t-値に対して，D-F の検定統計表 τ を使う。

- 帰無仮説 $\pi = 0$ が棄却されなければ，「単位根を持つ」と判断する。
- 帰無仮説 $\pi = 0$ が棄却されれば，「単位根はない」と判断する。この場合，ARMA モデルが適用できる。

以上の手順のどの段階かで「単位根がある」と判断された場合は，系列 y_t の差分をとり（$\Delta y_t = z_t$），この差分系列 z_t について，上記の手順で ADF 検定を繰り返す。

第 1 回目のサイクルで「単位根がない」(＝確率的トレンドを含まない）と判断されれば，系列は定常または確定的トレンドのみを持つのであり，（確定的トレンドを除いて）ARMA モデルをあてはまることができる。第 2 回目のサイクルで単位根がないと判断されれば，もとの系列は「1 次の和分過程」が候補となる確率過程のモデルであり，ARIMA(p, 1, q) モデルをあてはめればよい。以下同様に第 $d+1$ 回目の検定サイクルで単位根がないと判断されれば，d 回差分をとったものが定常であるから，ARIMA(p, d, q) モデルをあてはめることになる。

19.3 R での ADF 検定

上記の (A)，(A2)，(B)，(B2)，(C) の各式の推定は R の lm( ) 関数を用い最小二乗法で行えるので，特別な手法を用いる必要はないが，R の「パッケージ」には，単位根検定を簡単にできる関数を作っているものが（複数）ある。以下では，そのうちの urca というパッケージにある ur.df( ) 関数を使って

ADF 検定を行う方法を説明する。

19.3.1　パッケージのインストール

パッケージを使うためには，これを R にインストールし読み込む，以下の手続きが必要である。

- パッケージ・プログラム（windows 用の binary ファイル）を CRAN のミラーサイト（http://cran.md.tsukuba.ac.jp/）のパッケージリストからダウンロードして，R の作業ディレクトリに置く。
- R のメニューバー「パッケージ」にある「ローカルにある zip ファイルからのインストール」を実行する。binary のプログラムを選ぶメニューウィンドウが出るので，ダウンロードしておいたファイルを指定する。
- 次に，同じメニューバー「パッケージ」にある「パッケージの読み込み」を実行する。どのパッケージを読み込むか「Select one」のウィンドウにパッケージリストが表示される。先のインストールが成功していれば，今使いたい urca がリストアップされているのでこれを選択する。これでパッケージ urca のプログラムが使えるようになる。正しくインストールされているか否かは，使用してみなければわからない。たとえば，同パッケージにある（以下で使う）関数 ur.df( ) のヘルプを `?ur.df` で呼び出してきちんと表示されるか等を試してみればよい。

なお，先の CRAN のパッケージリストには，PDF ファイルでパッケージのマニュアルがあるので，これをダウンロードすれば，それに含まれているプログラムとその利用法（help）がわかる。

19.3.2　ur.df( ) 関数による ADF 検定

以下に，実質民間設備投資（IP）の原系列・1980 年第 1 四半期から 2005 年第 2 四半期のデータについて，ur.df( ) 関数による ADF 検定を行った例を示す。

データを読み込んでグラフに描く。

```
xdata <-read.csv("GDP01980TABLE.csv",skip=2,header=TRUE)
```

```
IP <- ts(xdata$IP,start=c(1980,1),frequency=4)
ts.plot(IP,type="l",main="IP")
```

右上がりのトレンドがあり，定常でないことは目視でもわかるが，「確定的トレンド＋定常過程」か単位根を持つ確率過程かを判断するために ADF 検定を行う。

式 (A) の推定

先に述べた手順に従い，まずトレンド付きの RW の可能性を調べる式 (A) を推定する。

$$(A) \quad \Delta y_t = \beta_1 + \beta_2 t + \pi y_{t-1} + \sum_{j=1}^{k} \gamma_j \Delta y_{t-j} + a_t$$

```
#推定 1
(suitei1 <- summary( ur.df(IP,type="trend",lag=4) ) )
```

ur.df( ) 関数の引数は，第 1 に ADF 検定をする時系列の変数名。2 番目の `type=` は，「トレンド付き RW」("trend")，「ドリフト付き RW」("drift")，「単純な RW」("none") というモデルの区別を指示する。最後の `lag=` は，AR 部分 Δy_{t-j} のラグの長さ (k) を指示する。

推定結果は summary() 関数により，次のように出力される。

```
###############################################
# Augmented Dickey-Fuller Test Unit Root Test #
###############################################

Test regression trend


Call:
lm(formula = z.diff ~ z.lag.1 + 1 + tt + z.diff.lag)

Residuals:
    Min      1Q  Median      3Q     Max
-2.2616 -0.5199 -0.1782  0.4654  2.2614
```

```
Coefficients:
             Estimate Std. Error t value Pr(>|t|)
(Intercept)  1.370253   0.495738   2.764  0.00692 **
z.lag.1     -0.115429   0.041707  -2.768  0.00685 **
tt           0.015815   0.006496   2.435  0.01688 *
z.diff.lag1 -0.086838   0.077383  -1.122  0.26477
z.diff.lag2 -0.036003   0.074751  -0.482  0.63123
z.diff.lag3 -0.146620   0.073707  -1.989  0.04971 *
z.diff.lag4  0.771371   0.072515  10.637  < 2e-16 ***
---
Signif. codes:  0 '***' 0.001 '**' 0.01 '*' 0.05 '.' 0.1 ' '
1

Residual standard error: 0.8916 on 90 degrees of freedom
Multiple R-Squared: 0.894,      Adjusted R-squared: 0.887
F-statistic: 126.5 on 6 and 90 DF,  p-value: < 2.2e-16

Value of test-statistic is: -2.7677 3.1125 3.8325

Critical values for test statistics:
      1pct  5pct 10pct
tau3 -3.99 -3.43 -3.13
phi2  6.22  4.75  4.07
phi3  8.43  6.49  5.47
```

AR 部分のラグの大きさの決定

AR 部分の最大ラグ（z.diff.lag4）の係数が有意であるか *p*-値をチェックし，有意でなければラグの長さを短くした推定を行う。

検定 1

- $\hat{\pi}$ の t-値は `Value of test-statistic is:` 欄の最初に示されている (`-2.7677`)。
- 統計表 τ_τ による検定のための情報は，`Critical values for test statistics:` 欄の `tau3` として（有意水準 1%,5%,10% に対応した数字が）示されている。
- 有意水準を 5% とすると，帰無仮説 $\pi = 0$ の棄却域は `-3.43` 以下である。この場合，t-値が棄却域に入っていないので，帰無仮説は棄却できない。

検定 2

次に，$\pi = 0, \beta_2 = 0$ の複合仮説を F-検定する。式 (A2) は明示されていないが，検定に必要な情報は次のように示されている。

- F-値は，`Value of test-statistic is:` 欄の最後の値（`3.8325`）である。
- 統計表 Φ_3 の値は，`Critical values for test statistics:` 欄の `phi3` であり，有意水準 5% では帰無仮説の棄却域は `6.49` 以上である。この場合 F-値が棄却域に入っていないので，複合仮説は棄却できない。

なお，推定結果中の `phi2` は複合仮説 $\pi = 0, \beta_1 = 0, \beta_2 = 0$ を検定するものであるが，この検定手続きでは使わない。

式 (B) の推定

次にドリフト付きの場合「推定 2」を行う。

$$(B) \quad \Delta y_t = \beta_1 + \pi y_{t-1} + \sum_{j=1}^{k} \gamma_j \Delta y_{t-j} + a_t$$

```
#推定 2
( suitei2 <- summary( ur.df(IP,type="drift",lag=4) ) )
```

`type="drift"` と指示している。推定結果のうち，検定に必要な情報は次のように出力される。

```
Value of test-statistic is: -1.2838 1.6174
```

```
Critical values for test statistics:
      1pct  5pct 10pct
tau2 -3.46 -2.88 -2.57
phi1  6.52  4.63  3.81
```

- $\hat{\pi}$ の t-値は, `Value of test-statistic is:` 欄の `-1.2838`。対応する統計表 τ_μ の値は, `Critical values for test statistics:` 欄の `tau2`。帰無仮説 $\pi = 0$ 有意水準 5% の棄却域は `-2.88` 以下であるから，帰無仮説は棄却されない。
- 次に複合仮説 $(\pi = 0,\ \beta_1 = 0)$ の検定を行う。`Value of test-statistic is:` 欄より, F-値は `1.6174`。対応する統計表 Φ_1 の値は `Critical values` 欄の `phi1`。有意水準 5% の棄却域 (`4.63` 以上) に F-値が入っていないので，複合仮説を棄却できない。

式 (C) の推定

推定 3 を行う。

$$(C)\quad \Delta y_t = \pi y_{t-1} + \sum_{j=1}^{k} \gamma_j \Delta y_{t-j} + a_t$$

```
#推定 3
( suitei3 <- summary( ur.df(IP,type="none",lag=4) ) )
```

今回は，$\pi = 0$ の検定に必要な t-値 (`0.8934`) と統計表 τ の値のみが表示される。

```
Value of test-statistic is: 0.8934

Critical values for test statistics:
      1pct  5pct 10pct
tau1 -2.58 -1.95 -1.62
```

t-値が，有意水準 5% の棄却域（`-1.95` 以下）に入らないので帰無仮説は棄却できず，IP は「単位根を持つ」と判断される。

差分の検定

IP が単位根を持つので，1 階差分 $DIP \equiv IP_t - IP_{t-1}$ が定常か否かを以上の同様のプロセスを繰り返して検定する。結果だけを示せば，「推定 2」において，$\pi = 0$ の帰無仮説が棄却された。

```
DIP <- diff(IP)
#推定 2
( suiteiD2 <- summary( ur.df(DIP,type="drift",lag=3) ) )
--- 中略 ---
Value of test-statistic is: -3.056 4.6869

Critical values for test statistics:
      1pct  5pct 10pct
tau2 -3.46 -2.88 -2.57
phi1  6.52  4.63  3.81
```

t-値（-3.056）が有意水準 5% の棄却域（-2.88 以下）に入っているので，式 (B) において帰無仮説 $\pi = 0$ が棄却される。したがって，DIP には単位根はなく，確定的トレンドを除いたものに ARMA モデルをあてはめればよいことになる。

練習問題

GDP の他の主要需要項目（民間最終消費支出（CP），民間住宅投資（IH），輸出（EX），輸入（IM）など）についても，同様の方法で「ADF 検定」を行え。

第 20 章　周波数領域の分析

20.1　周期変動の周波数表現

20.1.1　定常過程と周期変動

われわれは「古典的分析法」の枠組を踏まえて，時系列の変動を，(1) 趨勢変動（trend）T，(2) 周期変動（cycle）C，(3) 季節変動（seasonal）S，(4) 不規則変動（irregular）I，に分解するという考え方をとってきた。このうちのトレンドについては，時系列データに最小二乗法で直線等をあてはめて「確定的トレンド」を抽出する方法を学び，前章（単位根過程）では，さらに「確率的トレンド」の存在を知った。季節変動については，（R では decompose( ) 関数による）「季節調整法」で，確定的な季節変動要素を抽出する方法を学んだ他，確率的な季節変動要素を確率モデル（SARIMA モデル）に組み込むことも学習した。不規則変動を明示的に取り上げることはなかったが，ARIMA モデルにおけるホワイト・ノイズ a_t こそが，系列相関を持たず，したがって過去の変動が将来の予測情報を含まないという意味で不規則変動に擬せられるべきものであろう。

4 つの変動要素のうちの残りの 1 つ「周期変動」はどうだろうか。前章までの分析の枠組では，時系列からトレンドと季節変動を取り除いたものは，定常過程として ARMA モデルをあてはめるべき対象であった。では，ARMA モデルと「周期変動」はどのような対応関係にあるのだろうか。ARMA モデルで表現される線形定常過程を，様々な形の「波」の合成としてとらえる「周波数領域の分析」によってこの点が明らかになる。

20.1.2　三角関数による表現

数学的には，T を周期とする周期関数は，

$$f(t) = f(t + T)$$

を満たすものである。好況と不況が繰り返す「景気循環」で想定される「波」のような変動をする周期関数の代表的なものは，三角関数の cos と sin である。以下，$\cos x$, $\sin x$ の独立変数 x は，90 度を $\pi/2$ とする弧度法で表す。$\cos x$, $\sin x$ の特徴を復習すれば，

- $\cos x$, $\sin x$ は，2π を周期とする周期関数である。

$$\cos(x \pm 2\pi) = \cos x, \quad \sin(x \pm 2\pi) = \sin x$$

- $\cos x$, $\sin x$ は，最大値 1, 最小値 -1 である。

$$-1 \leq \cos x \leq 1, \quad -1 \leq \sin x \leq 1$$

- $\sin x$ は $\cos x$ を $\pi/2$ だけ右に平行移動したものである。

$$\sin\left(x + \frac{\pi}{2}\right) = \cos x, \quad \cos\left(x - \frac{\pi}{2}\right) = \sin x,$$

R で cos, sin 曲線を描く

$-2\pi \leq x \leq 2\pi$ の範囲で，$\cos x$, $\sin x$ の曲線を描いてみよう。

```
# COS 曲線のグラフを書く。
yl <-c(-1.2,1.5); ttl <- "cos 曲線と sin 曲線"
plot(cos, -2*pi, 2*pi ,type="l",lty=1,main=ttl,ylim=yl,axes=
FALSE)
#SIN 曲線を重ねる。
curve(sin,add=T,lty=2)
abline(h=0); abline(v=c(-2*pi,-1*pi,0,pi,2*pi),lty=3)
hanrei <-c("cos","sin")
legend(0,1.5,legend=hanrei,lty=c(1,2))
axis(1,at=seq(-2*pi,2*pi,pi),labels=c("-2pi","-1pi","0","pi",
"2pi"))
axis(2);box()
```

- plot( ) 関数では，引数として x, y の座標を与えるのではなく，関数名 cos と x の範囲を与えている。
- sin 曲線は，高水準作図関数 curve( ) で重ね書きをしている。

- x 軸のラベルを π ごとにつけるために，plot( ) 関数では，`axes=FALSE` として軸を描かず，axis( ) 関数で後から書き加えている。axis(1,) が x 軸を，axix(2) が y 軸を描く指示である。
- box( ) は，グラフの周囲の線を引くために用いた。

20.1.3　周期，振動数，周波数

時系列を取り扱うのであるから独立変数（横軸）t を時間と考え，一定期間 T を周期にする y の変動は，次の式で表される。

$$y_t = \cos\left(\frac{2\pi t}{T}\right)$$

このとき，t, $t \pm T$, $t \pm 2T, \cdots$ における y の値がすべて等しくなることを確認せよ。

基本周期（最も長い周期）を T としたとき，周期がその $\frac{1}{k}$ の波は，次のように表される。

$$y_t = \cos\left(\frac{2\pi t}{T/k}\right) = \cos\left(\frac{2\pi k \times t}{T}\right)$$

周期 T の cos カーブは，期間 T の長さの中に 1 つの波（ピークからピークまで）が入っているが，周期が T/k の cos カーブは，同じ期間 T の長さの中に k 個の波が入っている（つまり，期間 T に k 回振動する）。単位時間（1）の中に何個の波が入っているか（＝単位時間に何回振動するか）を示すのが「振動数」であり，周期 T の cos カーブの振動数は $1/T$，周期が T/k の cos カーブの振動数は k/T である。「周波数」は，振動数に 2π を掛け，振動数の回数というモノサシをラジアン表示の角度に変換したもの（1 回＝ 2π）である。つまり，単位時間に k/T 回振動するという代わりに，単位時間に $2\pi k/T$ ラジアンだけ振動（＝回転）すると表現する。周期 T の cos カーブの周波数は $2\pi/T$，周期が T/k の cos カーブの周波数は $2\pi k/T$ である。この周波数を ω_k と表すことにする。

周期	振動数	周波数
T/k	k/T	$2\pi k/T \equiv \omega_k$

20.1.4　振　幅

$-1 \le \cos x \le 1$ という制約は，係数 A を掛けることで容易に弾力化できる。

$$y_t = A \times \cos\left(\frac{2\pi k \times t}{T}\right)$$

$-1 \le \cos x \le 1$ より，$-A \le y_t \le A$ となる。A は波の高さを表し，「振幅」と呼ばれる。

20.1.5　位相（波のピークのずれ）

波を表すには，周波数，振幅とともに，波の「位置」（どの時点でピークがくるか）を決める「位相」を指定しなければならない。$\cos x$ は，$x = 0, 2\pi, 4\pi, \cdots$ でピークとなるが，$x = \theta, 2\pi + \theta, 4\pi + \theta$ でピークがくるような波は $\cos(x - \theta)$ となる。したがって，時点 $t_0, t_0 + T/k, t_0 + 2T/k, \cdots$ でピークがくるような波は次の式で表される。

$$y_t = A \times \cos(\omega_k \times (t - t_0))$$

三角関数の和を積に直す公式を使えば，

$$y_t = A \times \cos(\omega_k \times (t - t_0)) = A \times \cos\omega_k t \times \cos\omega_k t_0 + A \times \sin\omega_k t \times \sin\omega_k t_0$$

であり，$\cos\omega_k t$ と $\sin\omega_k t$ の線型結合の形に書ける。逆に，

$$y_t = \alpha\cos\omega_k t + \beta\sin\omega_k t$$

という線形結合は，$\alpha = \rho\cos\theta$，$\beta = \rho\sin\theta$ として，

$$y_t = \rho\cos(\omega_k t - \theta)$$

と表せる。ただし，

$$\rho^2 = \alpha^2 + \beta^2$$
$$\theta = \tan^{-1}(\beta/\alpha)$$

R で様々な cos 曲線を描く

以上のように，(1) 周波数 (ω_k)，(2) 振幅 (A)，(3) 位相 (t_0) の値によって，様々な形の「波」ができる。そして，それらの波を重ね合わせる（＝足し合わせる）ことで，より複雑な形の変動を作り出すことができる。この様子を R のシミュレーションで実験してみよう。

```
# 図 33
# 周波数，振幅，位相の異なる COS 曲線を描く。
# 波を作るユーザー定義関数
nami <- function(amax,kmax,t){
nn <-1:kmax;
a <- round(runif(1,min=0,max=amax),digits=3)
k <- sample(nn,size=1,replace=TRUE)
t0 <- round(runif(1,min=0,max=1),digits=3)
y <- a*cos((2*pi*k)*(t-t0))
ttl <- paste("A: ",a," k: ",k," t0: ",t0)
yl <- c(-1.05*amax,1.05*amax)
plot(t,y,type="l",main=ttl,ylim=yl); abline(h=0)
return(y)
}
# 実行（5 回繰り返し，その和もグラフにする）
t <- seq(0,1,by=0.005); amax <-1.5; kmax <- 10
z <- numeric(length(t))
par(mfrow=c(3,2))
for (j in 1:5){
y <- nami(amax,kmax,t)
z <- z + y
}
ttl <- "各 cos 波の和"
yl <- c(min(z),max(z))
plot(t,z,type="l",main=ttl,ylim=yl); abline(h=0)
par(mfrow=c(1,1))
```

図33

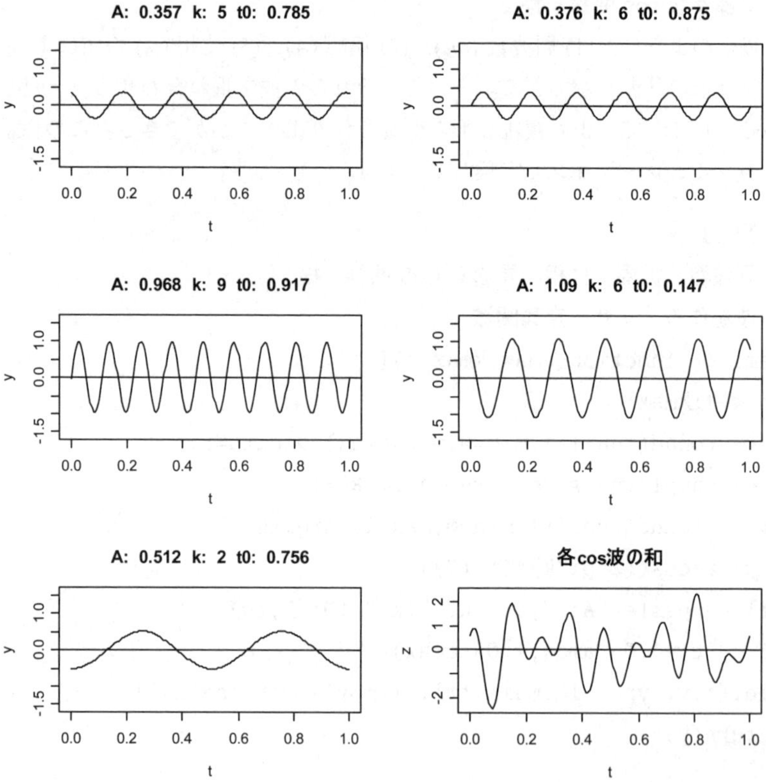

練習問題

10, 20, 100 など，より多くの cos 波を足し合わせた場合に，どのような「波」ができるか試してみよ。

20.1.6　フーリエ級数

上記から，基本となる最大の周期を T，それに対応する基本周波数を $\omega_1 = 2\pi/T$ として，その整数倍となる周波数 $\omega_k = 2\pi k/T$ $(k = 1, 2, \cdots, T)$

の波を合成した周期関数は，次のように表せる。

$$y_t = a_0 + \sum_{k=1}^{T} (a_k \times \cos \omega_k t + b_k \times \sin \omega_k t)$$

以上では，様々な周波数の三角関数（cos カーブ）を合成して周期的変動をする時系列 y_t を作るという方向で話をした。これを逆さにして，周期的変動をする任意の時系列 y_t を様々な周波数の三角関数（cos カーブ）の合成として表すことができるか（言い換えれば，y_t を様々な周波数の cos カーブに分解できるか）という問いを立て，これに肯定的な答えを与えるのがフーリエ級数の理論である。すなわち，所与の時系列データ $(y_1, y_2, \cdots, y_T)$ は，次のような三角関数の線型結合で表すことができる。

$$y_t = \sum_{k=0}^{[T/2]} (a_k \times \cos \omega_k t + b_k \times \sin \omega_k t) \quad (t = 1, 2, \cdots, T), \quad \omega_k = 2\pi k/T$$

記号 $[T/2]$ は，$T/2$ を超えない最大の整数を意味するガウス記号である（たとえば，$[5/2] = 2$ など）。ここで，係数 a_k, b_k は次式で与えられる。

$$a_k = \begin{cases} \dfrac{1}{T} \displaystyle\sum_{t=1}^{T} y_t \times \cos \omega_k t, & k = 0, k = T/2 \text{ (if } T \text{ is even)} \\ \dfrac{2}{T} \displaystyle\sum_{t=1}^{T} y_t \times \cos \omega_k t, & k = 1, 2, \cdots, \left[\dfrac{T-1}{2}\right] \end{cases}$$

$$b_k = \frac{2}{T} \sum_{t=1}^{T} y_t \times \sin \omega_k t, \quad k = 1, 2, \cdots, \left[\frac{T-1}{2}\right]$$

なお，オイラー公式

$$e^{i\omega_k t} = \cos(\omega_k t) + i \sin(\omega_k t)$$

を使うと，フーリエ級数は次のように表記できる。

$$y_t = \begin{cases} \sum_{k=-(T-1)/2}^{(T-1)/2} c_k e^{i\omega_k t}, & T \text{ is odd} \\ \sum_{k=-(T/2)+1}^{T/2} c_k e^{i\omega_k t}, & T \text{ is even} \end{cases}$$

$$c_k = \frac{1}{T} \sum_{t=1}^{T} y_t \times e^{-i\omega_k t}$$

ここに,

$$
\begin{aligned}
c_0 &= a_0 \\
c_{T/2} &= a_{T/2}, \quad \text{if } T \text{ is even} \\
c_k &= \frac{a_k - ib_k}{2} \\
c_{-k} &= \frac{a_k + ib_k}{2} = c_k^* \quad (c_k\text{の共役複素数})
\end{aligned}
$$

20.1.7 ペリオドグラム (periodogram)

フーリエ級数展開によって，時系列データ y_t を周波数 ω_k, $(k = 0, 1, 2, \cdots, [(T-1)/2]$ の波の成分に分解した。次式で定義される「ペリオドグラム」は，y_t の構成要素としての各周波数（ω_k）成分の大きさ（強さ）を示す指標となっている。

$$
I(\omega_k) = \begin{cases} T \times a_0^2, & k = 0 \\ \frac{T}{2}\left(a_k^2 + b_k^2\right), & k = 1, 2, \cdots, [(T-1)/2] \\ T \times a_{T/2}^2, & k = T/2 \text{ (when } T \text{ is even)} \end{cases}
$$

R によるペリオドグラムの計算

時系列データ y_t に対して，(1) そのフーリエ級数展開を求め，(2) ペリオドグラムを計算するプログラムを作ってみよう。

```
# フーリエ級数とペリオドグラム
# フーリエ級数の係数を計算するユーザー定義関数
Fourier <- function(y){
T <- length(y); TT <- (T-1)%/%2
w <-numeric(TT)
for(k in 1:TT){
w[k] <- 2*pi*k/T
}
tm <- seq(1,length(y))
a <- numeric(TT); b <- numeric(TT)
for (k in 1:TT){
```

```
xa <- y*cos(w[k]*tm); xxa <- (2/T)*sum(xa) ; a[k] <- xxa
xb <- y*sin(w[k]*tm); xxb <- (2/T)*sum(xb) ; b[k] <- xxb
}
a0 <- mean(y)
an_2 <- (1/T)*sum( cos(pi*tm)*y )
if ((T%%2) == 0) {
keisu <- list(a0=a0, ak=a, aT_2 = an_2, bk = b)
} else {
keisu <- list(a0=a0, ak=a,bk = b)
}
return(keisu)
}
# 標本ペリオドグラムを計算するユーザー定義関数
Period <- function(y){
T <- length(y); TT <- (T-1)%/%2
if((T%%2) == 0){ n <- TT+2} else{ n <- TT+1}
PI <- numeric(n)
Keisu <- Fourier(y)
PI[1] <- (Keisu$a0)^2*T
PI[2:(TT+1)] <- ((Keisu$ak)^2+(Keisu$bk)^2)*(T/2)
if(n == (TT+2)){PI[n] <-(Keisu$aT_2)^2*T}
num <-0:(length(PI)-1)
w <-round((2*pi/T)*num,digits=2)
ttl <- "ペリオドグラム"
plot(w,PI,type="h",main=ttl,axes=FALSE)
lbl <- c("0","0.2pi","0.4pi","0.6pi","0.8pi","pi")
axis(1,at=seq(0,pi,0.2*pi),label=lbl)
axis(2);box( )
PRIOD <- cbind(num,w,PI)
return(PRIOD)
}
# arima.sim( ) 関数で ARMA 系列の標本 y(t) を作り,
```

```
# フーリエ展開してペリオドグラムを描く。
T <- 102
mdl <- list(order=c(2,0,1),ar=c(0.4,0.2),ma=-0.3)
y <- arima.sim( n=T,model=mdl, sd=sqrt(1.2))
par(mfrow=c(2,1))
plot(y,type="l"); abline(h=0)
Period(y)
par(mfrow=c(1,1))
```

20.1.8 フーリエ変換

フーリエ級数展開は，時系列データ $\{y_1, y_2, \cdots, y_T\}$ 対して，最大周期 T としてその整数分の 1（具体的には，1/2, 1/3, $\cdots$,1/$(T-1)$）の周期の波の合成を行うものであった（周波数でいえば，基本周波数，$2\pi/T$ としてその 2, 3, $\cdots$,$(T-1)$ 倍の波の合成）。これを，$T \to \infty$ の場合に拡張したものが,「フーリエ変換」であり，以下のように，離散変数 y_t と連続変量 $-\pi \leq \omega \leq \pi$ の間の対応関係として表される。

$$y_t = \int_{-\pi}^{\pi} f(\omega)\, e^{i\omega t} d\omega, \quad t = 0, \pm 1, \pm 2, \cdots$$

$$f(\omega) = \frac{1}{2\pi} \sum_{t=-\infty}^{\infty} y_t e^{-i\omega t}, \quad -\pi \leq \omega \leq \pi$$

このとき，$f(\omega)$ を y_t の「フーリエ変換」という。$f(\omega)$ から y_t を求める第 1 の式を「フーリエ逆変換」という。

時系列変数 y_t は時間 t の関数であり，一方，$f(\omega)$ は周波数 ω の関数である。そして，フーリエ変換，フーリエ逆変換を通じて，これらが「対」になっている。ARMA モデルの推定は時系列の時間軸に沿った分析を行っており，これに対して以下に述べる「スペクトル分析」は，時系列を周波数 ω のほうから見た場合の特徴を分析しようとするものである。

20.2　スペクトル分析

20.2.1　定常過程の母スペクトル

定常時系列を特徴づける重要な要素は，自己共分散 γ_k, $k = 0, 1, 2, \cdots$, あるいはそれを基準化した自己相関係数 $\rho_k, k = 0, 1, 2, \cdots$ の系列である。定常過程の自己共分散の系列 γ_k, $k = 0, 1, 2, \cdots$ について，次の関数（無限級数）が「自己共分散母関数」として定義される。

$$g_y(z) \equiv \sum_{k=-\infty}^{\infty} \gamma_k z^k$$

これを 2π で割り，z に $e^{-i\omega}$ を代入したもの（これを y の母スペクトルと呼ぶ）は，系列 $\{\gamma_k\}$ のフーリエ変換になっている。

$$\begin{aligned} f(\omega) &= \frac{1}{2\pi} \sum_{k=-\infty}^{\infty} \gamma_k e^{-i\omega k} \\ &= \frac{1}{2\pi} \sum_{k=-\infty}^{\infty} \gamma_k \cos \omega k \\ &= \frac{1}{2\pi} \gamma_0 + \frac{1}{\pi} \sum_{k=1}^{\infty} \gamma_k \cos \omega k, \quad -\pi \leq \omega \leq \pi \end{aligned}$$

したがって，自己共分散 γ_k は，関数 $f(\omega)$ のフーリエ逆変換として次のように表すことができる。

$$\gamma_k = \int_{-\infty}^{\infty} f(\omega)\, e^{i\omega k} d\omega$$

これらによって，定常過程 y_t の特性値である自己共分散 γ_k, $k = 0, 1, 2, \cdots$ と変動の周波数 ω との間の対応が明らかになる。

この関数 $f(\omega)$ は次の性質を持つ。

1. $f(\omega)$ は非負の連続な実関数：$f(\omega) \geq 0$
2. $f(\omega)$ は周期 2π の周期関数：$f(\omega) = f(\omega + 2\pi)$
3. $f(\omega)$ は偶関数：$f(-\omega) = f(\omega)$
   したがって，$f(\omega)$ は $0 \leq \omega \leq \pi$ の間で表示すれば十分である。
4. $f(\omega)$ の積分は y_t の分散：$V(y_t) = \gamma_0 = \int_{-\infty}^{\infty} f(\omega)\, d\omega$

20.2.2 線形定常過程の母スペクトル

ARMA モデル等の線形定常過程を MA(∞) 表現する。

$$y_t = \sum_{j=0}^{\infty} \psi_j a_{t-j} = \psi(B)a_t, \quad \psi_0 = 1$$

このとき，自己共分散母関数が次のように表されることが知られている。

$$g_y(z) = \sigma_a^2 \times \psi(z)\psi\left(z^{-1}\right)$$

上に見たように，これを 2π で割り，z に $e^{-i\omega}$ を代入したものが，自己共分散系列 $\{\gamma_k\}$ のフーリエ変換 $f(\omega)$ になるから，

$$\begin{aligned} f(\omega) &= \frac{1}{2\pi} g_y\left(e^{-i\omega}\right) \\ &= \frac{1}{2\pi}\sigma_a^2 \psi\left(e^{-i\omega}\right)\psi\left(e^{i\omega}\right) \end{aligned}$$

ARMA(p, q) モデルを次のように表す。

$$\begin{aligned} &\phi_p(B)y_t = \theta_q(B)a_t \\ &\quad \phi_p(B) = 1 - \phi_1 B - \phi_2 B^2 - \cdots - \phi_p B^p \\ &\quad \theta_q(B) = 1 + \theta_1 B + \theta_2 B^2 + \cdots + \theta_q B^q \end{aligned}$$

これを MA(∞) 表現にすると，

$$y_t = \psi(B)a_t = \frac{\theta_q(B)}{\phi_p(B)} a_t$$

したがって，自己共分散系列 $\{\gamma_k\}$ のフーリエ変換 $f(\omega)$ は，

$$\begin{aligned} f(\omega) &= \frac{\sigma_a^2}{2\pi} \frac{\theta_q\left(e^{-i\omega}\right)\theta_q\left(e^{i\omega}\right)}{\phi_p\left(e^{-i\omega}\right)\phi_p\left(e^{i\omega}\right)} \\ &= \frac{\sigma_a^2}{2\pi} \left| \frac{\theta_q\left(e^{-i\omega}\right)}{\phi_p\left(e^{-i\omega}\right)} \right|^2 \\ &= \frac{\sigma_a^2}{2\pi} \frac{\left(1 + \theta_1 e^{-i\omega} + \cdots + \theta_q e^{-iq\omega}\right)\left(1 + \theta_1 e^{i\omega} + \cdots + \theta_q e^{iq\omega}\right)}{\left(1 - \phi_1 e^{-i\omega} - \cdots - \phi_p e^{-ip\omega}\right)\left(1 - \phi_1 e^{i\omega} - \cdots - \phi_p e^{ip\omega}\right)} \end{aligned}$$

ホワイトノイズの母スペクトル

ホワイトノイズ（$y_t = a_t$）の自己共分散関数は，

$$\gamma_k = \begin{cases} \sigma_a^2, & k = 0 \\ 0, & k \neq 0 \end{cases}$$

であるから，母スペクトルは，

$$f(\omega) = \frac{1}{2\pi} \sum_{k=-\infty}^{\infty} \gamma_k e^{-i\omega k} = \frac{\sigma_a^2}{2\pi}, \quad -\pi \leq \omega \leq \pi$$

つまり，母スペクトルは，周波数 ω によらず一定である。すなわち，ホワイト・ノイズはすべての周波数成分を同じ重みで含んでいるということである。

AR(1) 過程の母スペクトル

AR(1) モデル $(1 - \phi B)y_t = a_t$ が定常性の条件（$|\phi| < 1$）を満たせば，MA（∞）表現にすることができ，$y_t = (1 - \phi B)^{-1} a_t$ となる。したがって，母スペクトルは，

$$\begin{aligned} f(\omega) &= \frac{\sigma_a^2}{2\pi} \frac{1}{(1 - \phi e^{-i\omega})(1 - \phi e^{i\omega})} \\ &= \frac{\sigma_a^2}{2\pi} \frac{1}{(1 + \phi^2 - 2\phi \cos \omega)} \end{aligned}$$

$f(\omega)$ の形は，$0 \leq \omega \leq \pi$ の範囲で，ϕ が正の場合は単調減少，負の場合は単調増加になる。ω がゼロに近いということは，周波数が小さい＝波長が長いということである。したがって，ϕ が正である場合は，y_t の変動に対する波長の長い成分の寄与が大きく，波長の短い成分の寄与が小さい，つまり長い周期で変化する傾向が強い（＝トレンドがある）ということになる。

$\phi = 1$ の場合は，ランダム・ウォークであるが，その母スペクトルは，

$$f(\omega) = \frac{\sigma_a^2}{4\pi} \frac{1}{1 - \cos \omega}$$

であり，$\omega \to 0$ で，$f(\omega) \to \infty$ となる（厳密にいえば，ランダム・ウォークは定常過程でない（自己共分散系列が絶対総和可能でない）ので，母スペクトルを定義できない）。

AR(2) 過程の母スペクトル

AR(2) モデルも（特性方程式の解の絶対値が 1 より小さいという）定常性の条件を満たせば，次のように MA(∞) 過程に表現できた（ただし，λ_1，λ_2 は特性方程式の解）。

$$y_t = (1 - \phi_1 B - \phi_2 B^2)^{-1} a_t = (1 - \lambda_1 B)^{-1}(1 - \lambda_2 B)^{-1} a_t$$

したがって，母スペクトルは，

$$\begin{aligned} f(\omega) &= \frac{\sigma_a^2}{2\pi} \times \frac{1}{(1-\lambda_1 e^{-i\omega})(1-\lambda_2 e^{-i\omega})(1-\lambda_1 e^{i\omega})(1-\lambda_2 e^{i\omega})} \\ &= \frac{\sigma_a^2}{2\pi} \times \frac{1}{(1+\lambda_1^2 - 2\lambda_1 \cos\omega)(1+\lambda_2^2 - 2\lambda_2 \cos\omega)} \end{aligned}$$

ここで，特性方程式

$$z^2 - \phi_1 z - \phi_2 = (z - \lambda_1)(z - \lambda_2) = 0$$

から，

$$\phi_1 = \lambda_1 + \lambda_2, \quad -\phi_2 = \lambda_1 \lambda_2$$

を使って整理すると，次のように ϕ_1，ϕ_2 の式で表せる。

$$f(\omega) = \frac{\sigma_a^2}{2\pi} \times \frac{1}{(1+\phi_1^2+\phi_2^2) - 2\phi_1(1-\phi_2)\cos\omega - 2\phi_2 \cos 2\omega}$$

ω で微分をすると，

$$\frac{df}{d\omega} = -\frac{\sigma_a^2}{2\pi} \times \frac{(2\phi_1(1-\phi_1) + 8\phi_2 \cos\omega)\sin\omega}{\left((1+\phi_1^2+\phi_2^2) - 2\phi_1(1-\phi_2)\cos\omega - 2\phi_2\cos 2\omega\right)^2}$$

となり $0 < \omega < \pi$ の間に $\sin\omega > 0$ であるが，$\cos\omega$ は正から負に変わるので（ϕ_1，ϕ_2 の大きさにもよるが）スペクトル $f(\omega)$ が単調増・減でないパターンを描く可能性がある。

MA(1) モデルの母スペクトル

MA(1) モデル $y_t = (1 + \theta B)a_t$ は $\psi(B) = 1 + \theta B$，したがって，

$$f(\omega) = \frac{\sigma_a^2}{2\pi}(1 + \theta e^{-i\omega})(1 + \theta e^{i\omega})$$

$$= \frac{\sigma_a^2}{2\pi}(1 + \theta^2 + 2\theta\cos\omega)$$

したがって，$f(\omega)$ の形は $\cos\omega$ によって決まり，θ が正であれば $0 \leq \omega \leq \pi$ の範囲で単調減少，負であれば単調増加となる。

ARMA(1, 1) モデルの母スペクトル

ARMA(1, 1) モデル，$(1 - \phi B)\, y_t = (1 + \theta B)\, a_t$ の母スペクトルは，

$$f(\omega) = \frac{\sigma_a^2}{2\pi}\frac{(1 + \theta e^{-i\omega})(1 + \theta e^{i\omega})}{(1 - \phi e^{-i\omega})(1 - \phi e^{i\omega})}$$
$$= \frac{\sigma_a^2}{2\pi}\frac{(1 + \theta^2 + 2\theta\cos\omega)}{(1 + \phi^2 - 2\phi\cos\omega)}$$

この式の導関数は，

$$\frac{df(\omega)}{d\omega} = \frac{-2\left[\theta(1 + \phi^2) + \phi(1 + \theta^2)\right]\sin(\omega)}{(1 + \phi^2 - 2\phi\cos\omega)^2}$$

$0 < \omega < \pi$ で，$\sin\omega > 0$ であるから，$-2\left[\theta(1 + \phi^2) + \phi(1 + \theta^2)\right]$ の正・負で，スペクトルが単調増加か単調減少となる。

R による母スペクトルの作図

AR(1) モデルと AR(2) モデルについて，パラメータ ϕ, ϕ_1, ϕ_2 の値を様々に変えた場合に，母スペクトルがどのようなパターンを描くか，R でシミュレーションしてみよう。以下では，σ_a^2 と ϕ, ϕ_1, ϕ_2 の値を引数で与えて，母スペクトルのグラフを描くユーザー定義関数 ar1( ) と ar2( ) を作成して作図を行っている。

```
# 図 34
# 母スペクトルを描く
#AR(1) モデルの母スペクトル
ar1 <- function(sig2,phi){
w <- seq(0,pi,0.005*pi)
y <- (sig2/(2*pi))*(1/(1+phi^2-2*phi*cos(w)))
ttl <- paste("AR(1) : phi = ",phi)
yl <- c(0,max(y)*1.05)
```

```
plot(w,y,type="l",ylim=yl,main=ttl,axes=FALSE)
lbl <- c("0","0.2pi","0.4pi","0.6pi","0.8pi","pi")
axis(1,at=seq(0,pi,0.2*pi),label=lbl)
axis(2);box( )
}
#AR(2) モデルの母スペクトル
ar2 <- function(sig2,phi1,phi2){
w <- seq(0,pi,0.005*pi)
y1 <- (1+phi1^2+phi2^2)-2*phi1*(1-phi1)*cos(w)
y2 <- -2*phi2*cos(2*w)
y <- (sig2/(2*pi))*(1/(y1+y2))
ttl <- paste("AR(2) : phi1 = ",phi1," phi2 = ",phi2)
yl <- c(0,max(y)*1.05)
plot(w,y,type="l",ylim=yl,main=ttl,axes=FALSE)
lbl <- c("0","0.2pi","0.4pi","0.6pi","0.8pi","pi")
axis(1,at=seq(0,pi,0.2*pi),label=lbl)
axis(2);box( )
}
# 作図の実行
par(mfrow=c(3,2))
ar1(1.2,0.8)
ar1(1.2,0.3)
ar1(1.2,-0.5)
ar2(1.2,0.5,0.2)
ar2(1.2,0.8,0.2)
ar2(1.2,0.5,-0.3)
par(mfrow=c(1,1))
```

練習問題

上記のプログラムにならい，MA(1) モデル，ARMA(1, 1) モデルの母スペクトルを描くユーザー定義関数を作成し，パラメータの値によるスペクトル

図34

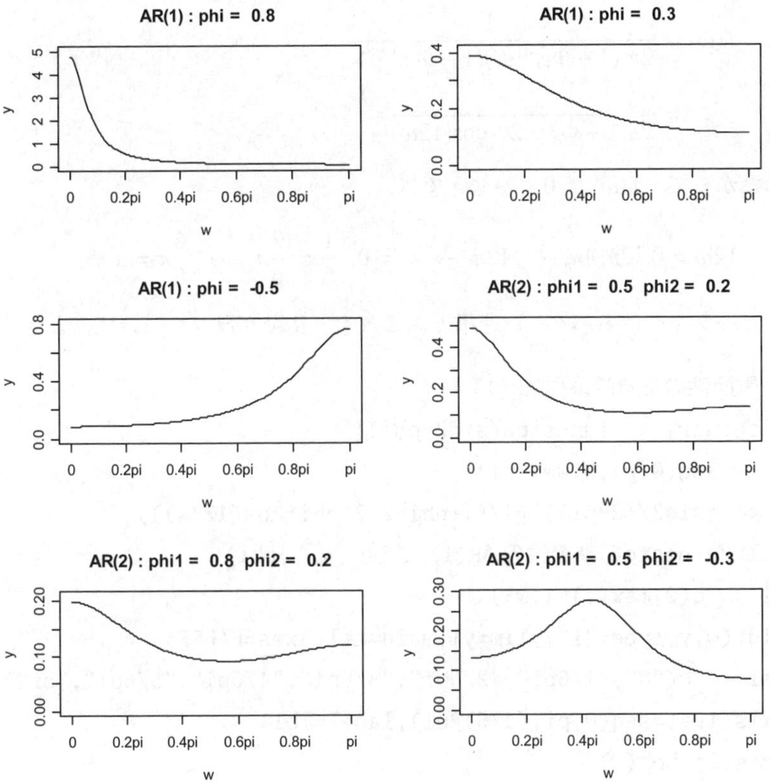

のパターンの違いを確認せよ。

20.2.3　季節性のあるデータの母スペクトル

たとえば，月次データで明確な季節性があれば，y_t と y_{t-12} の相関が強くなるが，母スペクトルのうえでは，ω が $2\pi \times \frac{k}{12}$, $k = 0, 1, 2, \cdots, 6$ でにスパイクをつけるという形に現れる。最も簡単な 12 ヵ月ごとの季節性のある定常過程は，次の AR 過程としてモデル化できる。

$$(1 - \Phi B^{12})y_t = a_t$$

これから，スペクトルは，

$$f(\omega) = \frac{\sigma_a^2}{2\pi}\frac{1}{(1-\Phi e^{-i12\omega})(1-\Phi e^{i12\omega})}$$
$$= \frac{\sigma_a^2}{2\pi}\frac{1}{1+\Phi^2-2\Phi\cos(12\omega)}$$

したがって，$f(\omega)$ は $0 \leq \omega \leq \pi$ では，

$$12\omega = 0,\ 2\pi, 4\pi, \cdots, 12\pi \ \rightarrow\ \omega = 0,\ \frac{1}{6}\pi,\ \frac{2}{6}\pi,\ \cdots,\ \frac{6}{6}\pi = \pi$$

でピークをつけるパターンを描く。これも，R でグラフに描いてみよう。

```
# 季節性のある時系列 AR(1)
kisetuar1 <- function(sig2,phi){
w <- seq(0,pi,0.005*pi)
y <- (sig2/(2*pi))*(1/(1+phi^2-2*phi*cos(12*w)))
ttl <- paste("季節性の AR(1) : phi = ",phi)
yl <- c(0,max(y)*1.05)
plot(w,y,type="l",ylim=yl,main=ttl,axes=FALSE)
lbl <- c("0","1/6pi","2/6pi","3/6pi","4/6pi","5/6pi","pi")
axis(1,at=seq(0,pi,(1/6)*pi),label=lbl)
axis(2);box( )
}
# 作図の実行
kisetuar1(1.2,0.8)
```

20.2.4 標本スペクトルの推定

以上では，定常確率過程の母スペクトル（つまり，理論値）について述べたが，観察された時系列データ y_1, y_2, $\cdots$, y_T から，その発生メカニズム（DGP）のスペクトルを推定しよう。これまでの説明から，標本スペクトルの推定方法には次の 3 通りの方法が考えられる。

標本自己相関係数 $\hat{\gamma}_k$ による

スペクトルが，

$$f(\omega) = \frac{1}{2\pi}\sum_{k=-\infty}^{\infty}\gamma_k \times e^{-i\omega k}$$
$$= \frac{1}{2\pi}\left(\gamma_0 + 2\sum_{k=1}^{\infty}\gamma_k \cos\omega k\right), \quad -\pi \leq \omega \leq \pi$$

であるから，この自己共分散 γ_k を標本自己共分散 $\hat{\gamma}_k$ に置き換えたものを標本スペクトルとするというのが最も直観的である。もちろん，標本自己共分散 $\hat{\gamma}_k$ は有限の k に対応するものしか作ることができない（最大でも，$k = T - 1$）。

$$\hat{f}(\omega) = \frac{1}{2\pi}\sum_{k=-(T-1)}^{(T-1)}\hat{\gamma}_k \times e^{-i\omega k}$$
$$= \frac{1}{2\pi}\left(\hat{\gamma}_0 + 2\sum_{k=1}^{(T-1)}\hat{\gamma}_k \cos\omega k\right), \quad -\pi \leq \omega \leq \pi$$

この推定量は標本数が十分に大きければ，近似的に（母）スペクトルの不偏推定量になるという良い性質を持つ一方，標本数が増えても分散がゼロに収束しない（一致推定量でない）という問題点もある。

ペリオドグラムによる

先に述べたペリオドグラム（$I(\omega_k)$）とスペクトルの間には，次の関係があることを示すことができる。

$$\hat{f}(\omega_k) = \frac{1}{4\pi}I(\omega_k), \quad k = 1,\ 2,\ \cdots,\ [n/2]$$

したがって，

$$\omega_k = \frac{2\pi k}{T}, \qquad k = 1,\ 2,\ \cdots,\ [n/2]$$

という離散的な ω_k の値に対応するものではあるが，ペリオドグラムからスペクトルの推計値を作ることができる。

ARMA モデルの推定による

観察されたデータに ARMA モデルをあてはめ，推定されたパラメータ $\hat{\phi}_k$, $\hat{\theta}_j$, $\hat{\sigma}_a^2$ を

$$f(\omega) = \frac{\sigma_a^2}{2\pi}\frac{\theta(e^{-i\omega})\theta(e^{i\omega})}{\phi(e^{-i\omega})\phi(e^{i\omega})}$$
$$= \frac{\sigma_a^2}{2\pi}\left|\frac{\theta(e^{-i\omega})}{\phi(e^{-i\omega})}\right|^2$$

に代入して，スペクトルの推定値を求める。

練習問題

標本時系列 y_t を引数に与えて，上記の 3 つの方法で標本スペクトルを求める R のプログラム（ユーザー定義関数）を作成せよ。

20.2.5 標本スペクトルを求める spectrum( ) 関数

R には標本時系列 y の標本スペクトルを計算し，グラフに表示する spectrum( ) 関数がある。この関数は，引数 `method=` に，`"pgrm"` を与えると，ペリオドグラムから標本スペクトルを計算する spec.pgrm( ) 関数を呼び出し，`"ar"` を与えると，データに AR モデルをあてはめて標本スペクトルを計算する spec.ar( ) 関数を呼び出す（引数 `method=` のデフォルトは `"pgrm"` になっている）。

- spec.pgrm( ) 関数で計算する場合，ペリオドグラムは変動が大きいので，modified Daniell smoothers（移動平均の一種）で平滑化するための引数 spans= が用意されている。
- spec.ar( ) 関数で計算する場合の AR(p) の次数 p は，引数 `order=` で指定することもできる。指定しなければ自動的に AIC の最小のものを選んで計算する。
- グラフの横軸は，振動数（frequency）を単位としているので，$0 < \omega < \pi$ を $0 < f < 0.5$ で表している。

次のプログラムでは，arima.sim( ) 関数で，AR(1) 系列と AR(2) 系列の標本データを作り，その標本スペクトルをグラフに描いている。AR(1) 系列については，(1) 生のペリオドグラムによる場合，(2) 平滑化した場合，(3)AR モデルのあてはめで計算した場合の 3 通りを行っている。

```
# spectrum( ) 関数の実習
# AR(1)  φ= 0.8   系列を作る
yar108 <- arima.sim(n=100, list(ar=0.8),innov=rnorm(100,sd=
1.4))
# AR(2)  φ 1=0.5, φ 2=-0.3 系列を作る
yar2 <- arima.sim(n=100,list(ar=c(0.5,-0.3)),innov=rnorm(100,
sd=1.4))
# spectrum( ) 関数によるグラフを描く。
par(mfrow=c(2,2))
spectrum(yar108)
spectrum(yar108,spans=c(5,5))
spectrum(yar108,method="ar")
spectrum(yar2,spans=c(5,5))
par(mfrow=c(1,1))
```

20.3　フィルタリング

20.3.1　フィルター関数

次のような定常過程 y_t から定常過程 z_t への変換を考える。

$$z_t = \sum_{j=-\infty}^{\infty} \alpha_j y_{t-j} = \alpha(B) y_t$$

ただし，

$$\alpha(B) = \sum_{j=-\infty}^{\infty} \alpha_j B^j, \qquad \sum_{j=-\infty}^{\infty} |\alpha_j| < \infty$$

y_t を（項数が無限で）移動平均したものが z_t であると考えることができる。このとき，y_t のスペクトル $f_y(\omega)$ と z_t のスペクトル $f_z(\omega)$ の間に，次の

関係が成り立つことがわかっている。

$$f_z(\omega) = \left|\alpha(e^{i\omega})\right|^2 f_y(\omega)$$

ここで,

$$\left|\alpha(e^{i\omega})\right|^2 = \alpha(e^{i\omega})\alpha(e^{-i\omega})$$

これは「フィルター関数」と呼ばれる。

単純な移動平均の効果

m 項の単純な移動平均

$$z_t = \frac{1}{m}\sum_{j=0}^{m-1} y_{t-j} = \alpha(B)y_t, \quad \alpha(B) = (\sum_{j=0}^{m-1} B^j)/m, \quad m \geq 2$$

を考える。この「フィルター関数」は,

$$\begin{aligned}\left|\alpha(e^{i\omega})\right|^2 &= \frac{1}{m^2}\left(\sum_{j=0}^{m-1} e^{i\omega j}\right)\left(\sum_{j=0}^{m-1} e^{-i\omega j}\right)\\ &= \frac{1}{m^2} \quad \frac{1-\cos m\omega}{1-\cos\omega}\end{aligned}$$

最後に導いた式の分子 $1-\cos m\omega$ は, $\omega = 2k\pi/m \quad \text{for } k = 1, 2, \cdots, [m/2]$ においてゼロになる。いま $m = 12$ とすれば, $\omega = 2\pi\times\frac{1}{12}$, $2\pi\times\frac{2}{12}$, $\cdots$, $2\pi\times\frac{6}{12}(=\pi)$ でゼロになるが, これは先に述べた季節性のある月次データのスペクトルがピークをつける ω であるから, 移動平均という作業によってこれらのピークが打ち消されることになる。これから, 月次データで 12 ヵ月の移動平均をとることが,「季節性を均す」操作になっていることがわかる。

R による実習

実質民間最終消費支出・原系列 CP とその 4 期移動平均の標本スペクトルを比べてみよう。

```
#データの読み込み
xdata <- read.csv("GDPO1980TABLE.csv",skip=2,header=TRUE)
CP <- ts(xdata$CP,start=c(1980,1),frequency=4)
```

```
# 移動平均フィルター
par(mfrow=c(2,2))
ttl <-"民間最終消費支出 CP・原系列"
plot(CP,type="l",main=ttl)
ttl="CP の標本スペクトル"
spectrum(CP,method="ar",ann=FALSE,axes=FALSE,main=ttl)
lbl <- c("0","0.25pi","0.5pi","0.75pi","pi")
axis(1,at=seq(0,0.5,0.125),label=lbl)
axis(2);box( )
# 4 期移動平均をとる
ACP <- filter(CP,rep(1/4,4),side=1,circular=FALSE)
ttl <-"CP の 4 期移動平均 ACP"
plot(ACP,type="l", main=ttl)
AACP <- ACP[4:length(ACP)]
ttl="移動平均 ACP の標本スペクトル"
spectrum(AACP,method="ar",ann=FALSE,axes=FALSE,main=ttl)
axis(1,at=seq(0,0.5,0.125),label=lbl)
axis(2);box( )
par(mfrow=c(1,1))
```

- 原系列 CP のスペクトルは，$\omega = 0, \pi/2, \pi$ でピークを持つ。
- 4 期移動平均 ACP は，$\omega = 0$ 以外のピークがなくなり，季節性が除去されたことが標本スペクトルからも明確である。

なお，厳密にいえば CP，ACP は定常過程とはいえないので，スペクトルの議論をあてはめるのは適切でない。

前期差（差分）をとる効果

これは，

$$z_t = (1 - B)y_t = \alpha(B)y_t$$

したがって，フィルター関数は，

$$\left|\alpha(e^{i\omega})\right|^2 = (1 - e^{i\omega})(1 - e^{-i\omega}) = 2(1 - \cos\omega)$$

フィルター関数は $\omega=0$ でゼロとなり，ω とともに単調増加し，$\omega=\pi$ で最大値 4 となる。つまり，差分をとるということが，周波数の小さい（＝波長の長い）成分を取り除く（つまりトレンドを除く）という操作になっていることを示している。

R による実習

CP の前期差をとった DCP の標本スペクトルを CP の標本スペクトルと比較してみよう。

```
#前期差
par(mfrow=c(2,2))
ttl="CP の標本スペクトル"
spectrum(CP,method="ar",ann=FALSE,axes=FALSE,main=ttl)
lbl <- c("0","0.25pi","0.5pi","0.75pi","pi")
axis(1,at=seq(0,0.5,0.125),label=lbl)
axis(2);box( )
DCP <- diff(CP)
ttl="CP の差分 DCP の標本スペクトル"
spectrum(DCP,method="ar",ann=FALSE,axes=FALSE,main=ttl)
lbl <- c("0","0.25pi","0.5pi","0.75pi","pi")
axis(1,at=seq(0,0.5,0.125),label=lbl)
axis(2);box( )
# 差分の移動平均をとる
ADCP <- filter(DCP,rep(1/4,4),side=1,circular=FALSE)
AADCP <- ADCP[4:length(ADCP)]
ttl="差分 DCP の 4 期移動平均の標本スペクトル"
spectrum(AADCP,method="ar",ann=FALSE,axes=FALSE,main=ttl)
axis(1,at=seq(0,0.5,0.125),label=lbl)
axis(2);box( )
ttl <-"DCP と 4 期移動平均 ADCP"
plot(DCP,type="l",main=ttl,ylim=c(-10,10))
lines(ADCP,type="l",col=2)
han <-c("DCP","ADCP")
```

```
legend(1993,10,legend=han,lty=c(1),col=c(1,2),box.lty=0)
par(mfrow=c(1,1))
```

- 差分をとることで，$\omega = 0$ のピークがなくなり，トレンド（＝長い波長成分）が除去されたことがわかる。
- さらに，差分の 4 期移動平均をとると季節変動を示す $\omega = 2/4\pi, 4/4\pi$ のピークもなくなる。差分の移動平均の変動はかなり小さいものになっていることに注意が必要である。

スルツキー効果（見せかけの周期性）

上では，（ARMA モデル推定の手順にある）トレンドを取り除き定常化するために「差分をとる」ことの意義がスペクトルの観点から把握できたが，一方，差分をとる操作により，原データには存在しない見せかけの周期性が生じるという「副作用」の危険性があることをスペクトルを通してみることができる。

まず，2 つの線型フィルター $a_1(B)$ と $a_2(B)$ を y_t に作用させるとする。

$$z_t = a_1(B)a_2(B)y_t$$

そのフィルター関数は，$|a_1(B)|^2|a_2(B)|^2$ である。したがって，差分をとるという操作を d 回繰り返す場合のフィルター関数は，

$$|a_d(\omega)|^2 = |1 - e^{-i\omega}|^d = 2^d(1 - \cos\omega)^d$$

反対に，1 期前を加える操作（$y_t + y_{t+1}$）を s 回繰り返す場合のフィルター関数は，

$$|a_s(\omega)|^2 = |1 + e^{-i\omega}|^d = 2^s(1 + \cos\omega)^s$$

これらを合成した場合のフィルター関数は，

$$|a(\omega)|^2 = 2^{d+s}(1 - \cos\omega)^d(1 + \cos\omega)^s$$

$(1 - \cos\omega)^d$ の部分は $\omega = 0$ でゼロから始まり，$\omega = \pi$ で最大値 2^d となる単調増加であり，一方，$(1 + \cos\omega)^s$ は $\omega = 0$ での最大値 2^s から単調減少し，$\omega = \pi$ でゼロとなる。これらの積であるフィルター関数は，$\omega = 0$ でゼロから始まって増加し，ある ω_0 のときに最大値をとり，そこから減少して

$\omega = \pi$ で再びゼロとなるという「山形」のプロファイルを描く[1]。仮にもとの y_t に周期性がない（たとえばホワイト・ノイズである）としてもその差分をとったり戻したりする操作を加えると，このフィルター関数が示すように「見せかけの周期性」が発生する危険性がある。直線の式で表される確定的なトレンドと攪乱項（ホワイト・ノイズ）からなる時系列

$$y_t = \alpha + \beta \times t + a_t$$

に（回帰式などで）直線をあてはめてトレンドを取り除けば，a_t というホワイト・ノイズになるが，差分をとった場合は，

$$z_t \equiv y_t - y_{t-1} = \beta + a_t - a_{t-1} = \beta + (1 - B)a_t$$

という MA(1) 過程になり，周波数が π に近い成分の多い「波」となる。

R による実習

確定的トレンド＋ホワイト・ノイズの標本系列 (*y*) を作り，これに最小二乗法で直線をあてはめた残差系列 et と，*y* の差分をとったもの dy の標本スペクトルを比較する。

```
# スルツキー効果
# 確定的トレンドの系列を作る
time <- 1:100; at <- rnorm(100, sd=1.5)
y <- 5 + 0.2*time + at
kaiki1 <- lm(y ~ time)
par(mfrow=c(2,1))
ttl <- "確定トレンド系列"
plot(y,type="l",main=ttl,xlab="")
abline(kaiki1)
#回帰の誤差
et <- kaiki1$resid
#回帰の誤差のスペクトル
kaiki <- spectrum(et, method="ar",plot=FALSE)
```

[1] $\cos \omega_0 = \dfrac{d-s}{d+s}$ で，最大値は $2^{2(d+s)} \dfrac{s^d \times s^d}{(d+s)^{d+s}}$

```
# yの差分をとる
dy <- diff(y)
# 差分のスペクトル
sabun <- spectrum(dy,method="ar",plot=FALSE)
w1 <- kaiki$freq; y1 <-kaiki$spec
w2 <- sabun$freq; y2 <- sabun$spec
yl <- c(0,max(y1,y2))
ttl <- "見せ掛けの周期性"
plot(w1,y1,type="l",ylim=yl,axes=FALSE,main=ttl,xlab="",ylab="")
lines(w2,y2,lty=2)
lbl <- c("0","0.2pi","0.4pi","0.6pi","0.8pi","pi")
axis(1,at=seq(0,0.5,0.1),label=lbl)
axis(2);box( )
han <- c("回帰残差","差分")
legend(0,max(y1,y2),legend=han,lty=c(1,2))
par(mfrow=c(1,1))
```

差分系列の「見せかけの周期性」が顕著であろう。われわれは，単位根過程で系列が確定的トレンドを持つか，確率的トレンドを持つかを判別したうえで，系列を定常化するための変換（回帰式をあてはめて確定的トレンドを除くか，差分をとって単位根を除くか）を決めた。安易に差分をとることで定常化すると，真のデータ発生メカニズム DGP からずれてしまうことが，スペクトルの学習からもわかった。

20.3.2　バンド・パス・フィルター

以上では，時系列 y_t を，ある線型変換 $z_t = \alpha(B)y_t = \sum_{j=-\infty}^{\infty} \alpha_j B^j y_t$ で変換した z_t のスペクトルが y_t のスペクトルからどう変わるかを見てきた。発想を逆転して，

$$f_z(\omega) = \left|\alpha(e^{i\omega})\right|^2 f_y(\omega)$$

の y_t（したがって，$f_y(\omega)$）が与えられた場合，望みの $f_z(\omega)$ をもたらす線型変換 α_j,　$j = 0, \pm 1, \pm 2, \cdots$, が作れるかということを考える。

フィルター関数 $\left|\alpha(e^{i\omega})\right|^2 = \alpha(e^{i\omega})\alpha(e^{-i\omega})$ の要素 $\alpha(e^{i\omega})$ は,

$$\alpha(e^{i\omega}) = \sum_{j=-\infty}^{\infty} \alpha_j e^{-i\omega j}$$

であるから，これと（離散）フーリエ変換の式,

$$y_t = \int_{-\pi}^{\pi} f(\omega) \times e^{i\omega t} d\omega, \quad t = 0,\ \pm 1,\ \pm 2,\ \cdots$$

$$f(\omega) = \frac{1}{2\pi} \sum_{t=-\infty}^{\infty} y_t e^{-i\omega t}, \quad -\pi \leq \omega \leq \pi$$

を見比べれば,

$$\frac{1}{2\pi}\alpha(e^{i\omega}) = \frac{1}{2\pi} \sum_{j=-\infty}^{\infty} \alpha_j e^{-i\omega j}$$

の逆変換として，次の式で α_j が求まることがわかる。

$$\alpha_j = \int_{-\pi}^{\pi} \frac{1}{2\pi}\alpha(e^{i\omega}) e^{i\omega j} d\omega \quad j = 0,\ \pm 1,\ \pm 2,\ \cdots$$

以上の考え方に立って，y_t から「特定の周期性の成分を取り出す」（＝ y_t のうちの周波数 $-\omega_c < \omega < \omega_c$ の部分だけからなる時系列 z_t を作る）ことを考える。つまり，フィルター関数が

$$\left|\alpha(e^{i\omega})\right|^2 = \begin{cases} 1 & \text{if} \quad \omega < |\omega_c| \\ 0 & \text{if} \quad \omega \geq |\omega_c| \end{cases}$$

となるような $\alpha_j \quad j = 0,\ \pm 1,\ \pm 2,\ \cdots$ を作るのである。

$$\begin{aligned} \alpha_j &= \int_{-\pi}^{\pi} \frac{1}{2\pi}\alpha(e^{i\omega}) e^{i\omega j} d\omega \\ &= \int_{-\omega_c}^{\omega_c} \frac{1}{2\pi} \times 1 \times e^{i\omega j} d\omega \end{aligned}$$

$j = 0$ のとき,

$$\alpha_0 = \int_{-\omega_c}^{\omega_c} \frac{1}{2\pi} d\omega = \frac{\omega_c}{\pi}$$

$j = \pm 1,\ \pm 2,\ \cdots$ では,

$$\alpha_j = \int_{-\omega_c}^{\omega_c} \frac{1}{2\pi} e^{i\omega j} d\omega = \frac{1}{2\pi}\left[\frac{e^{i\omega j}}{i \times j}\right]_{-\omega_c}^{\omega_c} = \frac{1}{\pi \times j}\sin(\omega_c j)$$

となる。α_j は，$j = 0, \pm 1, \pm 2, \cdots$ の無限系列であるが，時系列データ $y_1, y_2, \ldots, y_T$ に見合った適当な長さ $j = 0, \pm 1, \pm 2, \cdots, n$ までを使って線型変換を作り，

$$z_t = \sum_{j=-n}^{n} \alpha_j y_{t-j}$$

で，$-\omega_c \le \omega \le \omega_c$ の周波数成分からなる系列 z_t を抽出する。

- 上記で作ったフィルターは，周波数ゼロを中心に $-\omega_c \le \omega \le \omega_c$ という，低周波数の部分を抽出するフィルターなので「ロー・パス・フィルター」と呼ばれる。
- $y_t - z_t$ の残りの部分は高い周波数部分となり，そうした部分を抽出するフィルターは「ハイ・パス・フィルター」と呼ばれる。
- 特定の周波数帯 $\omega_1 \le \omega \le \omega_2$ の成分だけを取り出すフィルターは「バンド・パス・フィルター」と呼ばれる。それは，$-\omega_1 \le \omega \le \omega_1$ の成分を取り出すロー・パス・フィルター $\alpha_{\omega_1}(e^{i\omega})$ と $-\omega_2 \le \omega \le \omega_2$ の成分を取り出すロー・パス・フィルター $\alpha_{\omega_2}(e^{i\omega})$ の差，$\alpha_b = \alpha_{\omega_2}(e^{i\omega}) - \alpha_{\omega_1}(e^{i\omega})$ として求められる。

R による実習

先に用いた，実質民間消費支出 CP の差分の 4 期移動平均をとったもの（つまり，トレンドと季節変動を除去した系列）AADCP について，ロー・パス・フィルター，ハイ・パス・フィルター，バンド・パス・フィルターを適用した系列を作り，その効果をスペクトルをグラフに描いてみてみよう。

まず，上記の式によって，ロー・パス・フィルターの α_j を計算するユーザー定義関数 bandwt( ) を作る。

```
# 図 35
# ローパス・フィルターの移動平均ウエイトを作るユーザー定義関数
# k :   w < |π/k|のバンドを抽出する
# m :   2m+1 個の移動平均ウエイトを作る
bandwt <- function(k,m){
omega <- pi/k; a0 <- omega/pi
```

図35

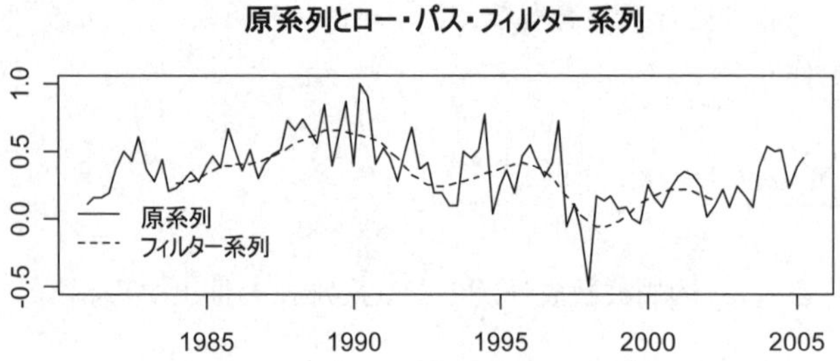

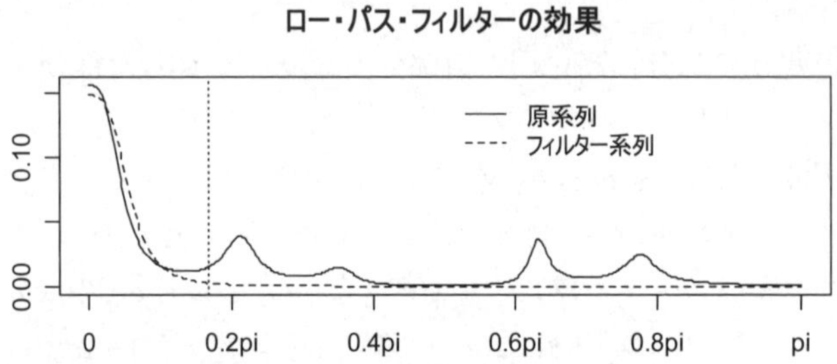


```
alph <- numeric(m)
for (j in 1:m){
alph[j] <- (1/(pi*j))*sin(omega*j)
}
aw <- c(rev(alph),a0,alph)
return(aw)
}
# 上記の実行
ww1 <- bandwt(6,12)
```

- 引数 k は，周波数のバンド $(-\omega_c \leq \omega \leq \omega_c)$ の ω_c を $\omega_c = \pi/k$ として与えるためのものである。つまり，$k = 6$ ならば，抽出する周波数のバンドは，

$$-\frac{\pi}{6} \leq \omega \leq \frac{\pi}{6}$$

である。

- 引数 m は，移動平均の項数を $2m+1$ とする指示である。

以下は，このロー・パス・フィルターを AADCP に適用するプログラムである。

```
#データの読み込み
xdata <- read.csv("GDPO1980TABLE.csv",skip=2,header=TRUE)
CP <- ts(xdata$CP,start=c(1980,1),frequency=4)
DCP <- diff(CP)
ADCP <- filter(DCP,rep(1/4,4),side=1,circular=FALSE)
AADCP <- ts(ADCP[4:length(ADCP)],start=c(1981,1),frequency=4)
par(mfrow=c(2,1))
#ロー・パス・フィルターの適用
LOWDCP1 <- filter(AADCP,ww1,side=2,circular=FALSE)
LOWDCPA1 <- LOWDCP1[13:(length(LOWDCP1)-12)]
LOWDCPA2 <- ts(LOWDCPA1,start=c(1984,1),frequency=4)
ttl <- "原系列とロー・パス・フィルター系列"
ts.plot(AADCP,LOWDCPA2,type="l",lty=c(1,2),main=ttl,xlab="")
han <- c("原系列","フィルター系列")
legend(1980,0.25,legend=han,lty=c(1,2),box.lty=0)
# スペクトルを計算する
kekka1 <- spectrum(AADCP, method="ar",plot=FALSE)
kekka2 <- spectrum(LOWDCPA2,method="ar", plot=FALSE)
w1 <- kekka1$freq; y1 <- kekka1$spec
w2 <- kekka2$freq; y2 <- kekka2$spec
yl <- c(0,max(y1,y2))
ttl <- "ロー・パス・フィルターの効果"
plot(w1,y1,type="l",ylim=yl,axes=FALSE,main=ttl,xlab="",
ylab="")
lines(w2,y2,lty=2); abline(v=(1/6)*0.5,lty=3)
lbl <- c("0","0.2pi","0.4pi","0.6pi","0.8pi","pi")
axis(1,at=seq(0,0.5,0.1),label=lbl)
```

```
axis(2);box( )
han <- c("原系列","フィルター系列")
legend(0.25,max(y1,y2),legend=han,lty=c(1,2),box.lty=0)
par(mfrow=c(1,1))
```

結果を見れば，原系列のスペクトルの $\omega > \pi/6$ の部分にあった2つの「山」が削られて，低周波数部分のみのスペクトルとなっていることがわかる。

反対に $|\omega| > \pi/6$ のハイ・パス・フィルターを掛けた系列は，原系列からロー・パス・フィルターを掛けた系列を引けば求められる。これについて上記同様に，データの動きとスペクトルを描き出すプログラムを次に示す。

```
# 周波数の高い成分
HIGHDCP1 <- AADCP - LOWDCP1
HIGHDCPA1 <- HIGHDCP1[13:(length(HIGHDCP1)-12)]
HIGHDCPA2 <- ts(HIGHDCPA1,start=c(1984,1),frequency=4)
par(mfrow=c(2,1))
ttl <- "原系列とハイ・パス・フィルター系列"
ts.plot(AADCP,HIGHDCPA2,type="l",lty=c(1,2),main=ttl,xlab="")
han <- c("原系列","フィルター系列")
legend(1997,1,legend=han,lty=c(1,2),box.lty=0)
# スペクトルを計算する
kekka1 <- spectrum(AADCP, method="ar",plot=FALSE)
kekka2 <- spectrum(HIGHDCPA2,method="ar", plot=FALSE)
w1 <- kekka1$freq; y1 <- kekka1$spec
w2 <- kekka2$freq; y2 <- kekka2$spec
yl <- c(0,max(y1,y2))
ttl <- "ハイ・パス・フィルターの効果"
plot(w1,y1,type="l",ylim=yl,axes=FALSE,main=ttl,xlab="",
ylab="")
lines(w2,y2,lty=2); abline(v=(1/6)*0.5,lty=3)
lbl <- c("0","0.2pi","0.4pi","0.6pi","0.8pi","pi")
axis(1,at=seq(0,0.5,0.1),label=lbl)
axis(2);box( )
```

```
han <- c("原系列","フィルター系列")
legend(0.25,max(y1,y2),legend=han,lty=c(1,2),box.lty=0)
par(mfrow=c(1,1))
```

次に，$\frac{3}{4}\pi \leq \omega \leq \frac{1}{2}\pi$ の周波数領域に対応する「波」を抽出するバンド・パス・フィルターを掛ける。これは，$-\frac{1}{2}\pi \leq \omega \leq \frac{1}{2}\pi$ を抽出するフィルター移動平均ウエイトから $-\frac{3}{4}\pi \leq \omega \leq \frac{3}{4}\pi$ を抽出するフィルター移動平均ウエイトを引いたものを移動平均ウエイトとして使えばよい。以下にそのプログラムを示す。

```
# バンドパス・フィルター
ww2 <- bandwt(2,12)
ww3 <- bandwt(4/3,12)
ww <- ww3-ww2
BANDDCP <- filter(AADCP,ww,side=2,circular=FALSE)
BANDDCPA <- BANDDCP[13:(length(BANDDCP)-12)]
BANDDCPA2 <- ts(BANDDCPA,start=c(1984,1),frequency=4)
par(mfrow=c(2,1))
ttl <- "原系列とバンドパス・フィルター系列"
ts.plot(AADCP,BANDDCPA2,type="l",lty=c(1,2),main=ttl,xlab="")
han <- c("原系列","フィルター系列")
legend(1997,1,legend=han,lty=c(1,2),box.lty=0)
# スペクトルを計算する
kekka1 <- spectrum(AADCP, method="ar",plot=FALSE)
kekka2 <- spectrum(BANDDCPA2,method="ar", plot=FALSE)
w1 <- kekka1$freq; y1 <- kekka1$spec
w2 <- kekka2$freq; y2 <- kekka2$spec
yl <- c(0,max(y1,y2))
ttl <- "バンドパス・フィルターの効果"
plot(w1,y1,type="l",ylim=yl,axes=FALSE,main=ttl,xlab="",
ylab="")
lines(w2,y2,lty=2)
abline(v=(1/2)*0.5,lty=3)
```

```
abline(v=(3/4)*0.5,lty=3)
lbl <- c("0","0.2pi","0.4pi","0.6pi","0.8pi","pi")
axis(1,at=seq(0,0.5,0.1),label=lbl)
axis(2);box( )
han <- c("原系列","フィルター系列")
legend(0.25,max(y1,y2),legend=han,lty=c(1,2),box.lty=0)
par(mfrow=c(1,1))
```

練習問題

上期（CP）と同様の分析を民間設備投資（IP）について行え。ローパス・フィルターを通して得られた系列のピークをつける周波数は，周期に直すと何四半期（何年）になるか（第 8 章 景気循環で学んだジュグラー循環（設備投資循環）の 7～10 年に対応するものになっているか）。（ヒント：$2\pi/\omega$ が周期（期数）になるから，それを 4 で割れば年になる。）

20.3.3 H-P フィルター（Hodrick-Prescott filter）

時系列データから周期的要素を抜き出すポピュラーな手法に H-P フィルターがある。これは，$y_t = \mu_t + z_t$ （μ_t はトレンド要素）として，次式（第 2 項の制約条件のもとで，z_t の二乗和）を最小にする μ_t を求めるものである。

$$\sum_{t=1}^{T} z_t^2 + \lambda \sum_{t=1}^{T} [(\mu_{t+1} - \mu_t) - (\mu_t - \mu_{t-1})]^2$$

第 2 項は μ_t の「滑らかさ」に関する制約条件であり，μ_t が直線トレンドであれば，第 2 項はゼロになる。μ_t の動きが y_t と同じであれば，$z_t = 0$ (for $\forall t$) で，第 1 項がゼロとなる。その中間で，トレンドの「滑らかさ」をどれだけ重視するかをラグランジェ乗数 λ で決めている（λ が大きいほど滑らかさを重視し，$\lambda \to \infty$ の場合は，μ_t は直線トレンドになり，$\lambda = 0$ の場合は，$y_t = \mu_t$ になる）。

上の式を μ_t で偏微分したものをゼロと置いて解くと，次の式が得られる。

$$\mu_t = \left(1 + \lambda(1 - B)^2(1 - B^{-1})^2\right)^{-1} y_t$$

つまり，$\alpha(B) \equiv \left(1 + \lambda(1 - B)^2(1 - B^{-1})^2\right)^{-1}$ は y_t からトレンド μ_t を抽出する線型変換であり，このトレンドを除いた「サイクル（周期変動）」を取り出す線型変換は，

$$\beta(B) = 1 - \alpha(B) = \frac{\lambda(1 - B)^2(1 - B^{-1})^2}{1 + \lambda(1 - B)^2(1 - B^{-1})^2}$$

これから，周波数応答関数（フィルター関数 $\left|\beta(e^{-i\omega})\right|^2$ の構成要素である $\beta(e^{-i\omega})$ のこと）は，次のようになる。

$$\begin{aligned}\beta(e^{-i\omega}) &= \frac{\lambda(1 - e^{-i\omega})^2(1 - e^{i\omega})^2}{1 + \lambda(1 - e^{-i\omega})^2(1 - e^{-i\omega})^2} \\ &= \frac{4(1 - \cos\omega)^2}{\lambda^{-1} + 4(1 - \cos\omega)^2}\end{aligned}$$

これは，$\omega = 0$ でゼロ，$\omega = \pi$ で $\frac{16}{\lambda^{-1}+16}$ となる単調増加関数になる。λ に適当な数値を与えてグラフを描くと，$\left|\beta(e^{-i\omega})\right|^2$ が，低周波数（＝長波長）部分を取り除く「ハイ・パス・フィルター」に近いものになっていることがわかり，したがって，$\left|\alpha(e^{-i\omega})\right|^2$ によってトレンド（低周波数成分）が抽出されることになる。

R による実習

HP フィルターは，原式

$$\sum_{t=1}^{T}(y_t - \mu_t)^2 + \lambda\sum_{t=1}^{T}\left[(\mu_{t+1} - \mu_t) - (\mu_t - \mu_{t-1})\right]^2$$

を μ_t に関して偏微分したものをゼロと置くという直接的な方法で，

$$y_t = \mu_t + \lambda(\mu_{t-2} - 4\mu_{t-1} + 6\mu_t - 4\mu_{t-1} + \mu_{t-2})$$

という式が求まり，これを μ_t について解くことで求めることができる（ただし，観察可能な y_t と対応できない初期（$t = -1, 0$）と終期（$t = T+1, T+2$）の μ_t について適当な仮定が必要である）。この方法により R で HP フィルターを実現するプログラム（ユーザー定義関数）を作り，HP フィルターの効果をみてみよう[2]。

---

[2] R のプログラムは，Olaf Posch, *The HP Filter and its R implementation*, University of Dresden, October 02 2002 を参考にした。

```
#HP フィルターのユーザー定義関数
hpfilter <- function(x, lambda=1600){
eye <- diag(length(x))
result <- solve(eye+lambda*crossprod(diff(eye, lag=1, d=2)), x)
return(result)
}
```

与える引数は時系列 x と乗数 λ であるが，後者は四半期データに一般に使われる 1600 をデフォルトで与えている。これを用いて民間住宅投資 IH に HP フィルターを掛けてみる。

```
# 図 36
# HP フィルターの効果
#データの読み込み
xdata <- read.csv("GDPO1980TABLE.csv",skip=2,header=TRUE)
IH <- ts(xdata$IH,start=c(1980,1),frequency=4)
IHHP <- hpfilter(IH)
IHHPA <- ts(IHHP,start=c(1980,1),frequency=4)
HPresid <- IH-IHHPA
par(mfrow=c(3,1))
ttl <- "HP フィルター：民間住宅投資の動き"
ts.plot(IH,IHHPA,type="l",main=ttl,lty=c(1,2))
# スペクトルを計算する
kekka1 <- spectrum(IH, method="ar",plot=FALSE)
kekka2 <- spectrum(IHHP,method="ar", plot=FALSE)
kekka3 <- spectrum(HPresid,method="ar", plot=FALSE)
w1 <- kekka1$freq; y1 <- kekka1$spec
w2 <- kekka2$freq; y2 <- kekka2$spec
w3 <- kekka3$freq; y3 <- kekka3$spec
yl <- c(0,max(y1,y2))
ttl <- "HP フィルターの効果"
plot(w1,y1,type="l",ylim=yl,axes=FALSE,main=ttl,xlab="",
ylab="")
```

図36

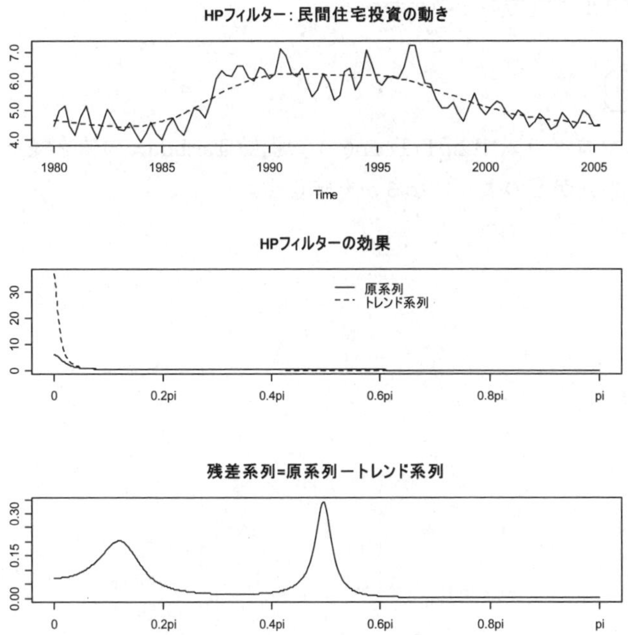


```
lines(w2,y2,lty=2)
lbl <- c("0","0.2pi","0.4pi","0.6pi","0.8pi","pi")
axis(1,at=seq(0,0.5,0.1),label=lbl)
axis(2);box( )
han <- c("原系列","トレンド系列")
legend(0.25,max(y1,y2),legend=han,lty=c(1,2),box.lty=0)
ttl <- "残差系列=原系列ートレンド系列"; yl <- c(0,max(y3))
plot(w3,y3,type="l",ylim=yl,axes=FALSE,main=ttl,xlab=""
,ylab="")
lbl <- c("0","0.2pi","0.4pi","0.6pi","0.8pi","pi")
axis(1,at=seq(0,0.5,0.1),label=lbl)
axis(2);box( )
par(mfrow=c(1,1))
```

HP フィルターを掛けた系列は，きわめて周波数の小さい（波長の長い）要素が取り出されているのがわかる。

練習問題

上記のプログラムで `hpfilter( )` の引数 `lambda=` の値を様々に変えて得られる系列がどのようになるかを確認せよ。

第21章　学習のまとめ：Rによる時系列の予測手順

これまで学習した内容を，「Rによる経済時系列の予測手順」（段取り）として整理する。例として，GDPの構成要素である実質民間設備投資（IP）の系列を使う。

21.1　データを読み込み，時系列オブジェクトとする

データは，CSV形式でヘッダーに変数名（IP）を入れたもので，1980年第1四半期から2005年第2四半期までの四半期データである。

- データの読み込みは，read.csv( )関数で行う。結果（データフレーム）を`xdata`という変数に代入している。
- 時系列オブジェクトにするにはts( )関数を用いる。`xdata`というデータフレーム内の`IP`という要素であるから，`xdata$IP`という変数をts( )関数で使っている。結果は，`IP`という変数に代入している。
- 時系列データになっていることをデータを表示して確認する。

```
# 1. データを読み込み，時系列オブジェクトとする。
xdata <- read.csv("IP01980.csv",header=TRUE)
IP <- ts(xdata$IP,start=c(1980,1),frequency=4)
```

21.2　グラフに描いて特徴を把握する

時系列分析の基本は，まずグラフに描いて眺めることである。plot( )関数でもよいが，時系列オブジェクトにしたので，ts.plot( )関数でグラフにする。

レポートなどで使うために，タイトルや軸ラベルを入れたければ入れる。

```
# 2. グラフに描く。
xlabel <- "年"; ylabel <- "兆円"; title <- "民間設備投資の推移"
ts.plot(IP,type="l",main=title,xlab=xlabel,ylab=ylabel)
```

グラフを眺めて，どのような特徴があるか考察する。以下の作業で特に重要な点は，

- トレンドがあるか
- 季節変動があるか

の 2 点である。

もう 1 つは，分散の均一性に関するチェックである。もし「データの水準（数字）が大きくなるほど変動が大きくなっている」という傾向があるならば，（分散が水準とともに大きくなる可能性があるので）対数変換したもので分析を進めたほうがよい。

21.3　季節変動要素の取り扱い

これまでの学習からは，季節変動要素の取り扱いについては，次の 2 つの方法が考えられる。

- decompose( ) 関数で，季節要素を取り除いたもの（TCI 系列）を作り，その予測値を作って，最後に季節要素を付加する。
- 季節変動要素も確率モデルに組み込んだ SARIMA モデルを推計し，予測する。

以下では，SARIMA モデルで行うことにするが，前者を選ぶ場合は，次のようにして IPTCI（TCI 系列）を作る。

```
# 3. 季節変動要素の取り扱い
# decompose( ) 関数で，TCI 系列を作る。
bunkai <- decompose(IP,type="multiplicative")
IPTCI <- IP/bunkai$figure
```

IPTCI

21.4 確率的トレンドの有無の ADF 検定

トレンドには，「右肩上がり」のような「確定的トレンド」だけではなく，株価などのように大きな「うねり」を見せるランダム・ウォークの要素による「確率的トレンド」があることを学習した。まず，確率的トレンドがあるか否かを「単位根検定の手順」に従って行う。

R では，urca パッケージを読み込み，ur.df( ) 関数を使う。パッケージの読み込みは，R の GUI 画面メニューバーの「パッケージ」をクリックし，現れるプルダウンメニューから，「パッケージの読み込み」を選択する。すると組み込み可能なパッケージのメニューが表示されるので，urca を選ぶ。

単位根検定の手順

単位根検定は，「一般から特殊へ」という手順である。単位根過程の章で学習した「単位根検定の手順」に従い以下のように進める。

- まず，確定的トレンド（$\beta_2 \times t$）と確率的トレンド（$\pi \times y_{t-1}$, $\pi = 0$）の両方を含む可能性をチェックする。このために，ur.df( ) 関数の引数を type="trend"とした推定を行う。引数 lags=は大きな数字から始め，そのラグの t 値が有意でなければ順次小さくしていく。

```
kaiki1 <-ur.df(IP,type="trend",lags=4)
summary(kaiki1)
```

- $\pi = 0$ の帰無仮説について τ_τ 検定を行い，棄却されれば，単位根がない。したがって，トレンドは確定的トレンドであるから，最小二乗法（lm( ) 関数）でトレンドを取り除き，残差系列に次の段階である ARMA モデルを適用する。
- $\pi = 0$ の帰無仮説が棄却されなければ，$\beta_2 = \pi = 0$ の複合（帰無）仮説を Φ_3 検定でチェックする。帰無仮説が棄却されれば，確定的トレンドはあると考える。その場合には，再度 $\pi = 0$ の帰無仮説を標準正規分布表で検定する。帰無仮説が棄却されれば，上記同様，確定的トレンドのみと判断し，最小二乗法でトレンドを除く。棄却されなければ，「単位根あり」とする。

- $\beta_2 = \pi = 0$ の複合（帰無）仮説が棄却されない場合，（$\beta_2 = 0$ が否定されないのだから）確定的トレンドはないと考えて，確定的トレンドのないモデルを推定して ADF 検定を行う。このためには，ur.df( ) 関数の引数を `type="drift"` とした推定を行う。

```
kaiki2 <-ur.df(IP,type="drift",lags=4)
summary(kaiki2)
```

- $\pi = 0$ の帰無仮説について τ_μ 検定を行い，棄却されれば，単位根がない。したがって，トレンドは確定的トレンドであるから，最小二乗法（lm( ) 関数）でトレンドを除き，その残差系列に ARMA モデルを適用する。
- $\pi = 0$ の帰無仮説が棄却されなければ，$\beta_1 = \pi = 0$ の複合（帰無）仮説を Φ_1 検定でチェックする。帰無仮説が棄却されれば，確定的トレンドはあると考える。その場合には，再度 $\pi = 0$ の帰無仮説を標準正規分布表で検定する。帰無仮説が棄却されれば，上記同様，確定的トレンドのみと判断し，最小二乗法でトレンドを除く。棄却されなければ，「単位根あり」とする。
- $\beta_1 = \pi = 0$ の複合（帰無）仮説が棄却されない場合は，ドリフト項がないと判断して，単純なランダムウォークのモデルを推定して DF 検定を行う。このためには，ur.df( ) 関数の引数を `type="none"` とした推定を行う。

```
kaiki3 <-ur.df(IP,type="none",lags=4)
summary(kaiki3)
```

- $\pi = 0$ の帰無仮説について τ 検定を行い，棄却されれば，単位根がないので，もとの系列に ARMA モデルを適用すればよい。
- $\pi = 0$ の帰無仮説が棄却されなければ，「単位根あり」とする。
- 以上のプロセスで「単位根」ありとした場合には，もとの系列の差分 `DIP` について，上記のプロセスを繰り返す。最終的には，d 回差分をとったものが「単位根なし」で終われば，以下の分析で ARIMA(p, d, q) モデルを適用する。

ここで見本に行っている民間設備投資（IP）の変動はデータの水準の増加とともに大きくなるので，対数をとったもの（LIP）について上記のプロセスを行う。LIP については，プロセスの最後まで $\pi = 0$ の帰無仮説を棄却できないので，差分 DLIP について，再度上記のプロセスを繰り返すと，最後の段階で帰無仮説が棄却される。つまり，対数差分 DLIP は ARMA モデルとして取り扱える。言い換えれば，もとの系列（LIP）は，ARIMA$(p, 1, q)$ 過程として推定すればよいことになる。

```
# ADF 検定
LIP <- log(IP)
kaiki1 <-ur.df(LIP,type="trend",lags=4)
summary(kaiki1)
kaiki2 <-ur.df(LIP,type="drift",lags=4)
summary(kaiki2)
kaiki3 <-ur.df(LIP,type="none",lags=4)
summary(kaiki3)
# 差分をとる
DLIP <- diff(LIP)
ts.plot(DLIP,type="l")
kaiki1 <-ur.df(DLIP,type="trend",lags=3)
summary(kaiki1)
kaiki2 <-ur.df(DLIP,type="drift",lags=3)
summary(kaiki2)
kaiki3 <-ur.df(DLIP,type="none",lags=3)
summary(kaiki3)
```

21.5　ARIMA モデル（SARIMA モデル）の推定

民間設備投資の対数変換したものについて，R の arima( ) 関数で ARIMA$(p, 1, q)$ モデルをあてはめるが，この系列は季節変動があるので，季節変動をモデルに組み込んだ SARIMA モデルで推計する（関数は同じ，arima( ) でよい）。大まかな手順を示す。

- 標本自己相関係数（acf( )）と標本偏自己相関係数（pacf( )）をチェックする。AR モデル，MA モデルである可能性を調べるためであるが，この場合のように，季節変動があり，トレンドもある場合には，acf や pacf からの判断は困難である。
- arima( ) 関数で，ARIMA(p, 1, q) モデルを推定する。「ケチの原理」で，p，q は小さい値から試せばよい。1 から 4 ぐらいで「じゅうたん爆撃」的に試してもよいが，試すケースが多くなる。また，季節要素についても，ARIMA(m, 1, n) 構造を入れる必要があるから，試すケースはますます多くなる。
- 推定パラメータが概ね有意であるかチェクする。arima( ) 関数の推定結果にはパラメータの統計的有意さをチェックした結果が表示されないので，パラメータをその標準誤差 (s.e.) で割って自分で t 値を計算する必要がある（いささか迂遠であるが，以下のプログラム例で，手計算をしないですむ方法を記述した）。t 値が有意でなく，あてはまりが悪い場合には予測の精度が悪くなる。
- 推定結果から，AR(p) 部分のパラメータを抽出し，特性方程式 $z^p - \phi_1 z^{p-1} - \cdots - \phi_p = 0$ の解の絶対値が 1 より小さくなることを，polyroot( ) 関数と abs( ) 関数の組み合わせでチェックし，定常性の条件が満たされているか確認する。
- さらに，推定誤差がホワイト・ノイズとみなせるかを，tsdiag( ) 関数を使ってチェックする（Ljung-Box 統計量の p 値）。
- 以上のチェックにパスしたケースのうち，AIC 統計量の一番小さい推定結果を予測用に用いる。

以下では，LIP に，ARIMA(2, 1, 2) をあてはめ，季節変動部分の ARIMA 構造を ARIMA(1, 1, 1) とした場合の R のコードを示す。

```
 ARIMA(2,1,2) の推定
# 季節要素の ARIMA 構造は ARIMA(1,1,1) とする
sn <- list(order=c(1,1,1),period=4)
arima212s1 <- arima(LIP, order=c(2,1,2),seasonal=sn,
transform.pars=FALSE,method="CSS-ML")
# 推計結果の表示
```

```
arima212s1
# 推定パラメータの t 値の計算
n <- length(arima212s1$coef)
tvalue <- numeric(n)
for(j in 1:n){
tvalue[j] <- arima212s1$coef[j]/sqrt(arima212s1$var.coef[j,j])
}
tvalue
# 回帰係数φは，定常性の条件を満たしているか？
#回帰係数を取り出す
xx <- arima212s1$coef
phi1 <- xx[[1]]
phi2 <- xx[[2]]
# 特性方程式 z^2 - φ 1 z - φ 2 = 0 の解の絶対値が 1 より小さいか
どうかを確認する。
# →  polyroot(c(-φ 2, -φ 1,  1))
abs( polyroot(c(-1*phi2,-1*phi1,1)) )
# 季節性の AR 過程についての定常性のチェック
abs(xx[[5]])
# tsdiag( ) 関数による推計誤差系列のチェック
tsdiag(arima212s1)
```

21.6　予　測

以上のプロセスで，予測に採用する SARIMA(p, 1, q) モデルが決まり，その推計結果が変数名（上の例では，arima212s1）をつけて保存されていれば，predict( ) 関数を使って簡単に予測が行える。以下は，arima212s1 を使い，12 期先までの予測（引数 n.ahead=12 で指示）を行うプログラムである。なお，対数変換した LIP で推計を行っているため，予測値を IP の水準になるよう再変換するために，exp( ) 関数を使っている。また，予測値から上下 $2\times\sigma$ の範囲はおよそ 95% の信頼区間である。

```
# 予測 : predict( )を使って，12 期分の予測を作る
arima212s1.pred <- predict(arima212s1,n.ahead=12)
# 予測値を採取し，exp( )関数で対数から普通の水準に戻す。
x0 <- exp(arima212s1.pred$pred)
# 予測値 + 2 σ，予測値 - 2 σの値を作る。
x1 <-exp(arima212s1.pred$pred + 2*arima212s1.pred$se)
x2 <-exp(arima212s1.pred$pred - 2*arima212s1.pred$se)
# 予測結果をグラフに描く
ts.plot(IP,x0,x1,x2,type="l",lty=c(1,1,2,2),col=c(1,2,2,2) )
```

練習問題

実質 GDP の IP 以外の主要な構成要素（CP，IH，PD，EX，IM）についても，上記の手順に従って予測を行え。

索 引

な行

は行

ま行

や行

著者紹介

田中 孝文（たなか たかふみ）

1976年 東京大学大学院工学系研究科都市工学専攻修士課程修了。
工学修士。同年 経済企画庁入庁。

現職（2008年4月現在）国土交通省 政策統括官。青山学院大学非常勤講師（計量経済学）。

Rによる時系列分析入門

2008年 6月10日 第1刷発行
2013年10月25日 第5刷発行

著　者　田中 孝文
発行者　杉谷 繁
発行所　シーエーピー出版株式会社
［Center for Academic Publications］
〒160-0022
東京都新宿区新宿 2–2–1 ビューシティ新宿御苑 402
電話：(03) 3341–3241
http://www.cap-shuppan.co.jp
印刷・製本　モリモト印刷株式会社

ISBN 978-4-916092-91-5